自我提升法则

自我提升法则

你无法改变世界时改变自己

宿文渊 编著

中国华侨出版社
北京

图书在版编目(CIP)数据

你无法改变世界时，改变自己 / 宿文渊编著. —北京：中国华侨出版社，2013.8（2021.5重印）

ISBN 978-7-5113-3977-5

Ⅰ.①你… Ⅱ.①宿… Ⅲ.①人生哲学—通俗读物 Ⅳ.①B821-49

中国版本图书馆CIP数据核字（2013）第 199963 号

你无法改变世界时，改变自己

编　　著：	宿文渊
责任编辑：	李胜佳
封面设计：	阳春白雪
文字编辑：	彭泽心
美术编辑：	宇　枫
经　　销：	新华书店
开　　本：	720mm×1020mm　　1/16　　印张：24　　字数：344千字
印　　刷：	北京德富泰印务有限公司
版　　次：	2013年10月第1版　　2021年5月第5次印刷
书　　号：	ISBN 978-7-5113-3977-5
定　　价：	68.00元

中国华侨出版社　北京市朝阳区西坝河东里77号楼底商5号　　邮编：100028

法律顾问：陈鹰律师事务所

发 行 部：（010）88866079　　　　　　　传　真：（010）88877396

网　　址：www.oveaschin.com　　　　　　E-mail：oveaschin@sina.com

如果发现印装质量问题，影响阅读，请与印刷厂联系调换。

前　言

　　这个世界唯一不变的就是变化。人的一生总要遇到许多问题，比如公司的倒闭，工作的失去，财务出现危机，健康出现状况，感情的结束，亲人的离去，生活失去方向……当这个世界已经变得不是你想象的样子，你又该如何改变？在这个动荡的世界，我们怎样可以让自己过得更好？也许，我们无法改变这个世界，但是最起码可以改变自己，改变自己的内心，改变自己的心态，改变自己的观念，世界也会因我们的改变而转变，雨过天晴，阴霾散去。

　　每个人在人生的发展中都会遇到很多意想不到的事情，这些事情有的令人欢欣鼓舞，有的令人倍感沮丧。无论是哪种类型的事情，人们都会深有体会地感觉到：自己的快乐与忧伤都不能让现实的环境作出改变，相反，现实的环境在某些时候还会影响到自身的变化。简单来说，就是自己不可能改变环境，只能改变自己，去适应环境。或许一些人固执地认为自己可以改变环境，而无需去适应环境。当这些人在现实中遭遇到挫折或者人生出现变故时，无情且残酷的现实会将他们此前固执的想法彻底击穿，并将他们击打得跌跌撞撞。为此，他们不再像以前那样坚定，因为他们深刻地体会到了自己只有适应环境的变化，才能避免被残酷的环境击打得"头破血流"。

　　"穷则变，变则通，通则久。"说的是事物处于穷尽局面则必须变革，变革后才会通达，通达就能长久。人最大的敌人是自己，是自己的思维定式，有时甚至会导致很多发展机会的流失。其实，改变这种思维定式也不需要你做出多大的牺牲，只需从生活习惯和工作习惯的小事入手，一点点改变就可以了。"变"每时每刻都在发生。我们生活在一个不断变化的环境中：世界在变、国家在变、市场在变、需求在变、目标客户在变、竞争对手在变、生产成本在变、产销量在变、价格在变、员工在变、合作伙伴在变……换句话说，这世界上唯一不变的就是"变"。无论是集体还是个人，想要在激烈的竞争中立于不败之地，就必须随时做出改变，将改变形成一种习惯，长期坚持下去。

古罗马喜剧作家普劳图斯说："万事皆由人的意志创造。"我们在改变自己，改变心态，改变思维的时候，如果感觉到了困难，那就要好好思考一下了：我们的意志坚定吗？显然不够坚定。很明显，如果意志够坚定了，我们改变起来就不会有太大的困难。所以，在我们慢慢进行改变的时候，千万别忘记强化自己的意志。坚强的意志是我们改变的基础。我们需要调整情绪，坚持学习，这也是改变。不过，这种改变看起来似乎要简单得多。为什么这么说呢？因为情绪是一个孩子，而学习则是一种习惯。只要我们会"哄"自己，就可以让自己每天都快乐起来，并且不把坏情绪带到生活中去；只要我们稍稍坚持一下，延续学习的习惯，就可以使自己变得更加强大。我们还需要改变陋习。或许我们暂时无法做到将全部不良习惯拒之门外，但是只要肯改，我们的不良习惯将会越来越少，此消彼长，好习惯则会越来越多。好的习惯是一种顽强而巨大的力量，可以主宰我们的人生。不要怕我们做不到这些改变，要想方设法给自己一些信心。爱因斯坦说过："自信是向成功迈出的第一步。"只要我们拥有了自信心，就可以改变一切。树立起强大的信心，战胜自己，改变自己，将不再是一件困难的事。

人生就像一场旅行，从来都没有一帆风顺。在这场旅行中，窘境和困境无处不在，不幸和烦恼也随时可见。面对种种的不顺，我们该何去何从？顺境也好，逆境也罢，往往都因人们不同的心态而呈现出不同的样子。对于达观者来说，即使是在困境中也有一颗快乐的心，逆境也变成顺境；而忧愁者即使在顺境中也会有一颗烦恼的心，顺境也变成逆境。快乐的人总能够在各种境遇中培养自己的好心境，能够用心享受当下最简单的生活。相由心生，境随心转。我们生活中发生的事情，没有绝对的好，也没有绝对的坏，关键是你怀着怎样的心态，如果你能用乐观的心态看待生活中的不幸与烦恼，你就会收获一片阳光，但如果你用一种悲观的心态去看待问题，那你的世界到处都充满阴霾。因此，我们在现实生活和工作中，遇事要能够释怀、看开、放下，如果情绪起伏不定，不能自制，就会因此而不快乐，忧心忡忡。是快乐，还是烦恼，都取决于我们自己的内心。所以，当你无法改变世界时，唯有改变自己。

目 录

第一章 不变的是原则，万变的是方法

第一节 方法总比问题多 …………………………………… 1
方法是解决问题的敲门砖 …………………………………… 1
方法比勤奋更重要 …………………………………………… 3
敬业也需要找方法 …………………………………………… 5
发现问题才有解决之道 ……………………………………… 7
不止一条路通向成功 ………………………………………… 9
变通地运用方法解决问题 …………………………………… 11

第二节 方法对了，事情就成了 ………………………… 12
借口是失败的温床 …………………………………………… 12
找了借口，就不再找方法了 ………………………………… 13
扔掉"可是"这个借口 ……………………………………… 16

第三节 不为失败找借口，只为成功找方法 …………… 18
很多问题是自己造成的 ……………………………………… 18
"此路不通"就换方法 ……………………………………… 19
"不可能"绝非不可能 ……………………………………… 21
不按牌理出牌 ………………………………………………… 23
抓住问题的关键点 …………………………………………… 26
在变化中化解问题 …………………………………………… 27
把问题扼杀在摇篮里 ………………………………………… 30

问题中孕育着机遇 ·· 32

第二章　换个角度思考，人生将不一样

第一节　别较真，人生不必太计较 ·································· 35

　　做人不可过于执着 ·· 35
　　不幸人的一大共性：过分执着 ······································ 37
　　凡事不能太较真 ·· 39
　　放掉无谓的固执 ·· 41
　　不要让小事情牵着鼻子走 ·· 42
　　换种思路天地宽 ·· 44
　　下山的也是英雄 ·· 46
　　不做无谓的坚持，要学会转弯 ···································· 48

第二节　改变世界，从改变自己开始 ······························ 50

　　苛求他人，等于孤立自己 ·· 50
　　有一种智慧叫"弯曲" ·· 51
　　改变世界，从改变自己开始 ·· 54
　　条条大路通罗马 ·· 55
　　人生处处有死角，要懂得转弯 ···································· 57
　　方法错了，越坚持走得越慢 ·· 58
　　换个角度，世界就会不一样 ·· 60
　　绕个圈子，避开钉子 ·· 61
　　懂得变通，不通亦通 ·· 63
　　适应这个变化的世界 ·· 65

第三章　当无法改变别人时，改变自己

第一节　你就是问题的根源 ·· 67

　　抱怨生活之前，先认清你自己 ···································· 67
　　问题的98%是自己造成的 ··· 69

天堂是由自己搭建的 ………………………………………… 71
心里不是堆"垃圾"的地方 ……………………………… 73
要学会清扫自己的心灵 …………………………………… 74
你对了，整个世界都对了 ………………………………… 76

第二节 接纳不完美的自己 …………………………… 78

别太在意别人的眼光，那会抹杀你的光彩 ……………… 78
你很重要，所以你没有理由不爱自己 …………………… 80
全世界都和你一样不完美 ………………………………… 81
你不可能让所有人满意 …………………………………… 83
自卑是对自己的抱怨 ……………………………………… 85
相信自己才能成功 ………………………………………… 86

第四章　过去无法改变，但可以活在当下

第一节 无法预知明天，但可以把握今天 …………… 89

无论身处何地，全然地处于当下 ………………………… 89
太多人习惯生活在下一个时刻 …………………………… 91
一切生活，唯有当下而已 ………………………………… 93
只有现时的存在，才有真实的自己 ……………………… 95
过去只存在于你的印象里 ………………………………… 97
将过去留在记忆里，重新起程 …………………………… 99
请关上过去的那扇门 ……………………………………… 101
别给当下制造过多的痛苦 ………………………………… 102
只为生存的每一天而喝彩 ………………………………… 103
能时常想起死亡，便能认真活于此刻 …………………… 105

第二节 改变不了过去，但可以珍惜当下 …………… 107

好好活着是一种状态 ……………………………………… 107
为了看看太阳，我来到世上 ……………………………… 109
保持快乐的心情是处理一切事情的前提 ………………… 112

付出彰显生命的华彩，磨难体现生命的意义 …………… 115
享受大自然的每一处生命 …………………………………… 118
活着，就是一种莫大的幸福 ………………………………… 120
终结繁冗的抱怨，开启幸福之门 …………………………… 122
再小的生命，也不必妄自菲薄 ……………………………… 123
灯的意义在于燃烧的过程 …………………………………… 124
善待生命的每一分钟 ………………………………………… 126

第三节 幸福不在远处，活在当下 …………………… 128

患得患失，只能徒增烦恼 …………………………………… 128
我们总将自己关在自我的小天地 …………………………… 130
一切根源在于要得太多做得太少 …………………………… 132
自己不气，又何来烦恼 ……………………………………… 134
境由心生，顺其自然 ………………………………………… 136
冷静可以让你转危为安 ……………………………………… 138
角度不同，结果自然不同 …………………………………… 141
无法改变现状，就改变态度 ………………………………… 143

第五章　你对了，世界就对了

第一节 工作是自己的，抱怨不如改变 …………… 145

"庸马"和"驽马"在抱怨 ………………………………… 145
带着怨气不如带着快乐工作 ………………………………… 147
你的工作就是你的事业 ……………………………………… 149
是你需要工作，而不是工作需要你 ………………………… 151
蔑视工作就是否定自己 ……………………………………… 153
不只为薪水工作，成长比成功更重要 ……………………… 154
让工作成为愉快的旅程 ……………………………………… 156

第二节 只有想不到，没有做不到 …………………… 158

抱怨的人往往是没找对方法 ………………………………… 158

实干的人，还要会巧干 …………………………………………… 160
正确的方法比执着的态度更重要 …………………………… 161
抓住问题的根源，在危机中找转机 ………………………… 163
只要有智慧，劣势也能变优势 ……………………………… 165
"此路不通"就换个方法 …………………………………… 166

第三节 态度对了，幸福就来了 …………………………… 168

不是只有你最聪明 …………………………………………… 168
纪律上的约束是为了团队更好的发展 ……………………… 170
同舟共济，摒弃个人主义 …………………………………… 172
自动自发地为团队服务 ……………………………………… 174
用沟通击破合作的"壁垒" ………………………………… 175
对团队负责，才能对自己负责 ……………………………… 177
无私奉献，把团队当作家 …………………………………… 179

第六章　无法改变工作，可以改变态度

第一节 换工作不如换心态 ………………………………… 181

责任不容推却 ………………………………………………… 181
工作中没有"不关我的事" ………………………………… 183
跟公司一起成长 ……………………………………………… 185
感恩公司，是它给了你发展的平台 ………………………… 186
跳槽时代，不当"背叛的水手" …………………………… 188
多问我能做什么，而非能得到什么 ………………………… 190

第二节 好的心态，好的未来 ……………………………… 192

老板是让员工赢利的顾客 …………………………………… 192
老板与员工不是对立，而是合作 …………………………… 194
老板也在为我们工作 ………………………………………… 196
得老板者得前程 ……………………………………………… 198
给老板多一些理解和支持 …………………………………… 199

把问题留给自己，把业绩留给老板 …………………… 201
学会与老板"换位思考" …………………………………… 202
体谅老板，未来才能做好老板 …………………………… 204

第七章　与其抱怨工作，不如改变心情

第一节　调整情绪，让自己快乐地工作 …………… 206

有一种毒药叫"生气" ……………………………………… 206
愤怒使你陷入他人制造的旋涡 …………………………… 208
克服你的"约拿情结" ……………………………………… 210
拥有海阔天空的生活 ……………………………………… 213
笑看人生几多愁 …………………………………………… 214
保持快乐七法 ……………………………………………… 217

第二节　化压力为动力，在工作中寻找快乐 ……… 218

警惕"时间窃贼" …………………………………………… 218
做好你的时间预算 ………………………………………… 220
运用80/20法则 …………………………………………… 221
赢取时间的19个办法 ……………………………………… 224
从工作中寻找乐趣 ………………………………………… 226
化压力为动力 ……………………………………………… 230
让压力的火花点燃你明天的希望 ………………………… 232

第三节　坏情绪不可怕，提高效率是上策 ………… 234

来自"天国"的高效要律：秩序 …………………………… 234
简单安排，成就高效 ……………………………………… 237
时断时续是效率低下的"罪魁祸首" ……………………… 241
勤奋造就高效 ……………………………………………… 244
效率比完美更重要 ………………………………………… 246

第八章 改变自己，赢得主动

第一节 用心才能见微知著 ······ 249
　　当敬业成为一种习惯 ······ 249
　　任务的最佳完成期是昨天 ······ 252
　　只有100%才算合格 ······ 255
　　竭尽你的全力 ······ 258
　　用心才能见微知著 ······ 260

第二节 主动进取，勇于挑战 ······ 265
　　点燃工作的激情 ······ 265
　　没有热情，你能打动谁 ······ 267
　　勇于挑战"不可能完成"的工作 ······ 271
　　没有最好只有更好 ······ 274

第三节 天下大事，必作于细 ······ 277
　　苛求细节的完美 ······ 277
　　完美的细节 ······ 279
　　细心有灵感 ······ 281
　　魔鬼在细节中 ······ 283
　　成功思考始于细节 ······ 285

第四节 心态乐观，事业拓宽 ······ 287
　　钻石就在你家后院 ······ 287
　　笑傲职场的五个制胜秘诀 ······ 290
　　永远选择那把橙色的伞 ······ 293
　　心态成就事业 ······ 295
　　学会给自己颁奖 ······ 296
　　培养积极心态的秘方 ······ 298

第九章 环境无法改变，那就改变自己

第一节 会绕弯子，就不会碰钉子 ·················· 300
大事精明，小事尽可装糊涂 ························· 300
"嘻哈"风格，掩藏真实观点 ························· 301
会避世，不如会避事 ······························· 302
聪明反被聪明误，枉送了卿卿性命 ··················· 304
隔岸观火，远离派系纷争 ··························· 305
出头的椽子先烂 ··································· 306
糊涂下面掩藏清醒 ································· 307
乐于成全别人 ····································· 308
大度能防天下人 ··································· 309

第二节 容人所不能容，忍人所不能忍 ·············· 311
傻与不傻，要看你会不会"装傻" ···················· 311
糊涂是聪明人的百变战术 ··························· 313
不给别人留余地，自己就可能没有立足之地 ··········· 315
做不到的，先后退 ································· 317

第三节 灵活做人，变通处世 ······················ 319
糊涂是洞明人生的智慧 ····························· 319
吃糊涂亏，积无量福 ······························· 320
花半开，酒半醉 ··································· 322
心存忧患意识 ····································· 323
取舍要有道 ······································· 324
不争，就是争 ····································· 326
糊涂是智者最好的外衣 ····························· 327
梨虽无主，尔心有主 ······························· 329
诚心不可无，诈心不可有 ··························· 330

第四节 适时变通,该糊涂时且糊涂 ········ 332

言谈常需"和稀泥" ······························ 332
装糊涂要能够灵活变通 ························· 333
把糊涂装得"有意思" ··························· 336
要点小糊涂,摆脱尴尬不失风度 ············· 338
装傻充愣,避开敏感处不得罪人 ············· 340
棘手的事,模糊表态不犯错 ···················· 341
人生的快乐不是拥有得多而是计较得少 ···· 343
糊涂——一剂化解仇恨的良药 ················ 344

第十章 无法改变世界时,改变自己

第一节 改变世界,不如修正自己 ··········· 347

修正自己在于管理自己 ························· 347
修正自己才能提高能力 ························· 349
愉悦自己,才是真正地爱自己 ················ 351
反击别人不如充实自己 ························· 352
莫因害怕"出丑"而禁锢生活 ················ 354

第二节 改变自己,成就伟大 ················ 356

你比你认为的更伟大 ···························· 356
改变态度,你就可能成为强者 ················ 358
人生并非由上帝定局,你也能改写 ·········· 360
依赖别人,不如期待自己 ······················· 362
在压力中寻求动力 ······························· 364
反方向游的鱼也能成功 ························· 366

第一章
不变的是原则，万变的是方法

第一节 方法总比问题多

方法是解决问题的敲门砖

拿破仑·希尔曾说："你对了，整个世界就对了。"当你的工作或生活出现问题的时候，换一种方法，换一种思路，事情就会豁然开朗，因为，方法是完美解决问题的敲门砖，方法对了，一切问题就能够迎刃而解。

日本的火箭研制成功后，科学家选定A海岛做发射基地。经过长久的准备，进入可以实际发射的阶段时，A海岛的居民却群起反对火箭在此发射。于是全体技术人员总动员，反复地与岛上的居民谈判、沟通，以寻求他们的理解。可是，交涉却一直陷入泥淖状态，虽然最后终于说服了岛上的居民，可是前后却花费了3年的时间。

后来他们重新检讨这件事情时，发现火箭的发射基地并不是非A海岛不可。当时只要把火箭运到别的地方，那么，3年前早就完成发射了。可是此前，却从来没有人发现这个问题。当时他们太执着于如何说服岛民的问题上，所以才连"换个地方"这么简单而容易的方法都没有想到。

在我们的工作和生活中，类似的例子屡见不鲜。销售经理也经常对业务受挫的推销员说："再多跑几家客户！"上司常对拼命工作的下属说："再努力一些！"但是这些建议都有一个漏洞。就像有人曾经问一位高尔夫球高手："我是不是要多做练习？"高尔夫球高手却回答道："不，如果你不先把挥杆要领掌握好，再多的练习也没用。"

一个人之所以成功，很多时候并不是看他是否勤奋和努力，更多时候是看他能不能迅速地找到解决问题最简单的方法。

美国前总统罗斯福在参加总统竞选时，竞选办公室为他制作了一本宣传册，在这本册子里有罗斯福总统的相片和一些竞选信息，而且要马上将这些宣传册印刷出来。可就在要分发这些宣传册的前两天，突然传来消息说这本宣传册中的一张图片的版权出现了问题，他们无权使用，这张照片归某家照相馆所有。可是时间已经来不及了，可如果这样分发下去，将意味着一笔巨大的版权索赔费用。

一般情况下的做法是派人去这家照相馆协调，以最低的价格买下这张照片的版权。可是竞选办公室并没有这样做，他们通知该照相馆：总统竞选办公室将在他们制作的宣传册中放一幅罗斯福总统的照片，贵照相馆的一幅照片也在备选之列。由于有好几家照相馆都在候选名单中，所以竞选办公室决定借此机会进行拍卖，出价最高的照相馆会得到这次机会。如果贵馆感兴趣的话，可以在收到信后的两天内将投标寄出，否则将丧失竞价的机会。

结果，很快竞选办公室就收到这家照相馆的竞标和支票。这本来是一个应向对方付费的问题，由于找到了合适的方法，却变为对方付费的问题！

运用正确的方法，竞选办公室不仅解决了问题，而且还把问题变成了机会。法国物理学家朗之万在总结读书的经验与教训时深有体会地说："方法得当与否往往会主宰整个读书过程，它能将你托到成功的彼岸，也能将你拉入失败的深谷。"

英国著名的美学家博克说:"有了正确的方法,你就能在茫茫的书海中采撷到斑斓多姿的贝壳。否则,就会像瞎子一样在黑暗中摸索一番之后仍然空手而回。"

这些话中所包含的道理并非仅仅指读书,生活中许多时候,方法是十分重要的。面对一个难题时,我们不仅需要良好的态度和精神,需要刻苦和勤奋,而且需要掌握科学的方法。

方法比勤奋更重要

阿基米德说过:"给我一个支点,我可以撬动整个地球。"这个支点就是一个恰当的工具,就是我们解决问题的主要方法。如果方法得当,即使问题再棘手,也有解决的可能。相反,如果没有合适的方法,一味勤奋做事,只会浪费精力和资源,也不会获得什么好结果。

有的人做事毫无头绪,只注重宏观的效果,缺少对微观的把握,尽管从表面看来,他们也很勤奋,几乎天天在加班的行列里都能看到他们的身影,但结果总无法令人满意。

在一家国内知名的证券公司工作的小李,毕业于国外的一所金融学院,有着令人羡慕的教育经历,人生的天平似乎早早地倾斜在他这一边,他也是公司公认的勤奋员工。但是3年过去了,他仍然只是一名普通的职员,这是为什么呢?问题就在其工作方法上。

每一次领导布置一项任务时,小李都会以百分之百的热情投入工作,他会找到所有需要的数据进行分析,然后进行大量的统计工作。每天他都在不停地做着统计与分析,每当遇到一项复杂的数据时,他非要弄个明明白白不可。这种勤奋刻苦的精神是难能可贵的,可是效果如何呢?他似乎陷入了一种"分析陷阱",不能自拔。随着时间一天天地过去,他并没有拿出一个切实可行的办法。

工作不同于学术研究,勤奋笃实的作风固然没错,但探究"为什么"远不如"什么对目前的工作有益"更重要。以错误的方法工作,直接导致了小李工作效率的低下，虽然消耗了大量精力，也花去了大把的时间，却没有取得应有的效果。

在我们身边经常有这样的情况发生：有的人工作很勤奋，每天都忙不停，但是由于工作方法不正确，效率很低，还常常加班加点来完成工作，工作绩效平平；有的人平时很少加班，工作方法正确，能用较少的时间来完成工作，绩效相当好。对于前者，或许最初上司会因为你的刻苦努力而欣赏你，但是长期下来，由于工作效果始终不佳，你的努力几乎等于白费。这是一个重视过程但更重视结果的年代，我们不仅要勤奋，更要用合理的方法做事。两只蚂蚁的故事就说明了这个道理。

有两只蚂蚁想翻越一段墙，到墙那头寻找食物。一只蚂蚁来到墙根就毫不犹豫地向上爬去，可是当它爬到大半时，就由于劳累、疲倦而跌落下来。可是它不气馁，一次次跌下来之后，又迅速地调整一下自己，重新开始向上爬去。

另一只蚂蚁观察了一下，决定绕过墙去。很快地，这只蚂蚁绕过墙找到食物，开始享受起来。第一只蚂蚁仍在不停的跌落中重新开始。

简单的故事却向我们昭示了一个深刻的道理：很多时候，方法比勤奋更重要。第一只蚂蚁毫不气馁的勇气值得我们借鉴，但是在不断努力、不断失败之后，我们是否该停下来想想，寻找一个更好的解决问题的方法，这样或许远比我们拥有勤奋的态度要来得有效。失败留给我们的不仅仅是要我们继续努力，更多的是经验教训，需要我们从中获得些什么，改善些什么。没有对失败的反思，总是一次次重复失败，只能是白费力气。

事物发展的速度除了取决于勤奋、坚持、勇敢以外，更需要正确的方法。也许有了一个正确的方法，发展的速度会来得比想象的更快。

当然，我们不能否认勤奋、毅力等品质对于解决问题和成功的重要性，但是在许多时候，一个好的方法能让你事半功倍，在勤奋同等的情况下获得突出的成绩。

爱因斯坦曾经提出过一个公式：$W=X+Y+Z$。这里，W代表成功，X代表勤奋，Z代表不浪费时间、少说废话，Y代表方法。从这个公式中我们可以知道，正确的方法是成功的三要素之一。

如果只有勤奋刻苦的精神和脚踏实地的作风，而没有正确的方法，是不能取得成功的。成功需要的不仅仅是勤奋，也不单纯与花费的时间、精力成正比，同样需要方法。只有正确的方法才能提高解决问题的效率，才能保证成功！

敬业也需要找方法

工作中，无论多干、少干，能够找对方法、出业绩的员工才是企业最需要的员工。在企业中最受重视的员工，并不是那些只知道忠诚敬业的员工，只有那些出成果、重成效的员工，才是最有发展前途的员工。

在美国企业中流传这样一句话："上帝不会奖励只知道努力工作、兢兢业业的人，而是会奖励找对方法工作的人。"一旦方法对路，工作中的难题也就容易解决，一个人的工作能力也就凸显出来了。

无论是世界500强企业，还是一般的民营企业，都会遇到这样的问题：员工缺乏创新意识，不会创造性地解决问题；员工只知道一味地苦干，而不知道怎样提高工作效能；员工只知道完成任务，不懂得做企业发展真正需要的事……造成这些问题的根源就在于方法上的缺失。员工在思想上只重视行动而忽略方法，只注重苦干不注重效能。方法是提升工作效能的关键，很多人工作业绩不理想并不是因为他们不勤奋、不敬业，而是因为没有找到正确的方法。

一天，日本有名的琴师铃木被邀到一个琴厂去讲演。厂长说："我的员工并不是不敬业，但说实在的，厂里有30人左右手指尖反应太慢，工作效率极低，您能帮忙想想办法吗？"铃木略加思考后，建议工人们每天提前1小时下班去打乒乓球。半年以后，厂长给铃木寄去了感谢信，说工人们的工作效率大大提高了，真是太感谢了！

铃木的建议之所以成功，是因为他发现了一条永恒的真理：提升员工的工作效能，使他们达到卓越工作的最佳境界，中间必不可少方法的"酵母"作用。打乒乓球可以锻炼身体和头脑同时协调工作，用手指尖劳动的员工经过不懈的训练后，自然有利于上班时"手快起来"。由此可见，勤奋和敬业并不能保证良好的工作业绩，找对方法才是提升工作绩效的关键。

联想集团有个很有名的理念："不重过程重结果，不重苦劳重功劳。"这是写在《联想文化手册》中的核心理念之一。在这个手册中，还明确记录道：这个理念，是联想公司成立半年之后开始格外强调的。联想为什么会着重强调这一理念呢？原来这一理念的提出源自联想的创始人柳传志早年刚刚创建联想的一段经历。

联想刚刚成立时，只有几十万元，却由于过于轻信他人，被人骗走了一大半资金，使公司元气大伤。毫无疑问，刚刚创业时候的联想，大家都很有干劲和热情，很有一种敬业的精神。但是，光有干劲和热情，光有敬业的精神，并不能保证财富增加与事业的成功。不仅如此，商场如战场，光有善良、热情、好心等品质，如果缺乏智慧和方法，完全可能给企业造成巨大的损失！

吸取了这一教训，联想后来做事不仅越来越冷静、踏实，而且特别重视策略、方法。联想自成立至今，它已经从几个下海的知识分子的公司，变为了一家享誉海内外的高科技公司。它之所以有这样大的发展，毫无疑问与这个核心理念密切相关。

我们经常听到某些人讲："没有功劳也有苦劳。"苦劳固然使人感动，但是在市场经济体制下，只有那些做出实际业绩，能够为企业创造实实在在业绩的人才能够赢得公司的青睐，才能够获得更好的发展。

一位曾在外企供职多年的人力资源总监颇有感触地说："所有企业的管理者和老板，只认一样东西，就是业绩。老板给我高薪，凭什么呢？最根本的就要看我所做的事情，能在市场上产生多大的业绩。"现在就是一个以业绩论英雄的时代，业绩是衡量人才的唯一标准。

不管你的能力如何，不管你是否敬业，你想在公司里成长、发展、实现自己的目标，需要有业绩来保证你实现你的梦想。只要你能创造业绩，不管在什么公司你都能得到老板的器重，得到晋升的机会，因为你创造的业绩是公司发展的决定性条件。而要创造出良好的业绩，只是单纯的敬业是不够的，关键是你要找到正确的方法。

业绩至上，方法至上。仅仅会埋头苦干、不问绩效的"老黄牛"的时代已经过去了，企业更需要能插上效益翅膀的"老黄牛"。

发现问题才有解决之道

纵观古今中外的名人，不管是自然科学家还是社会科学家，是政治家还是外交家，是哲学家还是数学家，几乎都是善于思考、观察、发现和提出问题，或是善于在他人发现的基础上提出问题并找出解决方法而获得成功的人。

爱因斯坦说："发现问题，提出问题，比解决问题更重要……因为解决问题也许仅是一个数学上或实验上的技能而已，而提出新的问题、发现新的可能性，从新的角度去看旧的问题，都需要有创造性的想象力，而且标志着科学的真正进步。"

的确，解决问题的能力很重要，对于个人或是事物的发展和成功都是必不可少的。但发现问题并不比解决问题逊色，有时甚至比解决问题来得更重要。

解决问题是个人能力的综合，而发现问题更是个人水平的体现。无法创造性地使用知识，无法发现问题，那是毫无用处的，而且往往很容易让我们陷入问题所带来的困境。唯一让我们不陷入问题所带来的困境中的方法，就是主动寻找问题。成功需要人们寻找解决问题的方法，但成功更需要我们有超越他人的发现问题的能力。"电话之父"贝尔的成长经历就是一个很好的例子。

贝尔原是语音学教授，一天他在家修理电器时偶然发现，当电流接通或截断时，螺旋线圈会发出噪声。于是他想，是否能以电传送语音甚至发明电话？

这一设想一提出，立即遭到许多人的讥笑，说他不懂电学才会有如此奇怪的想法。贝尔的确一点也不懂电学，但他并没有放弃，而是千里迢迢前往华盛顿，向美国著名的物理学家、电学专家约瑟夫·亨利请教。亨利对他的想法给予了充分肯定，并鼓励贝尔去学习电学知识。

亨利的肯定对贝尔产生了很大的影响，他辞去了教授职务，一心扎入发明电话的试验中。他刻苦用功地学习着电学知识。两年后，世界上第一部电话，由贝尔试验成功。

为何电话不是由那些懂得电学知识的专家发明的，而是由一个语音学家发明的？只因为他善于发现问题，使他比别人更快地找到了"市场的标靶"和可以奋斗的目标。而相关知识，即使一时不具备，也可以去学。

一个人具有某方面的能力是很重要的。但真正要想获得成功，他还必须具备捕捉问题的能力。

当然，发现问题并不等于是解决了问题，我们也并不期许所有的问题被解决时，就是完善的、完美的。问题的解决有待社会的发展、个人能力的提高。但是不可否认，有了发现才能有所认识，提出问题才可能解决问题，发现问题是解决问题的第一步，也是重要的一步。

4000多年前，我们的祖先黄帝发现了"磁石"可指南的现象，因而设计了"指南车"，并用于战争；哥白尼发现了"地心说"的谬误而提出了"日心论"的科学假设；马克思发现了"资本的剩余价值"而提出了"科学社会主义"的构想；爱因斯坦12岁时就提出"假如我以光速追随一条光线的运动，那会看到什么现象"，这个问题最终成为他一生为之奋斗的目标，并获得巨大的成功……

创造奇迹的关键，在于具备一双发现的眼睛。生活需要发现的眼睛，问题需要发现的眼睛。许多伟大的发明和创造都是从不经意的发现开始，难题的解决也基于它本身的发现，或许只是一个简单的想法，一个美丽的假设。但正是因为问题的发现，它才得到了关注和认识，才有了解决的可能。

不止一条路通向成功

解决问题的方法并不是唯一的，当我们一次次的失败之后，不妨改变一下角度，从别处综观整个问题的概貌，或许能找到一条捷径，找到另一种更有效的方法。

生活中，我们不可能总是一帆风顺，做任何事情都能获得成功。当一条路已经走不通时，如果还继续坚持，那就是走入了死胡同。此时，积极思考、大胆开拓新的道路，将会给你带来意想不到的成功与收获。物质和知识的贫穷不是最可怕的，最可怕的是想象力和创造力的贫穷。随着生活的发展，很多事物都在发展变化。如果你能够随着时代的发展而发展，寻找多条通往成功的道路，你就会永远立于不败之地。

在现实中，有许多问题、情况是我们过去遇到过或是别人遇到过的，所以我们习惯按照既定的方法或常规的思路去解决。不错，经验的确能帮助我们省去许多麻烦，但是同样也会让我们走入一种思维定式，让我们忘记寻找其他方法，其实有许多方法都能解决问题，甚至有的方法更快更好，只是因为我们不熟悉，没有采用过，只是因为我们习惯于用某种思路或方法解决困难，所以我们固执地认为除了这种方法，根本无他路可走。

但事实真是如此吗？许多情况下，解决问题的方法并非只有一种，就如同通往罗马的路不止一条一样。我们没有找到另一条路，是因为我们尚未发现它，而并非它不存在。下面的故事就会给我们新的启迪。

物理学家甲、工程学家乙和画家丙三个人讨论谁的智商高。他们互不服气，最后决定通过一场比赛来评判三人的智力水平。

主考官把他们领到一座塔下，并给了他们每人一只气压表，让他们依靠气压表，得到这座塔的高度。原则是：只要达到目的，什么方法都可以，但创造性最强的为胜。

比试的这三人，职业不同，知识结构也不同，各人用的方法自然也各不相同。

乙尤其高兴，也觉得这对他来说再简单不过了，于是他很快站出来，在塔底测量了大气气压，登上塔顶又测量了一次气压，得到塔底和塔顶气压的差值，再根据每升高12米气压下降1毫米汞柱的公式，计算出塔的高度。他自己觉得，这是一份最准确的答卷。

甲不慌不忙地登上塔顶，探出身来，看着手表的秒针，轻轻松手让气压表自由落下，准确记录了气压表落到地面所需的时间，再根据自由落体公式，算出塔的高度。他很得意，这个方法很不错，所得结论与塔的实际高度不会相差太远。

最后轮到丙，这可难住他了。他既没有甲的学识，又没有乙的经验，科学办法他拿不出来，眼前几乎是一个"绝境"。不过，他很镇定。没有科学条件是劣势，但没有思维定式则是优势，这就为他提供了更大的选择空间。丙想，没有正路就走偏路，反正能达到目的就是胜利。他发挥想象力，对各种可能的方法搜寻了一番，禁不住笑了起来，因为办法太简单了：他将气压表送给看守宝塔的人——作为交换条件，让守塔人到储藏间把塔的设计图找出来。就这样，画家得到了图纸，拂去设计图上的灰尘，很快得到了塔的精确高度。

比赛的结果可想而知，自然是画家丙获得了最后的胜利。

画家虽然没有物理学方面的知识，也没有工程学方面的知识，但他却能在看似无计可施的情况下，撇开原先的想法，将目光投向图纸，这是一种新发现，一种创新思维，他找到了塔的高度的精确答案。

"条条大路通罗马"，没有什么问题的解题方式一定是唯一的。如果此路不通，那么可以适时地转换思路和方法，转走他路，往往能得到意想不到的效果。

那些胸怀抱负、渴望成功的人，都会为他们的人生做一番规划。他们制订详细的步骤、严谨的计划，坚持按照计划努力，并相信只有这样才能确保成功。当他们在实施计划的过程中遇到挫折或不可避免的变化时，就会像很多书籍所鼓励的那样：坚持！再坚持！却不会发挥自己的想象力和创造力，开辟另一条通往成功的道路。在他们一再遭受挫折与失败后，不禁心灰意冷，沮丧失望，哀叹时运的不济、命运的不公。他们不知道：通向成功的路不止一条。

变通地运用方法解决问题

在善于变通地运用方法解决问题的人的世界里，不存在困难这样的字眼。再顽固的荆棘，也会被他们用变通的方法拔根而起。他们相信，凡事必有方法可以解决，而且能够解决得很完美。事实也一再证明，看似极其困难的事情，只要变通地运用方法，必定会有所突破。

《围炉夜话》中说："为人循矩度，而不见精神，则登场之傀儡也；作事守章程，而不知权变，则依样之葫芦也。"一个卓越的人必是善于变通地运用方法解决问题的人。当他发现一条路不通或太挤时，就会及时转换思路，改变方法，寻求一条更为通畅的路。

杰森是一家大公司的部门经理，他面临一个两难的境地：一方面，他非常喜欢自己的工作，而且他的位置使他的薪水只增不减。另一方面，他非常讨厌他的上司，经过多年的忍受，他发觉情况已经到了忍无可忍的地步了。

在经过慎重思考之后，他决定去猎头公司重新谋一个别的公司部门经理的职位。猎头公司告诉他，以他的条件，再找一个类似的职位并不难。

回到家中，杰森把这一切告诉了母亲。他的母亲是一个教师，那天刚刚教了学生如何重新界定问题，也就是把正在面对的问题换个角度思考。她把课上的内容讲给了杰森听，这给了杰森很大启发，一个大胆的创意即刻在他脑中浮现了。

第二天，杰森来到猎头公司，这次他是请猎头公司替他的上司找工作。不久，他的上司接到了猎头公司打来的电话，请他去别的公司高就。尽管他完全不知道这是他的下属和猎头公司共同努力的结果，但正好这位上司对于自己现在的工作也厌倦了，所以没有考虑多久，他就接受了这份新工作。

  这件事最美妙的地方就在于，上司接受了新的工作，结果他的位置就空出来了。杰森申请了这个位置，于是他就坐上了以前上司的位置。

  一流之人善于变通，末流之人故步自封。凡能变通地运用方法解决问题的人，都是能够主动创新的人，也是最受欢迎的人。凡世间取得卓越成就之人无不深知变通之理，无不熟谙变通之术。

  随着社会的发展，变通地运用方法解决问题越来越显得重要，也越来越被人们所认识。只有善于变通、勤于寻找方法的人在社会上才具有更大的价值，才是社会最需要的人。

第二节 方法对了，事情就成了

借口是失败的温床

  借口是失败的温床。有些人在遇到困境，或者没有按时完成任务时，都试图找出一些借口来为自己辩护，安慰自己，总想让自己轻松些、舒服些。在一个公司里，老板要的是勤奋敬业、不折不扣、认真执行任务的员工。如果一个员工经常迟到早退，对工作马马虎虎，还不时找借口说自己很忙，那么这样的员工是不会赢得老板信任和同事尊重的。

  在日常生活中，我们经常会听到这样一些借口：上班迟到，会说"路上塞车"；任务完不成，会说"任务量太大"；工作状态不好，会说"心情欠佳"……我们缺少很多东西，唯独不缺的好像就是借口。殊不知，这些看似不重要的借口却为你埋下了失败的基石。借口让你获得了暂时的原谅和安慰，可是，久而久之，你却丧失了让自己改进的动力和前进的信心，只能在一个个借口中滑向失败的深渊。

  刚毕业的女大学生刘闪，由于学识不错，形象也很好，所以很快被一家大公司录用。

刚开始上班时大家对刘闪印象还不错，但没过几天，她就开始迟到早退，领导几次向她提出警告，她总是找这样或那样的借口来解释。

一天，老总安排她到北京大学送材料，要跑3个地方，结果她仅仅跑了一个就回来了。老总问她怎么回事，她解释说："北大好大啊。我在传达室问了几次，才问到一个地方。"

老总生气了："这3个单位都是北大著名的单位，你跑了一下午，怎么会只找到这一个单位呢？"

她急着辩解："我真的去找了，不信您去问传达室的人！"

老总心里更有气了："你自己没有找到单位，还叫老总去核实，这是什么话？"

其他员工也好心地帮她出主意：你可以打北大的总机问问3个单位的电话，然后分别联系，问好具体怎么走再去。你不是找到其中的一个单位了吗？你可以向他们询问其他两家怎么走。你还可以进去之后，问老师和学生……

谁知她一点也不领会同事的好心，反而气鼓鼓地说："反正我已经尽力了……"

就在这一瞬间，老总下了辞退她的决心："既然这已经是你尽力之后达到的水平，想必你也不会有更高的水平了。那么只好请你离开公司了！"

虽然刘闪的举动让很多人难以理解，但像这种遇到问题不去想办法解决而是找借口推诿的人，在生活中并不少见。而他们的命运也显而易见——凡事找借口的人，在社会上绝对站不稳脚跟。

找了借口，就不再找方法了

平庸的人之所以平庸，是因为他们总是找出种种理由来欺骗自己。而成功的人，会想尽一切方法来解决困难，而绝不找半点借口让自己退缩。没有任何借口，是每个成功者走向成功的通行证。

任何一个社会似乎都存在两种人：成功者和失败者。根据"二八法

◇自我提升法则

则",20%的人掌握着社会中80%的财富。什么原因让少数人比多数人更有力量？因为多数人都在找借口。20%的人和80%的人的区别在于：一种是不找借口只找方法的人，另一种是不找方法只找借口的人。而前一种人往往是成功者，后一种人往往是失败者。

须知，成功也是一种态度，整日找借口的人是很难获得成功的。你尽可以悲伤、沮丧、失望、满腹牢骚，尽可以每天为自己的失意找到一千一万个借口，但结果是你自己毫无幸福的感受可言。你需要找到方法走向成功，而不要总把失败归于别人或外在的条件。因为成功的人永远在寻找方法，失败的人永远在寻找借口，而一旦你找了借口，就不会冥思苦想地去寻找方法了，而不找方法，你就很难走向成功。

有一家名叫凯旋的天线公司，有一天总裁来到营销部，让员工们针对天线的营销工作各抒己见，畅所欲言。

营销部李部长耷拉着脑袋叹息说："人家的天线三天两头在电视上打广告，我们公司的产品毫无知名度，我看这库存的天线真够呛。"部里的其他人也随声附和。

总裁脸上布满阴霾，扫视了大伙儿一圈后，把目光驻留在进公司不久的大刘身上。总裁走到他面前，让他说说对公司营销工作的看法。

大刘直言不讳地对公司的营销工作存在的弊端提出了个人意见。总裁认真地听着，不时嘱咐秘书把要点记下来。

大刘告诉总裁，他的家乡有十几家各类天线生产企业，唯有001天线在全国知名度最高，品牌最响，其余的都是几十人或上百人的小规模天线生产企业，但无一例外都有自己的品牌，有两家小公司甚至把大幅广告做到001集团的对面墙壁上，敢与知名品牌竞争。

总裁静静地听着，挥挥手示意大刘继续讲下去。

大刘接着说："我们公司的天线今不如昔，原因颇多，但总结起来或许是我们的销售策略和市场定位不对。"

这时候，营销部李部长对大刘的这些似乎暗示了他们工作无能的话表示了愠色，并不时向大刘投来警告的一瞥，最后不无讽刺地说："你这是书生意气，只会纸上谈兵，尽讲些空道理。现在全国都在普及有线电视，天线的滞销是大环境造成的。你以为你真能把冰推销给因纽特人？"

李部长的话使营销部所有人的目光都射向大刘，有的还互相窃窃私语。李部长不等大刘"还击"，便不由分说地将了他一军："公司在甘肃那边还有5000套库存，你有本事推销出去，我的位置让你坐。"

大刘朗声说道："现在全国都在搞西部开发建设，我就不信质优价廉的产品连人家小天线厂也不如，偌大的甘肃难道连区区5000套天线也推销不出去？"

几天后，大刘风尘仆仆地赶到了甘肃省兰州市中兴大厦。大厦老总一见面就向他大倒苦水，说他们厂的天线知名度太低，一年多来仅仅卖掉了百来套，还有4000多套在各家分店积压着，并建议大刘去其他商场推销看看。

接下来，大刘跑遍了兰州几个规模较大的商场，有的即使是代销也没有回旋余地，因此几天下来毫无建树。

正当沮丧之际，某报上的一则读者来信引起了大刘的关注，信上说那儿的一个农场由于地理位置的关系，买的彩电都成了聋子的耳朵——摆设。

看到这则消息，大刘如获至宝，当即带上10来套天线样品，几经周折才打听到那个离兰州有100多公里的天运农场。信是农场场长写的，他告诉大刘，这里夏季雷电较多，以前常有彩电被雷电击毁，不少天线生产厂家也派人来查，都知道问题出在天线上，可查来查去没有眉目，使得这里的几百户人家再也不敢安装天线了，所以几年来这儿的黑白电视只能看见哈哈镜般的人影，而彩电则只是形同虚设。

大刘拆了几套被雷击的天线，发现自己公司的天线与他们的毫无二致，也就是说，他们公司的天线若安装上去，也免不了重蹈覆辙。大刘绞尽脑汁，把在电子学院几年所学的知识在脑海里重温了数遍，加上所携仪器的配合，终于使真相大白，原因是天线放大器的集成电路板上少装了一个电感应元件。这种元件一般在任何型号的天线上都是不需要的，它本身对信号放大不起任何作用,厂家在设计时根本就不会考虑雷电多发地区,没有这个元件就等于使天线成了一个引雷装置,它可直接将雷电引向电视机,导致线毁机亡。

找到了问题的症结,一切都可以迎刃而解了。不久,大刘在天线放大器上全部加装了感应元件,并将这种天线先送给场长试用了半个多月。期间曾经雷电交加,但场长的电视机却安然无恙。此后,仅这个农场就订了500多套天线。同时热心的场长还把大刘的天线推荐给存在同样问题的附近5个农林场,又给他销出2000多套天线。

一石激起千层浪,短短半个月,一些商场的老总主动向大刘要货,连一些偏远县市的商场采购员也闻风而动,原先库存的5000余套天线很快售完。

一个月后,大刘返回公司。而这时公司如同迎接凯旋的英雄一样,为他披红挂彩并夹道欢迎。营销部李部长也已经主动辞职,公司正式任命大刘为新的营销部部长。

在这个故事中,大刘之所以成功,是因为他没有跟着李部长找借口推脱责任,而是积极地寻找解决问题的方法。反之,李部长失败了,因为他只是一味寻找借口,而不去寻找方法,自然要被找方法而不找借口的大刘取而代之。

许多杰出的人都富有开拓和创新精神,他们绝不在没有努力的情况下就事先找好借口。没有任何借口,是每个成功者走向成功的通行证。

扔掉"可是"这个借口

拒绝"可是",拒绝借口,你才能找到解决问题的切入点,才能真正认识到自己的能力,而后准确地给自己定位。因为任何"可是"、任何借口,其实都是懒人的托词,它只能慢慢地把你推向失败的旋涡,让你处于一种疲惫且不知前进的状态。而扔掉"可是"这个借口,你才能发掘出自己的潜能,闯出属于自己的一片天地。

"我本来可以,可是……"

"我也不想这样，可是……"

"是我做的，可是这不全是我的错……"

"我本来以为……可是……"

行事不顺时，我们都喜欢以"可是"这个借口来推脱责任，却很少有敢于承担后果的勇气，很少去思考解决问题的方法，就这样不断地求助于"可是"，不断地寻找各种各样的借口，糟糕的事情不断发生，生活也就不断地出现恶性循环。须知，唯有扔掉"可是"这个借口，你才能跨出心灵的囚笼，取得意想不到的辉煌成果。

对于很多善于找借口的人来说，从一件事情上入手来尝试着丢掉借口，抓紧时间，集中精力去做好手边的事，也许结果会大不相同。

一次，美国著名教育家、人际关系专家戴尔·卡耐基先生的夫人桃乐西·卡耐基女士，在她的训练学生记人名的一节课后，一位女学生跑来找她，这位女学生说：

"卡耐基太太，我希望你不要指望你能改进我对人名的记忆力，这是绝对办不到的事。"

"为什么办不到？"卡耐基夫人吃惊地问，"我相信你的记忆力会相当棒！"

"可是这是遗传的呀，"女学生回答她，"我们一家人的记忆力全都不好，我爸爸、我妈妈将它遗传给我。因此，你要知道，我这方面不可能有什么更出色的表现。"

卡耐基夫人说："小姐，你的问题不是遗传，是懒惰。你觉得责怪你的家人比用心改进自己的记忆力容易。你不要把这个'可是'当作你的借口，请坐下来，我证明给你看。"

随后的一段时间里，卡耐基夫人专门耐心地训练这位小姐做简单的记忆练习，由于她专心练习，学习的效果很好。卡耐基夫人打破了那位小姐认为自己无法将记忆力训练得优于父母的想法。那位小姐就此学会了从自己本身找缺点，学会了自己改造自己，而不是找借口。

"可是"这个借口是人们回避困难、敷衍塞责的"挡箭牌",是不肯自我负责的表现,是一种缺乏自尊的生活态度的反映。怎样才能不再找借口,并不是学会说"报告,没有借口"就足够了,而是要按照生活真实的法则去生活,重新寻回你与生俱来但又在成长过程中失去的自尊和责任感。

你改变不了天气,请不要说"可是",因为你可以调整自己的着装;你改变不了风向,请不要说"可是",因为你可以调整你的风帆;你改变不了他人,请不要说"可是",因为你可以改变你自己。所以,面对困难,你可以调整内在的态度和信念,通过积极的行动,消除一切想要寻找借口的想法和心理,成为一个勇于承担责任的人,成为一个不抱怨、不推脱、不"可是"、不为失败找借口的人。

扔掉"可是"这个借口,让你没有退路,没有选择,让你的心灵时刻承载着巨大的压力去拼搏、去奋斗,置之死地而后生。只有这样,你的潜能才会最大限度地发挥出来,成功也会在不远的地方向你招手!

成功的人不会寻找任何借口,他们会坚毅地完成每一项简单或复杂的任务。一个追求成功的人应该确立目标,然后不顾一切地去追求目标,最终达到目标,取得成功。

第三节 不为失败找借口,只为成功找方法

很多问题是自己造成的

很多人遇到困难不知道去努力解决,而只是想到找借口推卸责任,这样的人很难成为优秀的人。许多成功人士,他们都有一个共同的特点——勤奋。在这个世界上,投机取巧者无法成功,偷懒者更是永远没有出头之日,只有那些勤奋、上进的人才最有可能摘取成功的桂冠。

一次宴会上,奥里森·马登先生同一位面临着失业危机的中年人聊天,那个中年人一个劲儿地抱怨上司不肯给他更多的机会。

马登先生问他为什么不自己争取，他说，他已经争取过了，但他并不认为公司给予他的是机会。他气愤地说："我今年已经52岁了，可他们竟然派我去海外营业部。像我这样的年纪怎么能够经受得起这样的折腾呢？"

马登先生问他："为什么你会认为这是一种折腾，而不是一种机会。"

他仍旧义愤填膺："公司里有那么多年轻人，不派他们而让我去，这不是折腾人是什么？再说公司本部有那么多职位，却偏偏要把我调走，我真不知道他们安的什么心。还有，公司所有的人都知道我身体不好……"

"我无法确认他公司里的同事是否都知道他的身体不好，起码我是没有看出来，站在我面前的他红光满面、神情激昂。我想，这位先生并没有得什么病，我更倾向于认同他犯了一种最严重的职业病——推诿病。"马登先生事后对朋友说。

由此看来，许多人的工作困境是自己造成的。如果你是一个勤奋、肯干、刻苦的人，就能像蜜蜂一样，采的花越多，酿的蜜也越多，你享受到的甜美也越多。

失败者的借口通常是"我没有机会"。他们将失败的理由归结为不被人垂青，好职位总是让他人捷足先登，殊不知，其失败的真正原因恰恰在于自己不勤奋，不好好把握得之不易的机会。而那些意志坚强的人则绝不会找这样的借口，他们不等待机会，也不向亲友们哀求，而是靠自己的勤奋努力去创造机会，因为他们深知，很多困境其实是自己造成的，而唯有自己才能拯救自己。

"此路不通"就换方法

是的，世上没有打不开的门，也没有走不通的路。只不过开门的钥匙不是原来那一把，里面另有机关；走路的方式也不能按原先那一种，在陆地上不能行舟。总之，按老方法找不到出路时，就要另寻新路。

当你驾车驶在路上，眼看就要到达目的地了，这时车前突然出现一块警示牌，上书4个大字："此路不通！"这时你会怎么办？

有人选择仍走这条路过去，大有不撞南墙不回头之势。结果可想而知，已言明"此路不通"，那个人只能在碰了钉子后灰溜溜地调转车头返回。这种人在工作中常常因"一根筋"思想而多次碰壁，空耗了时间和精力，却无法将工作效率提高一丁点儿，结果做了许多无用功。

有人选择停车观望，不再向前走，因为"此路不通"，却也不调头，或者是认为自己已经走了这么远，再回头心有不甘且尚存侥幸心理，若我走了此路又通了岂不亏了；或者是想如果回头了其他的路也不通怎么办？结果停车良久也未能前进一步。这种人在工作中常常会因懦弱和优柔寡断而丧失机会，业绩没有进展不说，还会留下无尽的遗憾。

还有另一类人，他们会毫不犹豫地调转车头，去寻找另外一条路。也许会再次碰壁，但他们仍会不断地进行尝试，直到找到那条可以到达目的地的路。这种人是工作中真正的勇者与智者，他们懂得变通，直到寻找到解决问题的办法，并且往往能够取得不错的业绩。

"此路不通"就换条路，"此法不行"就换方法，应该成为每一个人的生活理念。

A地由于一些工厂排放污水，使很多河流污染严重，以至于下游居民的正常生活受到了威胁，环保部门每天都要接待数十位满腹牢骚的居民，于是联合有关当局决定寻找解决问题的办法。

他们考虑对排污工厂进行罚款，但罚款之后污水仍会排到河流中，不能从根本上解决问题。这条路，行不通。

有人建议立法强令排污工厂在厂内设置污水处理设备。本以为问题可以得到彻底解决，但在法令颁布之后发现污水仍不断地排到河流中。而且，有些工厂为了掩人耳目，对排污管道乔装打扮，从外面不能看到破绽，可污水却一刻不停地在流。这条路，仍行不通。

之后，当地有关部门立刻转变方法，采用著名思维学家德·波诺提出的设想：立一项法律——工厂的水源输入口，必须建立在它自身污水输出口的下游。

看起来是个匪夷所思的想法，经事实证明却是个好方法。它能够有效地促使工厂进行自律：假如自己排出的是污水，输入的也将是污水，这样一来，能不采取措施净化输出的污水吗？

"此路不通就换方法"，正是遵循了这个信条，才最终找到了解决问题的办法。

一个真正卓越的人，必是一个注重寻找方法的人。当他发现一条路不通或太挤时，就能够及时转换思路，改变方法，寻找一条更为通畅的路。

"不可能"绝非不可能

解决问题时，如果难度较大，很多人会对自己说"不可能"，然后不再努力，最终放弃。这样做的人往往不是懒汉就是庸才。与此相反，一个杰出的人总是通过改变自己的心态和发问方式，最终将"不可能"变为"可能"。

人最大的敌人就是自己，人总是在不断超越自我的过程中成长和发展，唯有突破心灵障碍，才能超越自己。一旦你捆绑住了自己，认为这根本没有可能，那问题永远得不到解决，你所想的就真的永远是不可能的了。

当我们面对困难、问题的时候，试着"打开"你自己，打破自我限制和脑海中对于一些事物的看法，往往能发现更多的东西，甚至将"不可能"变成"可能"。

著名钢铁大王安德鲁·卡内基经常提醒自己的一句箴言是："我想赢，我一定能赢。"结果，他真的赢了。在这里，很重要的一点就是他排除了自己"不可能赢"的想法，并且愿意付出努力，将所谓的"不可能"变成"可能"！

一切皆有可能。不敢向高难度的工作挑战，是对自己潜能的画地为牢，只能使自己无限的潜能白白地耗掉。如果你想取得事业上的辉煌成就，使自己成为公司优秀的一分子，你就要丢掉心中的限制，积极找方法，用行动改写工作中的"不可能"。

◇ 自我提升法则

在自然界中，有一种十分有趣的动物，名叫大黄蜂。曾经有许多科学家联合起来研究它。

根据动物学的观点，所有会飞的动物，其条件必须是体态轻盈，翅膀宽大，而大黄蜂却恰恰相反，它的身躯十分笨重，而翅膀却是出奇的短小。依照动物学的理论来讲，大黄蜂是绝对飞不起来的。

而物理学的论调则是，大黄蜂这种身体与翅膀的比例，从流体力学的观点来看，同样是绝对没有飞行的可能。

可是，在大自然中，只要是正常的大黄蜂，却没有一只是不能飞的，它的飞行速度甚至不比其他能飞的动物差。这种事实的存在，仿佛是大自然和科学家们开了一个大玩笑。

最后，社会学家揭开了这个谜。谜底很简单，那就是——大黄蜂根本不懂"动物学"与"流体力学"。每只大黄蜂在它长大之后，就很清楚地知道，它一定要飞起来去觅食，否则就会活活饿死！这正是大黄蜂之所以能够飞得那么好的奥秘。

我们不妨从另外一个角度来设想，如果大黄蜂能够接受教育，明白了生物学的基本概念，而且也了解了流体力学。那么，这只大黄蜂，它还能够飞得起来吗？

改变工作中的"不可能"，首先就不要用"心灵之套"把自己套住，只要有了"变"的理念，就一定能够找到"变"的方法。

在遇到困难的时候，我们需要做的就是及时换个思路，多尝试几种方法，具有变负为正的勇气与气魄，和改变"不可能"的智慧与方法，相信困难只能成为你的一块磨砺石，而绝非挡路石。

是的，没有什么是绝对的，也没有什么是不可能的。成败的差距不仅在于客观事实，也同样在于毅力和方法。或许今日在你眼中，这件事是绝对不可能的，也许不久它就能被实现。就如同人类总是做着在天空飞翔的梦，人类最终发明了飞机，实现了这一"不可能"的梦想。

为什么别人都认为不可能的事情，最终都成为现实呢？关键的一点就是抛弃了"不可能"的念头，只想着如何解决问题，想着如何全力以赴，穷尽所有的努力。

如果你真的希望能解决问题，真的渴望寻找到好的方法，那么，请驱除你心灵上的限制，不要再用"不可能"来逃避问题。因为正如拿破仑说的："'不可能'是傻瓜才用的词！"

不按牌理出牌

查斯特·菲尔德爵士说："我必须承认，在我的一生中，有些时候也的确会冒出逃避的念头，觉得自己已有了稳定的工作，只要考虑自己分内的事，按牌理出牌就已很不错了。但不管如何，似乎每当境遇很不明朗时，前头总还有一点光亮可寻，于是我又继续干下去。"勇于冒险、不按牌理出牌的人不害怕困难，更不会因一时的困难就选择放弃，因为他们知道，困难的背后孕育着巨大的机会。

在牌桌上"按牌理出牌"，输赢的幅度或许不会太多，赢也赢得不痛不痒，输也不会输得完全彻底。其实"牌理"即规律，违背规律必然会受到惩罚，所谓"不按牌理出牌"，不是不按规律办事，而是不按常人所认为的"牌理"出牌，决策者是在超前性思维指导下，把握的是事物发展的潜在规律和发展趋势，是对规律的灵活运用。

航海家哥伦布发现美洲大陆后回到欧洲，参加了宫廷嘉奖他的庆功宴。许多王公大臣和名流绅士应邀而来，但他们都瞧不起这个没有爵位的人，纷纷出言相讽。

"只要朝一个方向航行，就会有重大发现！"

"没什么了不起，我要是出去航海，一样会发现新大陆。"

"驾驶帆船，太容易了！女王不应给他这样高的奖赏。"

这时，哥伦布从桌上拿起一个鸡蛋，笑着问大家："各位尊贵的先生，哪位能把这个鸡蛋立起来？"

于是，一些自以为智力超群的人物纷纷开始立那个鸡蛋，但左立右立，站着立、坐着立，想尽了办法，也立不住椭圆形的鸡蛋。

"我们立不起来，你也一定立不起来！"大家盯住哥伦布。

哥伦布拿起鸡蛋，"砰"的一声往桌上磕了一下，大头破了，鸡蛋牢牢地立在了桌子上。

众人嚷道："这谁不会呀！这太简单了！"

哥伦布微笑着说："是的，这很简单，但在这之前你们为什么想不到呢？"

有许多事情看上去很简单，但发现的过程却是复杂和艰辛的。而想要在"司空见惯"的日常现象中发掘简单中的不简单，探寻混乱中的规律，你必须脱离正统，拥有与众不同的思维习惯，不按牌理出牌。

不打破鸡蛋的大头，怎么能够将它竖立起来呢？再好的创意若没有付诸行动，就看不到成果，就毫无价值可言。事实上，我们不需要怕，只要谨慎小心，不低估自己的创意就一定能够取得理想的成就，须知很多人的成就一开始也是来自那些看起来不怎么样的想法和创意。

非常之人，行非常之事。当我们一部分人对创造力的价值一无所知时，另一部人已经凭借"不按牌理出牌"的创新方式在商战中大开财源，在战争中也是如此。

第一次世界大战后不久，法国又面临着被德国侵略的威胁。鉴于"一战"时马恩河与索姆河防线的经验，法国的军事统帅部认为：防御可以赢得时间，以改变法国经济和军事上的劣势。在这种思想指导下，法国开始修筑马其诺防线。这是一个庞大而复杂的防御系统，其设计之周密、工程之浩大、配备之齐令世人惊叹。它南起与瑞士北部边境城市巴塞尔相邻的法国地界，沿莱茵河左岸朝正北方向延伸，在法德两国莱茵河边界的北部尽头折向西北。一直延伸到法比交界的阿登山区以南的梅蒙迪。

自1930年防线开工以后，数以万计的技术工人和军事工程师昼夜奋战，到1937年竣工时，先后挖土1200万立方米，耗资2000亿法郎，相当于法国20年全部国防经费的一半。

第二次世界大战爆发后，德国以强大的坦克、飞机组成的高度机动化部队，迅速击溃和占领了波兰、丹麦和挪威。1940年4月，比利时和法国已面临德国的重兵压境，情况危急。然而，此时的法国统帅部认为，德军攻击重点将是马其诺防线，因此将兵力着重部署在防线上。法国防线的中央部分是森林密布、道路难行的山区，法国视此为"天险"。法国统帅部认为，有了马其诺防线，再加上阿登山区天险，法国的边防可谓固若金汤。因此，大战爆发后，几十万法军按兵不动，整天吃喝玩乐，一幅太平盛世的景象。

然而，希特勒并没有按照法国统帅部的预想行事。1940年5月10日凌晨，希特勒调集136个师，分A、B、C3个军团，对荷兰、比利时、卢森堡发动大规模进攻。德军A军团45个师越过荷兰和比利时，作为右路军插入法国，仅以C军团19个师部署在法、卢边界到瑞士巴塞尔的一条350公里长的防线上，虚张声势地对马其诺防线作钳制性进攻，迷惑和牵制了法军。德军的坦克部队在轰炸机的配合下，猛攻阿登山区。3天后，德军突破了阿登山区的天然防线，进逼马斯河。一星期内占领了色当要塞，向西一直推进到英吉利海峡。40万英法联军丢盔弃甲，溃不成军。马其诺防线被德军迂回绕过，没有发挥一点作用，徒费了大量人力、物力。

水无常形，兵无定式，战争中有进攻，也有防御。但消极防守绝非良策，它限制了自己的自由，捆住了自己的手脚，反而使敌人有了回旋的余地。德国军不按牌理出牌的创新战略，让法国军界的决策愈显错误，使法国遭致亡国的悲惨命运。而马其诺防线则成为世界战争史上的笑话。

其实，所有的人或多或少都具有与生俱来的冒险特质。而关键是，是否敢冒不按牌理出牌的险。敢于冒险，对锻炼人格也大有益处。人生不如意事十之八九，平时刻意让自己去应付一些难题，这样可以让你预习如何去面对突发的状况。如果你从不冒险一试，那你的一生也不过是随波逐流，随时会有大浪头把你打下去。

抓住问题的关键点

治病要讲究"对症下药",解决问题也是一样的道理,要找对关键点,抓住问题的"症结"。当你在工作中遭遇难题,一筹莫展的时候,不妨让自己冷静下来,仔细分析一下问题,找到"症结",对症下药,问题就可以顺利解决。

新加坡著名作家尤今有这样一次经历:当他还是一名记者时,一次,他托一位同事代买圆珠笔,并再三叮嘱他:"不要黑色的,记住,我不喜欢黑色,暗暗沉沉,肃肃杀杀。千万不要忘记呀,12支,全部不要黑色。"第二天,同事把那一打笔交给他时,他差点昏过去:12支,全是黑色的。

他的同事却振振有词地反驳:"你一再强调黑色的、黑色的,忙了一天,昏沉沉地走进商场时,脑子里印象最深的两个词是:12支,黑色。于是我就一心一意地只找黑色的买了。"其实,只要言简意赅地说"请为我买12支蓝色的笔",相信同事就不会买错了。从此以后,尤今无论说话、撰文,总是直入核心,直切要害,不去兜无谓的圈子。

由此可见,无论是工作、学习还是处理生活问题,都要讲究方法。只有抓住关键问题,切中问题的要害,才能使我们的工作和学习事半功倍。

有一家核电厂在运营过程中遇到了严重的技术问题,导致了整个核电厂生产效率的降低。核电厂的工程师虽然尽了最大的努力,但还是没能找到问题所在。于是,他们请来了一位顶尖的核电厂建设与工程技术顾问,看看他是否能够确定问题的所在。顾问穿上白大褂,带上写字板,就去工作了。在两天的时间里,他四处走动,在控制室里查看数百个仪表、仪器,记好笔记,并且进行计算。

临离开前顾问从衣兜里掏出笔,爬上梯子,在其中一个仪表上画了一个大大的"×"。"这就是问题所在。"他解释说,"把连接这个仪表的设备修理、更换好,问题就解决了。"顾问走后,工程师们把那个装置拆开,发现里面确实存在问题。故障排除后,电厂完全恢复了原来的发电能力。

大约一周之后，电厂经理收到了顾问寄来的一张1万美元的"服务报酬"账单。电厂经理对账单上的数目感到十分吃惊。尽管这个设备价值数十亿美元，并且由于机器的故障损失数额巨大，但是以电厂经理之见，顾问来到这里，只是到各处转了两天，然后在一个仪表上画了一个"×"就回去了。对于这么一项简单的工作收费1万美元似乎太高了。

于是，电厂经理给顾问回信说："我们已经收到了您的账单。能否请您将收费明细详细地逐项分列出来？好像您所做的全部工作只是在一个仪表上画了一个'×'，1万美元相对于这个工作量似乎是比较高的价格。"

过了几天，电厂经理收到顾问寄来的一份新的清单，上面写道："在仪表上画'×'：1美元；查找在哪一个仪表上画'×'：9999美元。"

这个简单的故事向我们揭示了一个深刻的道理：一个人，如果想在生活中获得成功、成就和幸福，一条最重要的定律——就是必须知道其生活中的每一个阶段的关键点何在，这是我们成就每一件事情的至关重要的决定因素。从重点问题突破，是高效能人士思考的习惯之一，如果一个人没有重点的思考，就抓不住事物的关键。那么，他做事的效率必然会十分低下。相反，如果他抓住了主要矛盾，解决问题就变得容易多了。

在变化中化解问题

不通则变，一心求变的人要知道，变的极限是毁。用到思维上就是不破不立。学会变通地去应对工作中的困难，在变化中粉碎困难，我们定能做到无往不利。

从哲学的角度来讲，唯一不变的东西是变化本身。我们生活在一个瞬息万变的世界里，应当学会适应变化。尤其是职场中人，在竞争日益激烈的今天，要培养以变化应万变的理念，勇于面对变化带来的困难，才能做到卓越和高效。

在一次培训课上，企业界的精英们正襟危坐，等着听管理教授关于企业运营的讲座。门开了，教授走进来，矮胖的身材、圆圆的脸，左手提着个大提包，右手擎着个圆鼓鼓的气球。精英们很奇怪，但还是有人立即拿出笔和本子，准备记下教授精辟的分析和坦诚的忠告。

"噢，不，不，你们不用记，只要用眼睛看就足够了，我的报告非常简单。"教授说道。

教授从包里拿出一只开口很小的瓶子放在桌子上，然后指着气球对大家说："谁能告诉我怎样把这只气球装到瓶子里去？当然，你不能这样，嘭！"教授滑稽地做了个气球爆炸的姿势。

众人面面相觑，都不知教授葫芦里卖的什么药，终于，一位精明的女士说："我想，也许可以改变它的形状……"

"改变它的形状？嗯，很好，你可以为我们演示一下吗？"

"当然。"女士走到台上，拿起气球小心翼翼地捏弄。她想利用其柔软可塑的特点，把气球一点点塞到瓶子里。但这远远不像她想的那么简单，很快她发现自己的努力是徒劳的，于是她放下手里的气球，说道："很遗憾，我承认我的想法行不通。"

"还有人要试试吗？"

无人响应。

"那么好吧，我来试一下。"教授说道。他拿起气球，三下两下便解开气球嘴上的绳子，"嗤"的一声，气球变成了一个软耷耷的小袋子。

教授把这个小袋子塞到瓶子里，只留下吹气的口儿在外面，然后用嘴巴衔住，用力吹气。很快，气球鼓起来，胀满在瓶子里，教授再用绳子把气球的嘴儿给扎紧。"瞧，我改变了一下方法，问题迎刃而解了。"教授露出了满意的笑容。

教授转过身，拿起笔在写字板上写了个大大的"变"字，说道："当你遇到一个难题，解决它很困难时，那么你可以改变一下你的方法。"他指着自己的脑袋，"思想的改变，现在你们知道它有多么重要了。这就是我今天要说的。"

精英们开始交头接耳，一些人脸上露出顽皮的笑意。教授按下双手示意大家安静，然后说："现在，我们做第二个游戏。"他的目光将众人扫视一遍，指着一个戴眼镜的男子说："这位先生，你愿意配合我完成这个游戏吗？"

"愿意。"戴眼镜的男子走到台上。

教授说："现在请你用这只瓶子做出5个动作，什么动作都可以，但不能重复。好，现在请开始。"

男子拿起瓶子，放下瓶子，扳倒瓶子，竖起瓶子，移动瓶子，5个动作瞬间就完成了。教授点点头，说道："请你再做5个，但不要与刚才做过的重复。"

男子又很轻易地完成了。

"请再做5个。"

等到教授第五次发出同样的指令时，男子已经满头大汗、狼狈不堪。教授第六次说出"请再做5个"时，男子突然大吼一声："不，我宁愿摔了这瓶子也不要再让它折磨我的神经了。"

精英们笑了，教授也笑了，他面向大家，说道："你们看到了，变有多难，连续不断地变几乎使这位亲爱的先生发疯了。可你们比我还清楚商战中变有多么重要。我知道那时你们就是发疯也要选择变，因为不变比发疯还要糟糕，那意味着死亡。"

现在，精英们对这场别开生面的讲座品出点味道来了，他们互相交换着目光。

停了片刻，教授又开口了："现在，还有最后一个问题，这是个简单的问题。"他从包里拿出一只新瓶子放到台上，指着那只装着气球的瓶子说："谁能把它放到这只新瓶子里去？"

精英们看到这只新瓶子并没有原来那个瓶子大，直接装进去是根本不可能的。但这样简单的问题难不住头脑机敏的精英们，一个高个子的中年男人走过去，拿起瓶子用力向地上掷去，瓶子碎了，中年人拾起一块块残片装入新瓶子。

教授点头表示称许，精英们对中年人采取的办法并没有感到意外。

这时教授说："先生们、女士们，这个问题很简单，只要改变瓶子的状态就能完成，我想你们大家都想到了这个答案，但实际上我要告诉你们的是：一项改变最大的极限是什么。瞧！"教授举起手中的瓶子，说："就是这样，最大的极限是完全改变旧有状态，彻底打碎它。"

教授看着他的听众，补充道："彻底的改变需要很大的决心，如果有一点点留恋，就不能够真的打碎。你们知道，打碎了它就是毁了它，再没有什么力量能把它恢复得和从前一模一样。所以当你下决心要打碎某个事物时，你应当再一次问自己：我是不是真的不会后悔？"

讲台下面鸦雀无声，精英们琢磨着教授话中的深意。教授收拾好自己的包，说："感谢在座的诸位，我的讲座结束了。"然后他飘然而去。

有句话这样说："只在河滩上沉思，永远得不到珍珠。"所以，要想得到珍珠一定要运用方法，而方法总是在变化中产生，尽管此种变化也可能蕴藏着一种危机，但没有危机也就没有变化得出的方法。

身处职场，你只有在不断变化中努力寻求解决问题的办法，才能最大限度地引爆自我，做出超人的成绩。

把问题扼杀在摇篮里

"为山九仞，功亏一篑。""千里之堤，溃于蚁穴。"在工作中，我们不要忽视任何一个小问题，更不能姑息它们由小到大。解决问题和困难最好的时机，莫过于在它们刚刚萌生之时。如果一个问题在它萌芽之时没有得到及时解决，那它就有可能像雪球一样越滚越大，最终一发不可收拾。

著名的人力资源培训专家吴甘霖先生在他的讲座中经常提到这样一个故事：

日本剑道大师冢原卜传有3个儿子，都向他学习剑道。一天，卜传想测试一下3个儿子对剑道掌握的程度，就在自己房门帘上放置了一个小枕头，只要有人进门时稍微碰动门帘，枕头就会正好落在头上。

他先叫大儿子进来。大儿子走近房门的时候，就已经发现枕头，于是将之取下，进门之后又放回原处。二儿子接着进来，他碰到了门帘，当他看到枕头落下时，便用手抓住，然后又轻轻放回原处。最后，三儿子急匆匆跑进来了。当他发现枕头向他直奔而来时，情急之下，竟然挥剑砍去，在枕头将要落地之时，将其斩为两截。

卜传对大儿子说道："你已经完全掌握了剑道。"并给了他一把剑。然后他对二儿子说道："你还要苦练才行。"最后，他把三儿子狠狠责骂了一通，认为他这样做是他们家族的耻辱。

卜传以什么标准给三个孩子不同的评价呢？其中的一点，就是对问题的觉察能力。大儿子能够以最敏锐的思维觉察到问题，并且将问题消灭在萌芽状态；二儿子发现问题晚，但当问题发生时，能够妥善地处理；三儿子根本没有发现问题，当问题出现时，便采取极端的应急方式进行处理，结果把不应该砍掉的枕头砍掉——不但没有解决问题反而又创造了新的问题。所以，一个优秀的人，总能在第一时间察觉问题，并将其扼杀在摇篮之中。

对个人是这样，对公司而言也是如此。如果发现公司有不合理的问题，要立刻扼杀在摇篮之中，切不可姑息。对产品同样不要因为是自己做的，有了毛病就讳而不宣，等到让消费者发觉时，很可能连整个公司的名誉、信用都要受到影响。

爱立信在中国"黯然神伤"的案例便是最佳的教材。

有着百年辉煌历史的爱立信与诺基亚、摩托罗拉并世称雄于世界移动通信业。但自1998年开始的3年里，爱立信在中国的市场销售额一日千里地下滑，最终不但退出了销售三甲，而且还排在了新军三星、飞利浦之后。

2001年，在中国手机市场上，大家去买手机时，都在说爱立信如何如何不好。当时，它一款叫作"T28"的手机存在质量问题，这本来就是一种错误，但更大的错误是爱立信漠视这一错误。"我的爱立信手机的送话器坏了，送到爱立信的维修部门，问题很长时间都没有解决。最后，他们告诉我是主板坏了，要花700元钱换主板。而我在个体维修部那里，只花25元钱就解决了问题。"这位消费者确切地说出了爱立信存在的问题。那时，几乎所有媒体都注意到了"T28"的问题，似乎只有爱立信没有注意到。爱立信一再地辩解自己的手机没有问题，而是一些别有用心的人在背后捣鬼。然而，市场不会去探究事情的真相，也不给爱立信以"申冤"的机会，就无情地疏远了它。

其实，信奉"亡羊补牢"观念的消费者已经给了爱立信一次机会，只不过，爱立信没能好好把握那次机会。

1998年，《广州青年报》从8月21日起连续3次报道了爱立信手机在中国市场上的质量和服务问题，引发了消费者以及知名人士对爱立信的大规模批评，而且，爱立信的768、788C以及当时大做广告的SH888，居然没有取得入网证就开始在中国大量销售。当时，轻易不表态的电信管理部门的声明，证实了此事。至此，爱立信手机存在的问题浮出了水面。但爱立信一如既往地采取掩耳盗铃的方式来解决问题。据当时参加报道的一位记者透露，爱立信试图拿出几万元广告费来封媒体的嘴；爱立信广州办事处主任还心虚嘴硬地狡辩："我们的手机没有问题。"既然选择拒不认错，爱立信自然不会去解决问题，更不会切实地去做服务工作。

对质量和服务中的缺陷没有第一时间解决掉，使爱立信输掉了它从未想放弃的中国市场。

问题中孕育着机遇

"山重水复疑无路，柳暗花明又一村。"一扇门关上，另一扇门会打开。当你在生活中遭遇困境的时候，学着换一种眼光和思维看问题，相信你一定能够化逆境为顺境，化问题为机遇。

对于问题和机遇的关系，国内一位知名的企业家曾有过一段精彩的论述："问题有时像一个油葫芦摆在你面前，你不碰它永远不会倒，你必须要去扳倒它，才能得到里面的东西，这也应该是你面对问题时的态度。有了问题，你去解决，问题对你来说就是一种机遇。一旦问题得到了解决，你起码在解决这种问题中就获得了成功。"

李嘉诚就是善于从问题中寻找机遇，才拥有了辉煌的一生。

1966年底，低迷了近两年的香港房地产业开始复苏。但就在此时，第二次世界大战后香港的第一次大移民潮出现了。

移民者自然以有钱人居多，他们纷纷贱价抛售物业。在这种情况下，新落成的楼宇无人问津，整个房地产市场卖多买少，有价无市。地产商、建筑商焦头烂额，一筹莫展。李嘉诚一直在关注、观察时势，经过深思熟虑，他毅然采取惊人之举：人弃我取，趁低吸纳。

李嘉诚在整个大势中逆流而行。事实证明，他的做法是正确的。

从宏观上看，他坚信世间事乱极则治、否极泰来。

就具体状况而言，他相信中国政府不会以武力收复香港。实际上道理很简单，若要收复，1949年就可以收复，何必等到现在？当年保留香港，是考虑保留一条对外贸易的通道，现在的国际形势和香港的特殊地位并没有改变，因此，中国政府收复香港的可能性不大。

正是基于这样的分析，李嘉诚做出"人弃我取，趁低吸纳"的历史性战略决策，并且将此看作是千载难逢的发展良机。

李嘉诚将买下的旧房翻新出租，又利用地产低潮建筑费低廉的良机兴建物业。李嘉诚的行为需要卓越的胆识和气魄。不少朋友为他的"冒险"捏了一把汗，同业的地产商都在等着看他的笑话。

这场战后香港最大的地产危机，一直延续到1969年。

1970年，香港百业复兴，地产市场转旺。这时，李嘉诚已经聚积了大量的收租物业。从最初的12万平方英尺（约1.12万平方米），发展到35万平方英尺（约3.25万平方米），每年的租金收入达390万港元。

李嘉诚成为这场地产大灾难的大赢家，并为他日后成为地产巨头奠定了基础。有人说李嘉诚是赌场豪客，孤注一掷，侥幸取胜。

◇自我提升法则

应该说，在这场夹杂着政治背景和人为因素的房地产大灾难中，前景难以绝对准确地预测。这样说来，李嘉诚的决策有十足的胜券在握是不现实的。李嘉诚的行为带有一定的冒险性，说是赌博也未尝不可。

但是，李嘉诚的冒险是建立在对形势的密切关注和精确分析之上，李嘉诚绝非投机家。李嘉诚在科学判断的基础上敢于冒险的胆识值得我们借鉴。他将整个地产业的灾难变成了自己的机遇。

机遇往往和问题连在一起，因此，每个创业者都希望求取势能，只有那些通过自身的努力，创造能增强自身能量的环境，谋得有利的发展资源，从问题中找到机遇的人，才能成就大业。

在一个优秀人士的眼中，问题永远不是"无法完成任务"的预言家，而是"机遇"的乔装者。无论所面对的问题难度有多大，优秀人士所做的，首先是坦然地接受"问题"，然后对这个问题做出冷静、清晰的分析，积极行动，让隐藏在问题背后的机遇浮出水面。因此，每当问题到来，他们总会说："感谢上帝！又有巨大的机遇等着我去发现了。"而不是放下工作，中途逃避、退缩。

第二章
换个角度思考，人生将不一样

第一节 别较真，人生不必太计较

做人不可过于执着

宋代大文学家苏东坡善作带有禅境的诗，曾写一句："人似秋鸿来有信，事如春梦了无痕。"这两句诗充分地将佛理中的"无常"现象告诉世人。南怀瑾对苏轼这首诗的解释非常有趣："人似秋鸿来有信"，即苏东坡要到乡下去喝酒，去年去了一个地方，答应了今年再来，果然来了；"事如春梦了无痕"，意思是一切的事情过了，像春天的梦一样，人到了春天爱睡觉，睡多了就梦多，梦醒了，梦留不住也无痕迹。

人生本来如大梦，一切事情过去就过去了，如江水东流一去不回头。老年人常回忆，想当年我如何如何……那真是自寻烦恼，因为一切事不能回头的，像春梦一样了无痕。

人世的一切事、物都在不断变幻。万物有生有灭，没有瞬间停留，一切皆是"无常"，如同苏轼的一场春梦，繁华过后尽是虚无。如果人们能体会到"事如春梦了无痕"的境界，那就不会生出这样那样的烦恼了，也就不会陷入怪圈不能自拔。

现代著名的女作家张爱玲，对繁华的虚无便看得很透。她的小说总是以繁华开场，却以苍凉收尾，正如她自己所说："小时候，因为新年早晨醒晚了，鞭炮已经放过了，就觉得一切的繁华热闹都已经过去，我没分了，就哭了又哭，不肯起来。"

张爱玲生于旧上海名门之后，她的祖父张佩纶是当时的文坛泰斗，外曾祖父是权倾朝野、赫赫有名的李鸿章。凭着对文字的先天敏感和幼年时良好的文化熏陶，张爱玲7岁时就开始了写作生涯，也开始了她特立独行的一生。

优越的生活条件和显赫的身世背景并没有让张爱玲从此置身于繁华富贵之乡，相反，正是这优越的一切让她在幼年便饱尝了父母离异、被继母虐待的痛苦，而这一切，却不为人知地掩藏在繁华的背后。

其实，纸醉金迷只是一具华丽的空壳，在珠光宝气的背后通常是人性的沉沦。沉迷于荣华富贵的人通常是肤浅的人，在繁华落尽时他会备受煎熬。转头再看，执着于尘俗的快乐，执着于对事物的追求，往往最受连累的就是自己，因为你通常会发现，你所执着的事物其实并没有那么有趣，而且有时令你一无所得。

赵州禅师是禅宗史上有名的大师，他对执着也有很精彩的解释。一次，众僧们请赵州禅师住持观音院。某天，赵州禅师上堂说法："比如明珠握在手里，黑来显黑，白来显白。我老僧把一根草当作佛的丈六金身来使，把佛的丈六金身当作一根草来用。菩提就是烦恼，烦恼就是菩提。"有僧人问："不知菩提是哪一家的烦恼？"赵州禅师答："菩提和一切人的烦恼分不开。"又问："怎样才能避免？"赵州禅师说："避免它干什么？"

又有一次，一个女尼问赵州禅师："佛门最秘密的意旨是什么？"赵州禅师就用手掐了她一下，说："就是这个。"女尼道："没想到您心中还有这个？"赵州禅师说："不！是你心中还有这个！"

赵州禅师的话语给我们以足够的启示。人为什么放不下种种欲望？为什么追求种种虚华？就因为他们还没有看清事物的表象，心存欲念，执着不忘。

真正的虚空是没有穷尽的，它也没有分断昨天、今天、明天，也没有分断过去、现在、未来，永远是这么一个虚空。天黑又天亮，昨天、今天、明天是现象的变化，与这个虚空本身没有关系。天亮了把黑暗盖住，黑暗真的被光亮盖住了吗？天黑了又把光明盖住，互相更替。

不幸人的一大共性：过分执着

偏激和固执像一对孪生兄弟。偏激的人往往固执，固执的人往往偏激。心理学对此有一个专业术语：偏执。

偏执的人总是喜欢以自己的标准来衡量一切，以自己的喜怒哀乐决定一切，缺乏客观的依据。一旦别人提出异议，就立刻转换脸色，对别人正确的意见也听不进去。

偏执的人往往极度敏感，对侮辱和伤害耿耿于怀，心胸狭隘；对别人获得成就或荣誉感到紧张不安，妒火中烧，不是寻衅争吵，就是在背后说风凉话，或公开抱怨和指责别人；自以为是，自命不凡，对自己的能力估计过高，惯于把失败和责任归咎于他人，在工作和学习上往往言过其实；总是过多过高地要求别人，但从来不信任别人的动机和愿望，认为别人存心不良。

喜欢走极端，与其头脑里的非理性观念相关联，是具有偏执心理的一大特色。因此，要改变偏执行为，首先必须分析自己的非理性观念。如：

（1）我不能容忍别人一丝一毫的不忠。

（2）世上没有好人，我只相信自己。

（3）对别人的进攻，我必须立即给予强烈反击，要让他知道我比他更强。

（4）我不能表现出温柔，这会给人一种不强健的感觉。

现在对这些观念加以改造，以除去其中极端偏激的成分。

（1）我不是说一不二的君王，别人偶尔的不忠应该原谅。

（2）世上好人和坏人都存在，我应该相信那些好人。

（3）对别人的进攻，马上反击未必是上策，我必须首先辨清是否真的受到了攻击。

（4）不敢表示真实的情感，是虚弱的表现。

每当故态复萌时，就应该把改造过的合理化观念默念一遍，用来阻止自己的偏激行为。有时自己不知不觉表现出了偏激行为，事后应重新分析当时的想法，找出当时的非理性观念，然后加以改造，以防下次再犯。

另外，还可以从以下几方面治愈偏执心理：

1.学会虚心求教，不断丰富自己的见识

常言道："天外有天，人外有人。"别人的长处应该尊重和学习，认识到自己的肤浅。全面客观地看问题，遇到问题不急不躁，冷静分析。

2.多交朋友，学会信任他人

鼓励他们积极主动地进行交友活动，在交友中学会信任别人，消除不安感。

交友训练的原则和要领是：

（1）真诚相见，以诚交心。要相信大多数人是友好的，是可以信赖的，不应该对朋友，尤其是知心朋友存在偏见和不信任的态度。必须明确交友的目的在于克服偏执心理，寻求友谊和帮助，交流思想感情，消除心理障碍。

（2）交往中尽量主动给予知心朋友各种帮助。这有助于以心换心，取得对方的信任和巩固友谊。尤其当别人有困难时，更应鼎力相助，患难中知真情，这样才能取得朋友的信赖和增进友谊。

（3）注意交友的"心理兼容原则"。性格、脾气相似和一致，有助于心理相容，搞好朋友关系。另外，性别、年龄、职业、文化修养、经济水平、社会地位和兴趣爱好等亦存在"心理兼容"的问题。但是最基本的心理兼容条件是思想意识和人生观、价值观的相似和一致，即所谓的志同道合。这是发展合作、巩固友谊的心理基础。

3.要在生活中学会忍让和有耐心

生活中，冲突纠纷和摩擦是难免的，这时必须忍让和克制，不能让敌对的怒火烧得自己晕头转向，肝火旺盛。

4.养成善于接受新事物的习惯

偏执常和思维狭隘、不喜欢接受新东西、对未曾经历过的东西感到担心相联系。为此，我们要养成渴求新知识，乐于接触新人新事，学习其新颖和精华之处的习惯。只有这样，我们才能不断地提高自己，减少自己的无知和偏执。

凡事不能太较真

有一句著名的话叫作"唯大英雄能本色"，做人在总体上、大方向上讲原则，讲规矩，但也不排除在特定的条件下灵活变通。

人们常说："凡事不能太较真。"一件事情是否该认真，这要视场合而定。钻研学问要讲究认真，面对大是大非的问题更要讲究认真。而对于一些无关大局的琐事，不必太认真。不看对象、不分地点刻板地认真，往往使自己处于尴尬的境地，处处被动受阻。每当这时，如果能理智地后退一步，往往能化险为夷。

"海纳百川，有容乃大。"与人相处，你敬我一尺，我敬你一丈；有一分退让，就有一分收益。相反，存一分骄躁，就多一分挫败；占一分便宜，就招一次灾祸。

当您心胸开朗、神情自若的时候，对于那些蝇营狗苟、一副小家子气的人，就会觉得他的表演实在可笑。但是，凡人都有自尊心，有的人自尊心特别强烈和敏感，因而也就特别脆弱，稍有刺激就有反应，轻则板起脸孔，重则马上还击，结果常常是为了争面子反而没面子。多一点儿宽容退让之心，我们的路就会越走越宽，朋友也就越交越多了，生活也会更加甜美。所以，要想成为一个成功的人，我们千万不能处处斤斤计较。许多非原则的事情不必过分纠缠计较，凡事都较真常会得罪人，给自己多设置一条障碍。鸡毛蒜皮的烦琐无须认真，无关大局的枝节无须认真，剑拔弩张的僵持则更不能认真。

为了有效避免不必要的争论和较真，我们大致可以从以下几个方面做起：

1.欢迎不同的意见

当你与别人的意见始终不能统一的时候，这时就要求舍弃其中之一。人的脑力是有限的，有些方面不可能完全想到，因而别人的意见是从另外一个人的角度提出的，总有些可取之处，或者比自己的更好。这时你就应该冷静地思考，或两者互补，或择其善者。如果采取的是别人的意见，就应该衷心感谢对方，因为有可能此意见使你避开了一个重大的错误，甚至奠定了你一生成功的基础。

2.不要相信直觉

每个人都不愿意听到与自己不同的声音。当别人提出与你不同的意见时，你的第一反应是要自卫，为自己的意见进行辩护并竭力去寻找根据，这完全没有必要。这时你要平心静气地、公平谨慎地对待两种观点（包括你自己的），并时刻提防你的直觉（自卫意识）对你作出正确抉择的影响。值得一提的是，有的人脾气不好，听不得反对意见，一听见就会暴躁起来。这时就应控制自己的脾气，让别人陈述观点，不然，就未免气量太小了。

3.耐心把话听完

每次对方提出一个不同的观点，不能只听一点就开始发作了，要让别人有说话的机会。一是尊重对方，二是让自己更多地了解对方的观点，以判断此观点是否可取，努力建立了解的桥梁，使双方都完全知道对方的意思，不要弄巧成拙。否则的话，只会增加彼此沟通的障碍和困难，加深双方的误解。

4.仔细考虑反对者的意见

在听完对方的话后，首先想的就是去找你同意的意见，看是否有相同之处。如果对方提出的观点是正确的，则应放弃自己的观点，而考虑采取他们的意见。一味地坚持己见，只会使自己处于尴尬境地。

5.真诚对待他人

如果对方的观点是正确的，就应该积极地采纳，并主动指出自己观点的不足和错误的地方。这样做，有助于解除反对者的"武装"，减少他们的防卫，同时也缓和了气氛。

放掉无谓的固执

马祖道一禅师是南岳怀让禅师的弟子。他出家之前曾随父亲学做簸箕，后来父亲觉得这个行当太没出息，于是把儿子送到怀让禅师那里去学习禅道。在般若寺修行期间，马祖整天盘腿静坐，冥思苦想，希望能够有一天修成正果。有一次，怀让禅师路过禅房，看见马祖坐在那里面无表情，神情专注，便上前问道："你在这里做什么？"马祖答道："我在参禅打坐，这样才能修炼成佛。"怀让禅师静静地听着，没说什么走开了。第二天早上，马祖吃完斋饭准备回到禅房继续打坐，忽然看见怀让禅师神情专注地坐在井边的石头上磨些什么，他便走过去问道："禅师，您在做什么呀？"怀让禅师答道："我在磨砖呀。"马祖又问："磨砖做什么？"怀让禅师说："我想把它磨成一面镜子。"马祖一愣，道："这怎么可能呢？砖本身就没有光明，即使你磨得再平，它也不会成为镜子的，你不要在这上面浪费时间了。"怀让禅师说："砖不能磨成镜子，那么静坐又怎么能够成佛呢？"马祖顿时开悟："弟子愚昧，请师父明示。"怀让禅师说："譬如马在拉车，如果车不走了，你使用鞭子打车，还是打马？参禅打坐也一样，天天坐禅，能够坐地成佛吗？"

马祖一心执着于坐禅，所以始终得不到解脱，只有摆脱这种执着，才能有所进步。成佛并非执着索求或者静坐念经就可，必须要身体力行才能有所进步。一开始终日冥思苦想着成佛的马祖，在求佛之时，已经渐渐沦入歧途，偏离了参禅学佛的本意。马祖未能明白成佛的道理，就像他没有明白自己的本心一样，他不了解自己的内心如何与佛同在，所以他犯了"执"的错误。

百丈禅师每次说法的时候，都有一位老人跟随大众听法，众人离开，老人亦离开。老人忽然有一天没有离开，百丈禅师于是问："面前站立的又是什么人？"老人云："我不是人啊。在过去迦叶佛时代，我曾住持此山，因有位云游僧人问：'大修行的人还会落入因果吗？'我回答说：'不落因果。'就因为回答错了，使我被罚变成为狐狸身而轮回五百世。现在请和尚代转一语，为我脱离野狐身。"老人于是问："大修行的人还落因果吗？"百丈禅师答："不昧因果。"老人大悟，作礼说："我已脱离野狐身了，住在山后，请按和尚礼仪葬我。"百丈禅师真的在后山洞穴中，找到一只野狐的尸体，便依礼火葬。

这就是著名的"野狐禅"的故事，那个人为什么被罚变身狐狸并轮回五百世呢？就是因为他执着于因果，所以不得解脱。执着就像一个魔咒，令人心想挂念，不能自拔，最后常令人不得其果，操劳心神，反而迷失了对人生、对自身的真正认识。修佛也好，参禅也好，在认识和理解禅佛之前，修行者必须要先认识自己的本身，然后发乎情地做事，渐渐理解禅佛之意。如果执着于认识禅佛之道，最后连本身都不顾了，这就是本末倒置的做法。就像一个人做事之前，必须要理解自身所长，才能放手施为地去做事。如果只看到事物的好处而忽略了自身能力，又怎么可能将事情做好呢？这便是寻明心、安身心的魅力所在。

不要让小事情牵着鼻子走

在非洲草原上，有一种不起眼的动物叫吸血蝙蝠，它的身体极小，却是野马的天敌。这种吸血蝙蝠靠吸食动物的血生存。在攻击野马时，它常附在野马腿上，用锋利的牙齿迅速、敏捷地刺入野马腿里，然后用尖尖的嘴吸食血液。无论野马怎么狂奔、暴跳，都无法驱逐。吸血蝙蝠可以从容地吸附在野马身上，直到吸饱才满意而去。野马往往是在暴怒、狂奔、流血中无奈地死去。

动物学家们百思不得其解，小小的吸血蝙蝠怎么会让庞大的野马毙命呢？于是，他们进行了一项实验，观察野马死亡的整个过程。结果发现，吸血蝙蝠所吸的血量是微不足道的，远远不会使野马毙命。但通过进一步分析得出结论：一致认为野马的死亡是它暴躁的习性和狂奔所致，而不是因为吸血蝙蝠吸血致死。

一个理智的人，必定能控制住自己所有的情绪与行为，不会像野马那样为一点儿小事就抓狂。当你在镜子前仔细地审视自己时，你会发现自己既是你最好的朋友，也是你最大的敌人。

上班时堵车堵得厉害，交通指挥灯仍然亮着红灯，而时间很紧，你烦躁地看着手表的秒针。终于亮起了绿灯，可是你前面的车子迟迟不开动，因为开车的人思想不集中，你愤怒地按响了喇叭，那个似乎在打瞌睡的人终于惊醒了，仓促地挂上了一挡，而你却在几秒钟里把自己置于紧张而不愉快的情绪之中。

美国研究应激反应的专家理查德·卡尔森说："我们的恼怒有80%是自己造成的。"这位加利福尼亚人在讨论会上教人们如何不生气。卡尔森把防止激动的方法归结为这样的话："请冷静下来！要承认生活是不公正的，任何人都不是完美的，任何事情都不会按计划进行。"

"应激反应"这个词从20世纪50年代起才被医务人员用来说明身体和精神对极端刺激（噪声、时间压力和冲突）的防卫反应。

现在研究人员知道，应激反应是在头脑中产生的。即使处于非常轻微的恼怒情绪中，大脑也会命令分泌出更多的应激激素。这时呼吸道扩张，使大脑、心脏和肌肉系统吸入更多的氧气，血管扩大，心脏加快跳动，血糖水平升高。

埃森医学心理学研究所所长曼弗雷德·舍德洛夫斯基说："短时间的应

激反应是无害的。"他说，"使人受到压力是长时间的应激反应。"他的研究结果表明：61%的德国人感到在工作中不能胜任；有30%的人因为觉得不能处理好工作和家庭的关系而有压力；20%的人抱怨同上级关系紧张；16%的人说在路途中精神紧张。

理查德·卡尔森的一条黄金规则是："不要让小事情牵着鼻子走。"他说："要冷静，要理解别人。"他的建议是：表现出感激之情，别人会感觉到高兴，你的自我感觉会更好。

学会倾听别人的意见，这样不仅会使你的生活更加有意思，而且别人也会更喜欢你；每天至少对一个人说，你为什么赏识他，不要试图把一切都弄得滴水不漏。不要顽固地坚持自己的权利，这会花费许多不必要的精力。不要老是纠正别人，常给陌生人一个微笑，不要打断别人的讲话，不要让别人为你的不顺利负责。要接受事情不成功的事实，天不会因此而塌下来；请忘记事事都必须完美的想法，你自己也不是完美的。这样生活会突然变得轻松许多。当你抑制不住自己的情绪时，你要学会问自己：一年前抓狂时的事情到现在来看还是那么重要吗？不为小事抓狂，你就可以对许多事情得出正确的看法。

现在，把你曾经为一些小事抓狂的经历写在这里，然后把你现在对这些事的看法也写下来，对比之下，相信你会有更深的认识。

换种思路天地宽

有位老婆婆有两个儿子，大儿子卖伞，小儿子卖扇。雨天，她担心小儿子的扇子卖不出去；晴天，她担心大儿子的生意难做，终日愁眉不展。

一天，她向一位路过的僧人说起此事，僧人哈哈一笑："老人家你不如这样想：雨天，大儿子的伞会卖得不错；晴天，小儿子的生意自然很好。"

老婆婆听了，破涕为笑。

悲观与乐观，其实就在一念之间。

世界上什么人最快乐呢？犹太人认为，世界上卖豆子的人应该是最快乐的，因为他们永远也不用担心豆子卖不完。

假如他们的豆子卖不完，可以拿回家去磨成豆浆，再拿出来卖给行人；如果豆浆卖不完，可以制成豆腐，豆腐卖不成，变硬了，就当作豆腐干来卖；而豆腐干卖不出去的话，就把这些豆腐干腌起来，变成腐乳。

还有一种选择是：卖豆人把卖不出去的豆子拿回家，加上水让豆子发芽，几天后就可改卖豆芽；豆芽如果卖不动，就让它长大些，变成豆苗；如果豆苗还是卖不动，再让它长大些，移植到花盆里，当作盆景来卖；如果盆景卖不出去，那么再把它移植到泥土中去，让它生长。几个月后，它结出了许多新豆子。一颗豆子现在变成了上百颗豆子，想想那是多么划算的事！

一颗豆子在遭遇冷落的时候，可以有无数种精彩选择。人更是如此，当你遭受挫折的时候，千万不要丧失信心，稍加变通，再接再厉，就会有美好的前途。

条条大路通罗马，不同的只是沿途的风景，而在每一种风景中，我们都可以发现独一无二的精彩。

有一位失败者非常消沉，他经常唉声叹气，很难调整好自己的心态，因为他始终难以走出自己心灵的阴影。他总是一个人待着，脾气也慢慢变得暴躁起来。他没有跟其他人进行交流，他更没有把过去的失败统统忘掉，而是全部锁在心里。但他并没有尝试着去寻找失败的原因，因此，虽然始终把失败揣在心里，却没有真正吸取失败的教训。

后来，失败者终于打算去咨询一下别人，希望能够帮自己摆脱困境。于是，他决定去拜访一名成功者，从他那里学习一些方法和经验。

他和成功者约好在一座大厦的大厅见面，当他来到那个地方时，眼前是一扇漂亮的旋转门。他轻轻一推，门就旋转起来，慢慢将他送进去。刚站稳脚步，他就看到成功者已经在那里等候自己了。

"见到你很高兴，今天我来这里主要是向你学习成功的经验。你能告诉我成功有什么窍门吗？"失败者虔诚地问。

成功者突然笑了起来，用手指着他身后的门说："也没有什么窍门，其实你可以在这里寻找答案，那就是你身后的这扇门。"

失败者回过头去看，只见刚才带他进来的那扇门正慢慢地旋转着，把外面的人带进来，把里面的人送出去。两边的人都顺着同一个方向进进出出，谁也不影响谁。

"就是这样一扇门，可以把旧的东西放出去，把新的东西迎进来。我相信你也可以做得到，而且你会做得更好！"成功者鼓励他说。

失败者听了他的话，也笑了起来。

失败者与成功者的最大区别是心态的不同。失败者的心态是消极的，结果终日沉湎于失败的往事，被痛苦的阴影笼罩，无法解脱；而成功者的心态是开放的、积极的，能从一扇门领悟到成功的哲理，从而取得了更多的成就。

心随境转，必然为境所累；境随心转，红尘闹市中也有安静的书桌。人生像是一张白纸，色彩由每个人自己选择；人生又像是一杯白开水，放入茶叶则苦，放入蜂蜜则甜，一切都在自己的掌握中。

下山的也是英雄

人们习惯于对爬上高山之巅的人顶礼膜拜，把高山之巅的人看作是偶像、英雄，却很少将目光投放在下山的人身上。这是人之常理，但是实际上，能够及时主动地从光环中隐退的下山者也是"英雄"。

有多少人把"隐退"当成"失败"。曾经有过非常多的例子显示，对于那些惯于享受欢呼与掌声的人而言，一旦从高空中掉落下来，就像是艺人失掉了舞台，将军失掉了战场，往往因为一时难以适应，而自陷于绝望的谷底。

心理专家分析，一个人若是能在适当的时间选择做短暂的隐退（不论是自愿还是被迫），都是一个很好的转机，因为它能让你留出时间观察和思考，使你在独处的时候找到自己内在真正的世界。

唯有离开自己当主角的舞台，才能防止自我膨胀。虽然，失去掌声令人惋惜，但换一种思维看问题，心理专家认为，"隐退"就是进行深层学习。一方面挖掘自己的阴影，一方面重新上发条，平衡日后的生活。当你志得意满的时候，是很难想象没有掌声的日子的。但如果你要一辈子获得持久的掌声，就要懂得享受"隐退"。

作家班塞说过一段令人印象深刻的话："在其位的时候，总觉得什么都不能舍，一旦真的舍了之后，又发现好像什么都可以舍。"曾经做过杂志主编，翻译出版过许多知名畅销书的班塞，在他事业巅峰的时候退下来，选择当个自由人，重新思考人生的出路。

40岁那年，欧文从人事经理被提升为总经理。3年后，他自动"开除"自己，舍弃堂堂"总经理"的头衔，改任没有实权的顾问。

正值人生最巅峰的阶段，欧文却奋勇地从急流中跳出，他的说法是："我不是退休，而是转进。"

"总经理"三个字对多数人而言，代表着财富、地位，是事业身份的象征。然而，短短3年的总经理生涯，令欧文感触颇深的，却是诸多的"无可奈何"与"不得已而为"。

他全面地打量自己，他的工作确实让他过得很光鲜，周围想巴结自己的人更是不在少数，然而，除了让他每天疲于奔命，穷于应付之外，他其实活得并不开心。这个想法，促使他决定辞职。"人要回到原点，才能更轻松自在。"他说。

辞职以后，司机、车子一并还给公司，应酬也减到最低。不当总经理的欧文，感觉时间突然多了起来，他把大半的精力拿来写作，抒发自己在广告领域多年的观察与心得。

"我很想试试看，人生是不是还有别的路可走。"他笃定地说。

事实上，欧文在写作上很有天分，而且多年的职场经历给他积累了大量的素材。现在欧文已经是某知名杂志的专栏作家，期间还完成了两本管理学著作，欧文迎来了他的第二个人生辉煌。

事实上，"隐退"很可能只是转移阵地，或者是为了下一场战役储备新的能量。但是，很多人认不清这点，反而一直缅怀着过去的光荣，他们始终难以忘情"我曾经如何如何"，不甘于从此做个默默无闻的小人物。走下山来，你同样可以创造辉煌，同样是个大英雄！

不做无谓的坚持，要学会转弯

生活中很多再平常不过的事情中其实都有禅理，只是疲于奔波的众生早已丧失了于细微处探究竟的兴趣和能力。其实今天的我们已经不再是昨天的我们，为了在今天取得进步、重建自我，就必须放下昨天的自己；为了迎接新兴的，就必须放下旧有的。想要喝到芳香醇郁的美酒就得放下手中的咖啡，想要领略大自然的秀美风光就要离开喧嚣热闹的都市，想要获得如阳光般明媚开朗的心情就要驱散昨日烦恼留下的阴霾。

放得下是为了包容与进步，放下对个人意见的执着才能包容，放下今日旧念的执着才会进步。表面看来，放下似乎意味着失去，意味着后退，其实在很多情况下，退步本身就是在前进，是一种低调的积蓄。

一位学僧斋饭之余无事可做，便在禅院里的石桌上作起画来。画中龙争虎斗，好不威风，只见龙在云端盘旋将下，虎踞山头作势欲扑。但学僧描来抹去几番修改，却仍是气势有余而动感不足。正好无德禅师从外面回来，见到学僧执笔前思后想，最后还是举棋不定，几个弟子围在旁边指指点点，于是就走上前去观看。学僧看到无德禅师前来，于是就请禅师点评。无德禅师看后说道："龙和虎外形不错，但其秉性表现不足。要知道，龙在攻击之前，头必向后退缩；虎要上前扑时，头必向下压低。龙头向后曲度愈大，就能冲得越快；虎头离地面越近，就能跳得越高。"学僧听后非常佩服禅师的见解，于是说道："老师真是慧眼独具，我把龙头画得太靠前，虎头也抬得太高，怪不得总觉得动态不足。"无德禅师借机说："为人处世，亦如同参禅的道理。退却一步，才能冲得更远；谦卑反省,才会爬得更高。"另外一位学僧有些不解,问道:"师父!退步的人怎么可能向前?谦卑的人怎么可能爬得更高?"无德禅师严肃地对他说:"你们且听我的诗偈:'手把青秧插满田,低头便见水中天。身心清净方为道,退步原来是向前。'你们听懂了吗?"学僧们听后,点头,似有所悟。

无德禅师此刻在弟子们心中插满了青秧,不知弟子们看见了秧田的水中天否?进是前,退亦是前,何处不是前?无德禅师以插秧为喻,向弟子们揭示了进退之间并没有本质的区别。做人应该像水一样,能屈能伸,既能在万丈崖壁上挥毫泼墨,好似银河落九天,又能在幽静山林中蜿蜒流淌,自在清泉石上流。

佛陀在世时,受到世人敬仰与称赞。有一个人对此颇为不服,终日咒骂。有一天,这个人索性跑到了佛陀面前,当着他的面破口大骂。但是,无论他的言语多么不堪入耳,佛陀始终沉默相对,甚至面带微笑。终于,这个人骂累了。他既暴躁又不解,不知道佛陀为何不开口说话。佛陀似乎看到了他心中的困惑,对他说:"假如有人想送给你一件礼物,而你不喜欢,也并不想接受,那么这件礼物现在是属于谁的呢?"这个人不明白佛陀的意思,略一思量,回答道:"当然还是要送礼物的这个人的了。"佛陀笑着点头,继续问他:"刚才你一直在用恶毒的语言咒骂我,假如我不接受你的这些赠言,那么,这些话是属于谁的呢?"他一时语塞,方才醒悟到自己的错误,于是他低下头,诚恳地向佛陀道歉,并为自己的无礼而忏悔。

退一步海阔天空并非是一句空话,佛陀并未因为他人对自己的无礼而气愤,反而沉默相对,似乎在步步后退,当这个人心生困惑时甚至耐心地予以开释。他人步步紧逼,而佛陀却始终淡然处之。有退有进,以退为进,绕指柔化百炼钢,也是人生的大境界。

◇自我提升法则

第二节 改变世界，从改变自己开始

苛求他人，等于孤立自己

每个人都有可取的一面，也有不足的地方。与人相处，如果总是苛求十全十美，那么永远也交不到真心的朋友。在这一点上，曾国藩早就有了自己的见解，他曾经说过："盖天下无无瑕之才、无隙之交。大过改之，微瑕涵之，则可。"意思是说，天下没有一点儿缺点也没有的人，没有一点儿缝隙也没有的朋友。有了大的错误，要能够改正，剩下小的缺陷，人们给予包容，就可以了。为此，曾国藩总是能够宽容别人，谅解别人。

当年，曾国藩在长沙读书，有一位同学性情暴躁，对人很不友善。因为曾国藩的书桌是靠近窗户的，他就说："教室里的光线都是从窗户射进来的，你的桌子放在了窗前，把光线挡住了，这让我们怎么读书？"他命令曾国藩把桌子搬开。曾国藩也不与他争辩，搬着书桌就去了角落里。曾国藩喜欢夜读，每每到了深夜，还在用功。那位同学又看不惯了："这么晚了还不睡觉，打扰别人的休息，别人第二天怎么上课啊？"曾国藩听了，不敢大声朗诵了，只在心里默读。一段时间之后，曾国藩中了举人，那人听了，就说："他把桌子搬到了角落，也把原本属于我的风水带去了角落，他是沾了我的光才考中举人的。"别人听他这么一说，都为曾国藩鸣不平，觉得那个同学欺人太甚。可是曾国藩毫不在意，还安慰别人说："他就是那样子的人，就让他说吧，我们不要与他计较。"

凡是成大事者，都有广阔的胸襟。他们在与别人相处的时候，不会计较别人的短处，而是以一颗平常心看待别人的长处，从中看到别人的优点，弥补自己的不足。如果眼睛只能看到别人的短处，那么这个人的眼里就只有不好和缺陷，而看不到别人美好的一面。生活中，每个人都可能会跟别人发生矛盾。如果一味地跟别人计较，就可能浪费自己很多精力。与其把自己的时间浪费在一些鸡毛蒜皮的小事上，不如放开胸怀，给别人一次机会，也可以让自己有更多的精力去做更多有意义的事情。

一位在山中茅屋修行的禅师，有一天趁月色到林中散步，在皎洁的月光下，突然开悟。他喜悦地走回住处，看到自己的茅屋有小偷光顾。找不到任何财物的小偷要离开的时候在门口遇见了禅师。原来，禅师怕惊动小偷，一直站在门口等待。他知道小偷一定找不到任何值钱的东西，就把自己的外衣脱掉拿在手上。小偷遇见禅师，正感到惊愕的时候，禅师说："你走那么远的山路来探望我，总不能让你空手而回呀！夜凉了，你带着这件衣服走吧！"说着，就把衣服披在小偷身上，小偷不知所措，低着头溜走了。禅师看着小偷的背影穿过明亮的月光消失在山林之中，不禁感慨地说："可怜的人呀！但愿我能送一轮明月给他。"禅师目送小偷走了以后，回到茅屋赤身打坐，他看着窗外的明月，进入空境。第二天，他睁开眼睛，看到他披在小偷身上的外衣被整齐地叠好，放在了门口。禅师非常高兴，喃喃地说："我终于送了他一轮明月！"

面对盗贼，禅师既没有责骂，也没有告官，而是以宽容的心原谅了他，禅师的宽容和原谅终于换得了小偷的醒悟。可见，宽容比强硬的反抗更具有感召力。可是，我们与别人发生矛盾时，总想着与别人争出高低来，但是往往因为说话的态度不好，使得两个人吵起来，甚至大打出手。其实，牙齿哪有不碰到舌头的。很多事情忍耐一下，也就过去了。有些矛盾的产生，别人也不一定是故意的，我们给予他包容，他可能会主动认识到错误，也给自己减少了很多麻烦。

有一种智慧叫"弯曲"

人生之旅，坎坷颇多，难免直面矮檐，遭遇逼仄。

弯曲，是一种人生智慧。在生命不堪重负之时，适时适度地低一下头，弯一下腰，抖落多余的负担，才能够走出屋檐而步入华堂，避开逼仄而迈向辽阔。

◇自我提升法则

孟买佛学院是印度最著名的佛学院之一，这所佛学院的特点是建院历史悠久，培养出了许多著名的学者。还有一个特点是其他佛学院所没有的，这是一个极其微小的细节。但是，所有进入过这里的学员，当他们再出来的时候，无一例外地承认，正是这个细节使他们顿悟，正是这个细节让他们受益无穷。

这是一个被很多人忽视的细节：孟买佛学院在它正门的一侧，又开了一个小门，这个门非常小，一个成年人要想过去必须弯腰侧身，否则就会碰壁。

其实，这就是孟买佛学院给学生上的第一堂课。所有新来的人，老师都会引导他到这个小门旁，让他进出一次。很显然，所有的人都是弯腰侧身进出的，尽管有失礼仪和风度，却达到了目的。老师说，大门虽然能够让一个人很体面很有风度地出入。但很多时候，人们要出入的地方，并不是都有方便的大门，或者，即使有大门也不是可以随便出入的。这时，只有学会了弯腰和侧身的人，只有暂时放下面子和虚荣的人，才能够出入。否则，你就只能被挡在院墙之外。

孟买佛学院的老师告诉他们的学生，佛家的哲学就在这个小门里。

其实，人生的哲学何尝不在这个小门里。人生之路，尤其是通向成功的路上，几乎是没有宽阔的大门的，所有的门都需要弯腰侧身才可以进去。因此，在必要时，我们要能够学会弯曲，弯下自己的腰，才可得到生活的通行证。

人生之路不可能一帆风顺，难免会有风起浪涌的时候，如果迎面与之搏击，就可能会船毁人亡，此时何不退一步，先给自己一个海阔天空，然后再图伸展。

妙善禅师是世人景仰的一位高僧，被称为"金山活佛"。他于1933年在缅甸圆寂，其行迹神异，又慈悲喜舍，所以，直至现在，社会上还流传着他难行能行、难忍能忍的奇事。

在妙善禅师的金山寺旁有一条小街，街上住着一个贫穷的老婆婆，与独生子相依为命。偏偏这儿子忤逆凶横，经常喝骂母亲。妙善禅师知道这件事后，常去安慰这老婆婆，和她说些因果轮回的道理。逆子非常讨厌禅师来家里，有一天起了恶念，悄悄拿着粪桶躲在门外，等妙善禅师走出来，便将粪桶向禅师兜头一盖，刹那间腥臭污秽淋满禅师全身，引来了一大群人看热闹。

妙善禅师却不气不怒，一直顶着粪桶跑到金山寺前的河边，才缓缓地把粪桶取下来。旁观的人看到他的狼狈相，更加哄然大笑。妙善禅师毫不在意地道："这有什么好笑的？人本来就是众秽所集的大粪桶，大粪桶上面加个小粪桶，有什么值得大惊小怪的呢？"

有人问他："禅师，你不觉得难过吗？"

妙善禅师道："我一点儿也不会难过，老婆婆的儿子以慈悲待我，给我醍醐灌顶，我正觉得自在哩！"

后来，老婆婆的儿子为禅师的宽容感动，改过自新，向禅师忏悔谢罪，禅师高兴地开释他，受了禅师的感化，逆子从此痛改前非，以孝闻名乡里。

妙善禅师将身体看作大的粪桶，加个小的粪桶，也不稀奇。这种认识正是他高尚的人格和道德慈悲的表现，而正是这一刻他弯下了腰，忍住了屈辱，才感化了忤逆的年轻人。

为人处世，参透屈伸之道，自能进退得宜，刚柔并济，无往不利。能屈能伸，屈是能量的积聚，伸是积聚后的释放；屈是伸的准备和积蓄，伸是屈的志向和目的。屈是手段，伸是目的；屈是充实自己，伸是展示自己。屈是柔，伸是刚；屈是一种气度，伸更是一种魄力。伸后能屈，需要大智；屈后能伸，需要大勇。屈有多种，并非都是胯下之辱；伸亦多样，并不一定叱咤风云。屈中有伸，伸时念屈；屈伸有度，刚柔并济。

人生有起有伏，当能屈能伸。起，就起他个直上云霄；伏，就伏他个如龙在渊；屈，就屈他个不露痕迹；伸，就伸他个清澈见底。这是多么奇妙、痛快、潇洒的情境啊！

◇ 自我提升法则

改变世界，从改变自己开始

在威斯敏斯特教堂地下室里，英国圣公会主教的墓碑上刻着这样的一段话：

当我年轻自由的时候，我的想象力没有任何局限，我梦想改变这个世界。

当我渐渐成熟明智的时候，我发现这个世界是不可能改变的，于是我将眼光放得短浅了一些，那就只改变我的国家吧！

但是我的国家似乎也是我无法改变的。

当我到了迟暮之年，抱着最后一丝努力的希望，我决定只改变我的家庭、我亲近的人——但是，唉！他们根本不接受改变。

现在在我临终之际，我才突然意识到：如果起初我只改变自己，接着我就可以依次改变我的家人。然后，在他们的激发和鼓励下，我也许就能改变我的国家。再接下来，谁又知道呢，也许我连整个世界都可以改变。

这段墓文令人深思。

大文豪托尔斯泰也说过类似的话："全世界的人都想改变别人，就是没人想改变自己。"别说命运对你不公平，其实上帝给每个人都分配了美好的将来，只是看你有没有把握住自己的人生了。有的人用习惯的力量让自己抓住了命运的手。有的人虽然最初与命运擦肩而过，但是他们改变了自己，又让命运转回了微笑的脸。

原一平，美国百万圆桌会议终身会员，荣获日本天皇颁赠的"四等旭日小绶勋章"，被誉为日本的推销之神。但其实在他小的时候是以脾气暴躁、调皮捣蛋、叛逆顽劣而恶名昭彰的，被乡里人称为无药可救的"小太保"。

在原一平年轻时，有一天，他来到东京附近的一座寺庙推销保险。他口若悬河地向一位老和尚介绍投保的好处。老和尚一言不发，很有耐心地听他把话讲完，然后以平静的语气说："听了你的介绍之后，丝毫引不起我的投保兴趣。年轻人，先努力去改造自己吧！""改造自己？"原一平大吃一惊。"是的，你可以去诚恳地请教你的投保户，请他们帮助你改造自己。我看你有慧根，倘若你按照我的话去做，他日必有所成。"

从寺庙里出来，原一平一路思索着老和尚的话，若有所悟。接下来，他组织了专门针对自己的"批评会"，请同事或客户吃饭，目的是让他们指出自己的缺点。

原一平把种种可贵的逆耳忠言一一记录下来。通过一次次的"批评会"，他把自己身上那一层又一层的劣根性一点点剥落掉。

与此同时，他总结出了含义不同的39种笑容，并一一列出各种笑容要表达的心情与意义，然后再对着镜子反复练习。

他开始像一条成长的蚕，在悄悄地蜕变着。

最终，他成功了，并被日本国民誉为"练出价值百万美金笑容的小个子"；美国著名作家奥格·曼狄诺称之为"世界上最伟大的推销员"。

"我们这一代最伟大的发现是，人类可以由改变自己而改变命运。"原一平用自己的行动印证了这句话，那就是：有些时候，迫切应该改变的或许不是环境，而是我们自己。也许你不能改变别人，改变世界，但你可以改变自己。幸福、成功的第一步，唯需从改变自己开始。

条条大路通罗马

鲁迅曾说："其实世上本没有路，走的人多了，也便成了路。"从另一方面来说，生活中，只会盲从他人，不懂得另辟蹊径者，将很难赢取属于自己的成功和荣耀。

其实，不一定非要拘泥于有没有人走过。人生的道路本来就有千条万条，条条大路都能通向"罗马"，每条路都是我们的选择之一。所以一旦这条路行不通，不要犹豫，立即换一条路，即使这条道上行人稀少、环境恶劣，但这往往就是通向成功宝殿的大门。行行出状元，在无力接受某一课程时，千万不要强求自己，否则只会越来越糟，耽误时间不说，还误了

◇自我提升法则

美好前程。

一位叫王丽的姑娘，长得端庄、秀丽。她表姐是外企职工，收入颇高，工作环境也很好，她对王丽的影响很大。王丽也想走进这个阶层，像表姐一样找到外企的工作，过上优越的生活。无奈她的外语水平太差，单词总是记不住，语法也总是弄不懂。马上要面临高考了，她想报考外语专业，可越着急越学不好。她整天想着白领阶层的生活，不知不觉便沉浸其中。

她将所有时间都押在外语上了，其他科目全部放弃。由于只有一条路，她更担心一旦考不上外语系，那就全完了。整天就想着考上以后的生活，考不上又怎么办，而全无心思专心学习。

人生的很多时候都是这样的，当你专注于一条路，你往往忽略了其他的选择。而如果你选择的那条路不是自己擅长走的，那么心理上的压力会让你变得更加茫然，更加找不到方向，你可能因此而进入了一种选择上的误区。

虽然"白日梦"是青春期常见的心理现象，但整天沉醉于其中的人，往往是那些对现状不满意又无力改变的人。因为"白日梦"可以使人暂时忘记不如意的现实，摆脱某些烦恼，在幻想中满足自己被人尊敬、被人喜爱的需要，在"梦"中，"丑小鸭"变成了"白天鹅"。做美好的梦，对智者来说是一生的动力，他们会由此梦出发，立即行动，全力以赴朝着这个美梦发展，而一步步使梦想成真；但对于弱者来说，"白日梦"不啻一个陷阱，他们在此处滑下深渊，无力自拔。

如何走出深渊呢？首先，要有勇气正视不如意的现实，并学会管理自己。这里教给你一个简单而有效的方法，就是给自己制订时间表。先画一张周计划表，把第一天至少分为上午、下午和晚上三格，然后把你在这一周中需要做的事统统写下来，再按轻重缓急排列一下，把它们填到表格里。每做完一件事情，就把它从表上划掉。到了周末总结一下，看看哪些计划完成了，哪些计划没有完成。这种时间表对整天不知道怎么过的人有独特的作用，因为当你发现有很多事情等着做，而且，当你做完一件事有一种踏实的感觉时，就比较容易把幻想变为行动了。你用做事挤走了幻想，并在做事中重塑了自己，增强了自信。

其实要有敢于放弃的勇气和决心，梦是美好的，但毕竟是梦。与其在美梦中遐想，不如另辟他途，走出一条适合自己的路。所以该放弃就放弃，千万不要有丝毫的犹豫和留恋，并迅速踏上另一条通向"罗马"的旅途。

人生处处有死角，要懂得转弯

任何事物的发展都不是一条直线，聪明人能看到直中之曲和曲中之直，并不失时机地把握事物迂回发展的规律，通过迂回应变，达到既定的目标。

顺治元年（1644年），清王朝迁都北京以后，摄政王多尔衮便着手进行武力统一全国的战略部署。当时的军事形势是：农民军李自成部和张献忠部共有兵力40余万；刚建立起来的南明弘光政权，会集江淮以南各镇兵力，也不下50万人，并雄踞长江天险；而清军不过20万人。如果在辽阔的中原腹地同诸多对手作战，清军兵力明显不足。况且迁都之初，人心不稳，弄不好会造成顾此失彼的局面。

多尔衮审时度势，机智灵活地采取了以迂为直的策略，先怀柔南明政权，集中力量攻击农民军。南明当局果然放松了对清的警惕，不但不再抵抗清兵，反而派使臣携带大量金银财物，到北京与清廷谈判，向清求和。这样一来，多尔衮在政治上、军事上都取得了主动地位。顺治元年七月，多尔衮对农民军的进攻取得了很大进展，后方亦趋稳固。此时，多尔衮认为最后消灭明朝的时机已经到来，于是，发起了对南明的进攻。当清军在南方的高压政策和暴行受阻时，多尔衮又施以迂为直之术，派明朝降将、汉人大学士洪承畴招抚江南。顺治五年（1648年），多尔衮以他的谋略和气魄，基本上完成了清朝在全国的统治。

迂回的策略，十分讲究迂回的手段。特别是在与强劲的对手交锋时，迂回的手段高明、精到与否，往往是能否在较短的时间内由被动转为主动的关键。

美国当代著名企业家李·艾柯卡在担任克莱斯勒汽车公司总裁时，为了争取到10亿美元的国家贷款来解公司之困，他在正面进攻的同时，采用了迂回包抄的办法。一方面，他向政府提出了一个现实的问题，即如果克莱斯勒公司破产，将有60万左右的人失业，第一年政府就要为这些人支出27亿美元的失业保险金和社会福利开销，政府到底是愿意支出这27亿美元呢，还是愿意借出10亿美元极有可能收回的贷款？另一方面，对那些可能投反对票的国会议员们，艾柯卡吩咐手下为每个议员开列一份清单，单上列出该议员所在选区所有同克莱斯勒有经济往来的代销商、供应商的名字，并附有一份万一克莱斯勒公司倒闭，将在其选区产生的经济后果的分析报告，以此暗示议员们，若他们投反对票，因克莱斯勒公司倒闭而失业的选民将怨恨他们，由此也将危及他们的议员席位。

这一招果然很灵，一些原先激烈反对向克莱斯勒公司贷款的议员们不再说话了。最后，国会通过了由政府支持克莱斯勒公司15亿美元的提案，比原来要求的多了5亿美元。

俗话说："变则通，通则久！"所以在经历一些暂时没有办法解决的事情面前，我们应该学着变通，不能死钻牛角尖，此路不通就换条路。有更好的机会就赶快抓住，不能一条路走到黑。生活不是一成不变的，有时候我们转过身，就会突然发现，原来我们的身后也藏着机遇，只是当时的我们赶路太急，把那些美好的事物给忽略掉了。

方法错了，越坚持走得越慢

"愚公移山"的故事，老少皆知。我们钦佩愚公的干劲、执着，但同时也有人抱质疑态度：若愚公搬一次家，又何至于让子子孙孙都辛苦一生？

工作中，许多人常咬紧"青山"不放松，永不言放弃，却只能头破血流、两败俱伤。变一回视线，换一次角度，找一下方法，将会"柳暗花明又一村"。

小马到一家公司去推销商品。他恭敬地请秘书把名片交给董事长，正如所料，董事长还是把名片丢了回去。

"怎么又来了！"董事长有些不耐烦。无奈，秘书只得把名片退还给立在门外受尽冷落的小马，但他毫不在意地再把名片递给秘书。

"没关系，我下次再来拜访，所以还是请董事长留下名片。"

拗不过小马的坚持，秘书硬着头皮，再进办公室。董事长火了，将名片撕成两半，丢给秘书。秘书不知所措地愣在当场，董事长更生气了，从口袋拿出10元钱说道："10元钱买他一张名片，够了吧！"

哪知当秘书递还给业务员名片与钞票后，小马很开心地高声说："请你跟董事长说，10元钱可以买两张我的名片，我还欠他一张。"随即他再掏出一张名片交给秘书。突然，办公室里传来一阵大笑，董事长走了出来说道："这样的业务员不跟他谈生意，我还找谁谈？"说着把小马请进了办公室。

大多数情况下，正确的方法比坚持的态度更有效、更重要。

坚持固然是一种良好的品性，但在有些事上过度地坚持，反而会导致更大的浪费。因此，在做一件事情时，在没有胜算的把握和科学根据的前提下，应该见好就收，知难而退。

有两个朋友分别住在沙漠的南北两端，由于干旱，饮水成了生存最主要的问题。还好，在沙漠的中心有一眼泉水。为了能喝到水，每天他们都要到沙漠中心去挑水，日子过得非常辛苦。

两个人每天都在约定的时间到泉水处，先是聊聊天，然后分别挑起水回家，这样一直坚持了5年。

忽然有一天，南边的人在泉水的地方没有见到北边的人，他心想："他大概睡过头了。"可是第二天，他还是没有见到北边的那个人来挑水。过了一个星期，北边的人始终没有来，南边的人着急了，以为他出了什么意外，于是就收拾行装去北边看望他的朋友。

等他到达北边的时候，远远地看见他朋友家的烟囱上冒出浓烟，还闻到了菜香味儿。"这哪里像一个星期没有水的样子?"他心想。

"我都一个星期没见到你挑水了,难道你不用喝水吗?"南边的人问。

"我当然不会一个星期不喝水!"说完,北边的人把南边的人带到他家的后院,指着一口井说,"5年来,我每天都抽空挖这口井。我们现在都还年轻,还有力气每天走很远的路去挑水,等我们老了的时候怎么办,你想过没有?就在一个星期前,我的井里开始有了水,这口井足足用了我5年的时间才挖成。虽然很辛苦,但是以后我就不用走那么远的路去挑水了!"

从中可见,每天都坚持着辛苦挑水并非最佳的路子,找到水源才是根本方法。

在形形色色的问题面前,在人生的每一次关键时刻,聪明的企业员工会灵活地运用智慧,做最正确的判断,选择属于自己的正确方向。同时,他会随时检视自己选择的角度是否产生偏差,适时地进行调整,而不是以坚持到底为圭臬,只凭一套哲学,便欲强渡职场中所有的关卡。时时留意自己执着的意念是否与成功的法则相抵触,追求成功,并非意味着我们必须全盘放弃自己的执着,去迁就成功法则。只需在意念、方法上做灵活的修正,我们将离成功越来越近。

换个角度,世界就会不一样

在现实生活中,情绪失控有很多原因,其中最常见的就是认为生活不如意,大事小事都与自己理想中的景象相去甚远。其实这种情况下,你大可不必死钻牛角尖,不妨换个角度来看问题,或许你就会有意料不到的收获,你的生活也就会不断充满希望与喜悦。

有这样一个故事:

在波涛汹涌的大海中,有一艘船在波峰浪谷中颠簸。一位年轻的水手顺着桅杆爬向高处去调整风帆的方向,他向上爬时犯了一个错误——低头向下看了一眼。浪高风急顿时使他恐惧,腿开始发抖,身体失去了平衡。这时,一位老水手在下面喊:"向上看,孩子,向上看!"这个年轻的水手按他说的去做，重新获得了平衡，终于将风帆调整好。船驶向了预定的航线，躲过了一场灾难。

换个角度看问题，视野要开阔得多，即使处在同一个位置。我们未尝不可从多个角度去分析事物、看待事物。换个角度，其实也是一种控制情绪的好方法。

如果我们能从另一个角度看人，说不定很多缺点恰恰是优点。一个固执的人，你可以把他看成是一个"信念坚定的人"；一个吝啬的人，你可以把他看成是一个"节俭的人"；一个谨小慎微的人，你可以把他看成是一个"能深谋远虑的人"。

我们常常听到有人抱怨自己容貌不是国色天香，抱怨今天天气糟糕透了，抱怨自己总不能事事顺心……刚一听，还真认为上天对他太不公了，但仔细一想，为什么不换个角度看问题呢？容貌天生不能改变，但你为什么不想一想展现笑容，说不定会美丽一点儿；天气不能改变，但你能改变心情；你不能样样顺利，但可以事事尽心，你这样一想是不是心情好了很多？

所以，我们不妨学会淡泊一点儿。不要总想着"我付出了那么多，我将会得到多少"这类问题。一个人身心疲惫，情绪波动，就是因为凡事斤斤计较，总是计算利害得失。如果把握一份平和的心态，换个角度，把人生的是非和荣辱看得淡一些，你就能很好地控制自己的情绪了。

绕个圈子，避开钉子

在生活中，我们难免会因为一些竞争而使我们与对手针锋相对。矛盾也许不可避免，但是我们真的没有必要非要跟别人斗个你死我活。如果真的躲不过去，也不要跟对手硬拼。懂得利用智慧和技巧，在方法上取胜。

聪明的人总是懂得在危险中保护自己，而愚蠢的人总是喜欢依靠蛮力，乐于耗费掉自己全部的精力也要与对手拼出个高下，弄得自己没有回旋的余地。

◇ 自我提升法则

一位搏击高手参加锦标赛，自以为稳操胜券，一定可以夺得冠军。

出乎意料，在最后的决赛中，他遇到一个实力相当的对手，双方竭尽全力出招攻击。当对方打到了中途，搏击高手意识到，自己竟然找不到对方招式中的破绽，而对方的攻击却往往能够突破自己防守中的漏洞，有选择地打中自己。

比赛的结果可想而知，这个搏击高手惨败在对方手下，当然也就无法得到冠军的奖杯。他愤愤不平地找到自己的师傅，一招一式地将对方和他搏击的过程再次演练给师傅看，并请求师傅帮他找出对方招式中的破绽。他决心根据这些破绽，苦练出足以攻克对方的新招，决心在下次比赛时，打倒对方，夺取冠军。

师傅笑而不语，在地上画了一道线，要他在不能擦掉这道线的情况下，设法让这条线变短。

搏击高手百思不得其解，怎么会有像师傅所说的办法，能使地上的线变短呢？最后，他无可奈何地放弃了思考，转向师傅请教。

师傅在原先那道线的旁边，又画了一道更长的线。两者相比较，原先的那道线，看来变得短了许多。

师傅开口道："夺得冠军的关键，不仅仅在于如何攻击对方的弱点，正如地上的长短线一样，如果你不能在要求的情况下使这条线变短，你就要懂得放弃从这条线上做文章，寻找另一条更长的线。那就是只有你自己变得更强，对方就如原先的那道线一样，也就在相比之下变得较短了。如何使自己更强，才是你需要苦练的根本。"

徒弟恍然大悟。

师傅笑道："搏击要用脑，要学会选择，攻击其弱点。同时要懂得放弃，不跟对方硬拼，以自己之强攻其弱，你才能夺取冠军。"

在获得成功的过程中，在夺取冠军的道路上，有无数的坎坷与障碍，需要我们去跨越、去征服。人们通常走的路有两条：

一条路是学会选择攻击对手的薄弱环节。正如故事中的那位搏击高手，可找出对方的破绽，给予其致命的一击，用最直接、最锐利的技术或技巧，快速解决问题。

另一条路是懂得放弃，不跟对方硬拼，全面增强自身实力，在人格上、在知识上、在智慧上、在实力上使自己加倍地成长，变得更加成熟，变得更加强大，以己之强攻敌之弱，使许多问题迎刃而解。

不跟对手硬拼，是一种包容，也是一种智慧。绕开圈子，才能避开钉子。适当地给对手留有余地，也许可以将对方感化，从而化僵持为友好，将敌人变成朋友。适当地给自己留有余地，你才有机会东山再起，才能把握好更多的机遇。

懂得变通，不通亦通

行走中的人，既要能够看到远处的山水，也要能够近看自己脚下的路。"不计较一时得失，基于全景考虑而决定的变通"，往往是抵达目的地的一条捷径。变通，既是为了通过，更是为了向前。

生命的长途中既有平坦的大道也有崎岖的小路，聪明的人既向往大道的四通八达，也懂憬小路上的美丽风景；生命的轮回中四季交替，既有姹紫嫣红草长莺飞的明媚春光，也有银装素裹万木凋零的凛冽冬日，万物生灵随着季节的轮转调整着自己的生存方式。

在生命的春天中，我们尽可以充分享受和煦的春风、温暖的阳光，而遭遇寒冬之时，要及时调整步速，不急不躁地把握住生命的脉搏。

人的一生，总要经风历雨，横冲直撞，一味地拼杀是莽士；运筹帷幄，懂得变通才是智者。

从前，有一个贫困者，他有一个非常漂亮的女儿。贫困者生活拮据，妻子又体弱多病，不得已向富有者借了很多钱。年关将至，贫困者实在还不上富有者的钱，便来到富有者家中请求他拖延一段时间。

富有者不相信贫困者家中困窘到了他所描述的地步，便要求到贫困者家中看一看。

◇自我提升法则

来到贫困者家后，富有者看到了贫困者美丽的女儿，坏主意立刻就冒了出来。他对贫困者说："我看你家中实在很困难，我也并非有意难为你。这样吧，我把两个石子放进一个黑罐子里，一黑一白，如果你摸到白色的，就不用还钱了，但是如果你摸到黑色的，就把女儿嫁给我抵债！"

贫困者迫不得已只能答应。

富有者把石子放进罐子里时，贫困者的女儿恰好从他身边经过，只见富有者把两个黑色石子放进了罐子里。贫困者的女儿刹那间便明白了富有者的险恶用心，但又苦于不能立刻当面拆穿他的把戏。她灵机一动，想出了一个好办法，悄悄地告诉了自己的父亲。

于是，当贫困者摸到石子并从罐子里拿出时，他的手"不小心"抖了一下，富有者还没来得及看清颜色，石子便已经掉在了地上，与地上的一堆石子混杂在一起，难以辨认。

富有者说："我重新把两颗石子放进去，你再来摸一次吧！"

贫困者的女儿在一旁说道："不用再来一次了吧！只要看看罐子里剩下的那颗石子的颜色，不就知道我父亲刚刚摸到的石子是黑色的还是白色的了吗？"说着，她把手伸进罐子里，摸出了剩下的那颗黑色石子，感叹道："看来我父亲刚才摸到的是白色的石子啊！"

富有者顿时哑口无言。

"重来一次"意味着穷人把儿女嫁给富人抵债，而穷人的女儿则通过思维的转换成功地扭转了双方所处的形势。所以很多时候与其硬来，不如做出变通更有效果。当客观环境无法改变时，改变自己的观念，学会变通，才能在绝境中走出一条通往成功的路。

生活中许多事情往往都要转弯，路要转弯，事要转弯，命运有时也要转弯。转弯是一种变化与变通，转弯是调整状态，也是一种心灵的感悟。生命就像一条河流，不断回转蜿蜒，才能克服崇山峻岭，汇集百川，成为巨流。生命的真谛是实现，而不是追求；是面对现实环境，懂得转弯迂回和成长，而不是直撞或逃避。

高山不语，自有巍峨；流水不止，自成灵动。沉稳大气、卓然挺拔，是山的特性；遇石则分，遇瀑则合，是水的个性。水可穿石，山能阻水，山有山的精彩，水有水的美丽，而山环水水绕山，更是人间曼妙风景。

适应这个变化的世界

世间万物都在变。没有变化，就会落后，就无法生存。事变我变，人变我变，适者方可生存。成功离不开变通，很多人之所以处处碰壁，最重要的原因就是不能适应这个变化的世界。

下面这个故事中的主人公张娜是一个善于变通、能够解决问题的高手，正是这种遇到困难找方法的精神造就了她事业上的成功。

几年前，张娜还是一家建筑材料公司的业务员。当时公司最大的问题是如何讨账。公司产品不错，销路也不错，但产品销出去后，总是无法及时收到款。有一位客户，买了公司10万元产品，但总是以各种理由迟迟不肯付款，公司派了三批人去讨账，都没能拿到货款。当时她刚到公司上班不久，就和另外一位姓张的员工一起，被派去讨账。他们软磨硬泡，想尽了办法，最后，客户终于同意给钱，叫他们过两天来拿。

两天后他们赶去，对方给了一张10万元的现金支票。他们高高兴兴地拿着支票到银行取钱，结果却被告知，账上只有99000元，很明显，对方又要了个花招，他们给的是一张无法兑现的支票。第二天就要放春节假了，如果不及时拿到钱，不知又要拖延多久。

遇到这种情况，一般人可能一筹莫展了，但是张娜突然灵机一动，拿出1000元，让同去的小张存到客户公司的账户里去。这一来，账户里就有了10万元。她立即将支票兑了现。当她带着这10万元回到公司时，董事长对她大加赞赏。之后，她在公司不断发展，5年之后当上了公司的副总经理，后来又当上了总经理。

同张娜一样，许多成功者成功的秘诀就在于善于变通。只有适时做出改变，才能克服困难，走向成功。美国名人罗兹说："生活的最大成就是不

◇自我提升法则

断地改造自己，以使自己悟出生活之道。"由此可知，变通就是我们遇到困难和变化时所采取的方法和手段。这种方法和手段有这样两大特点：一是根据客观情况的变化而改变自己；二是深刻理解了变化原因之后，努力去引导变化、驾驭变化。

日本丰臣秀吉当政时期，有一次，一场暴雨使得河坝溃决。当时情况非常危险，丰臣秀吉立刻赶到现场指挥，鼓舞部下的士气。然而溃决河堤必须用土包才能堵塞得住，而土包的制作需要很长时间，雨势却越来越凶猛，水位也跟着逐渐上涨。

就在大家议论纷纷、束手无策的时候，石田三成跑过来，他打开米仓，命令将士们将米袋搬出来，去堵塞堤防的决口。由于这项随机应变的措施，避免了一场大灾难的发生。不久，雨势渐缓，水位也下降了。这时，石田三成发布声明：如果附近的居民能够制造出可以堵住河堤缺口的土包，就用米做奖赏。周围的人纷纷响应，制造了许多坚固的土包，因此在很短的时间内，堤防就修好了，而且比以前更加牢固。看到这种情形，丰臣秀吉赞叹不已。

一位成功学大师说："历史上的伟人，第一等智慧的领导者，晓得下一步是怎么变，便领导人家跟着变，永远站在变的前头；第二等人是应变，你变我也变，跟着变；第三等人是人家变了以后，他再以比别人变得还快的速度追上去，并超越人家。"

想做一名成功者，就必须不停地做着调整，不停地适应社会的变化，这样才能打破常规迈出成功的一步。有许多满怀雄心斗志的人毅力很坚强，但是由于不会积极地适应多变的环境因而无法成功。根据现实的情况为实现目标而改变策略吧！如果你的确感到行不通的话，就请尝试另一种方式。

我们改变不了过去，但可以改变现在；我们很难改变环境与问题，但可以改变自己。擦亮发现的眼睛，变换思维的角度，千变万化将由你驾驭。

第三章

当无法改变别人时,改变自己

第一节 你就是问题的根源

抱怨生活之前,先认清你自己

我们会抱怨生活,因为它没有把我们的一切都安排得很好,没能让我们在不经过努力就获得自己想要的东西;我们抱怨工作,因为它总是不能给我们带来财富,尽管我们已经尽力了,可是薪水还是那么一点点;我们抱怨家长,因为他们没能给我们很好的生活环境,没能让我们像富家子弟那样生活;我们抱怨朋友,因为他们总是只想着自己,完全不顾及我们的感受;我们抱怨……这样一直抱怨下去,我们突然发现,身边的一切事情都让我们看不顺眼,一切都不能尽如我们的意愿。可是,怎么办呢?问题到底出在哪里?

一个女孩对父亲抱怨她的生活,抱怨事事都那么艰难,她不知该如何应付生活,想要自暴自弃了。她已厌倦抗争和奋斗,好像一个问题刚解决,新的问题就又出现了。

女孩的父亲是位厨师,他把她带进厨房。他先往三只锅里倒入一些水,

◇ 自我提升法则

然后把它们放在旺火上烧。不久锅里的水烧开了。他往一只锅里放些胡萝卜，第二只锅里放入鸡蛋，最后一只锅里放入磨碎的咖啡豆。他将它们浸入开水中煮，一句话也没说。

女孩咂咂嘴，不耐烦地等待着，纳闷父亲在做什么。大约20分钟后，他把火闭了，把胡萝卜捞出来放入一个碗内，把鸡蛋捞出来放入另一个碗内，然后又把咖啡舀到一个杯子里。做完这些后，他才转过身问女儿："亲爱的，你看见什么了？"

"胡萝卜、鸡蛋、咖啡。"她回答。

他让她靠近些，并让她用手摸摸胡萝卜。她摸了摸，注意到它们变软了。

父亲又让女儿拿一只鸡蛋并打破它。将壳剥掉后，她看到了是只煮熟的鸡蛋。

最后，父亲让她啜饮咖啡。品尝到香浓的咖啡，女儿笑了。她问道："父亲，这意味着什么？"

父亲解释说，这三样东西面临同样的逆境——煮沸的开水，但其反应各不相同。

胡萝卜入锅之前是强壮的、结实的，但进入开水后，它变软了，变弱了。

鸡蛋原来是易碎的。它薄薄的外壳保护着它呈液体的内脏，但是经开水一煮，它的内脏变硬了。而粉状咖啡豆则很独特，进入沸水后，它们改变了水。

父亲的教导方法是高明的。他把生活比作了一杯水，而拿不同的物体比喻成我们。如果我们如胡萝卜一般，只能任由环境的改变，那么我们就是被动的；而当我们是粉状咖啡豆的时候，尽管在杯子里已经找不到了我们的影子，却能因为我们的变化而改变了人生的大环境。

所以说，当你开始抱怨生活的时候，先要认清楚自己，看你是容易被生活改变，还是你可以去改变生活。如果你被生活改变了，那么就不要责怪生活,而要怪你自己的不坚定,容易随波逐流。而当你确定你能够改变生活的时候,就应该放下抱怨,拿出勇气,因为生活的味道完全是你可以设计和改变的。

问题的98%是自己造成的

人类有着一个共同的特点,就是总将问题归结到别人的身上,认为别人是问题的制造者,而自己只是一个无辜的受害者。殊不知,问题的98%都是自己造成的,如果自己身上没有问题或在自己的环节将问题彻底解决,便不会出现一发不可收拾的局面了。

一本杂志曾刊登过这样一个故事:

当巴西海顺远洋运输公司派出的救援船到达出事地点时,"环大西洋"号海轮已经消失了,21名船员不见了,海面上只有一个救生电台有节奏地发着求救的信号。救援人员看着平静的大海发呆,谁也想不明白在这个海况极好的地方到底发生了什么,从而导致这条最先进的船沉没。这时有人发现电台下面绑着一个密封的瓶子,打开瓶子,里面有一张纸条,21种笔迹,上面这样写着:

一水汤姆:"3月21日,我在奥克兰港私自买了一个台灯,想给妻子写信时照明用。"

二副瑟曼:"我看见汤姆拿着台灯回船,说了句'这小台灯底座轻,船晃时别让它倒下来',但没有干涉。"

三副帕蒂:"3月21日下午船离港,我发现救生筏施放器有问题,就将救生筏绑在架子上。"

二水戴维斯:"离岗检查时,发现水手区的闭门器损坏,用铁丝将门绑牢。"

二管轮安特尔:"我检查消防设施时,发现水手区的消火栓锈蚀,心想还有几天就到码头了,到时候再换。"

船长麦特:"起航时,工作繁忙,没有看甲板部和轮机部的安全检查报告。"

机匠丹尼尔:"3月23日上午,理查德和苏勒的房间消防探头连续报警。我和瓦尔特进去后,未发现火苗,判定探头误报警,拆掉交给惠特曼,要求换新的。"

机匠瓦尔特:"我就是瓦尔特。"

大管轮惠特曼:"我说正忙着,等一会儿拿给你们。"

服务生斯科尼:3月23日13点到理查德房间找他,他不在,坐了一会儿,随手开了他的台灯。

大副克姆普:"3月23日13点半,带苏勒和罗伯特进行安全巡视,没有进理查德和苏勒的房间,说了句'你们的房间自己进去看看'。"

一水苏勒:"我笑了笑,也没有进房间,跟在克姆普后面。"

一水罗伯特:"我也没有进房间,跟在苏勒后面。"

机电长科恩:"3月23日14点,我发现跳闸了,因为这是以前也出现过的现象,没多想,就将闸合上,没有查明原因。"

三管轮马辛:"感到空气不好,先打电话到厨房,证明没有问题后,又让机舱打开通风阀。"

大厨史若:"我接马辛电话时,开玩笑说,我们在这里有什么问题?你还不来帮我们做饭?然后问乌苏拉:'我们这里都安全吗?'"

二厨乌苏拉:"我也感觉空气不好,但觉得我们这里很安全,就继续做饭。"

机匠努波:"我接到马辛电话后,打开通风阀。"

管事戴思蒙:"14点半,我召集所有不在岗位的人到厨房帮忙做饭,晚上会餐。"

医生英里斯:"我没有巡诊。"

电工荷尔因:"晚上我值班时跑进了餐厅。"

最后是船长麦特写的话:"19点半发现火灾时,汤姆和苏勒房间已经烧穿,一切糟糕透了,我们没有办法控制火情,而且火越烧越大,直到整条船上都是火。我们每个人都犯了一点儿错误，最终酿成了人毁船亡的大错。"

看完这张绝笔纸条，救援人员谁也没说话，海面上死一样的寂静，大家仿佛清晰地看到了整个事故的过程。

船长麦特的最后一句话是最值得我们深思的："我们每个人都犯了一点儿错误，最终酿成了人毁船亡的大错。"问题出现时，不要再找借口了，因为你自己才是问题的真正根源，问题的98%都是自己造成的，"环大西洋"号的覆灭不正说明了这一点吗？

失败者的借口通常是"我没有机会"。他们将失败的理由归结为不被人垂青，好职位总是让他人捷足先登，殊不知，其失败的真正原因恰恰在于自己不够勤奋，没有好好把握得之不易的机会。而那些意志坚强的人则绝不会找这样的借口，他们不等待机会，也不向亲友们哀求，而是靠自己的勤奋努力去创造机会，因为他们深知，很多困境其实是自己造成的，唯有自己才能拯救自己。

天堂是由自己搭建的

杰克拥有一座美丽的莲花池。那其实是他在乡下住宅附近的一片天然洼地，他坚称他在乡间的宅邸为他的农场，水从远处山丘上的蓄水池中流入这片洼地，其间还要通过一个可调节水流大小的阀门开关。一切是那么的和谐美满，到了夏天澄澈的水面上就会铺满怒放的莲花，鸟儿们在池中自由嬉戏，从早到晚都能听到它们的奏鸣音。蜜蜂则在花园中的野花上忙碌不辍。极目远眺，池塘的后面是一片更加美丽的丛林，野生的浆果、灌木、蕨类植物争相盛开热闹极了。

杰克是一个平凡的人，但他拥有着一颗博爱的心。在他的领土上，你看不到"私人所有，不得擅入"或"擅入必究"的字样。取而代之的是原野尽头那让人倍感亲切的标语，"这里的莲花欢迎你"。他得到了所有人的由衷爱戴，原因很简单，他真诚地爱着所有的人，并愿意与他们分享他的一切。

在这里人们常能碰到正在玩耍的天真孩子和风尘仆仆、步履蹒跚的游人，不止一次看到他们离去时脸上那与来时全然不同的神情，仿佛卸下了身上的重负，直到现在人们的耳边似乎还能听到他们离去时的低声呢喃和祝福。有些人甚至把这里称为世外桃源。闲暇时作为主人的他也会在此静坐享受夜晚的寂静。当外人离去后，他趁着皎洁的月光在园中往来踱步或坐在老式的木质长椅上伴着芬馥的野花香喝点什么。他是一个具有一切美好品质的人。用他自己的话说，这里是他一生中最伟大最成功之处，经常带给他莫名的感动。

毗邻的一切生物仿佛也能感受到这里散发出的亲善、友好、宁谧、欢欣的气氛。牛羊们会漫步到树林边古老的石栏下，张望着里面美好的景致，我想它们真的是在跟我们一起共享这份温馨。动物们面带微笑昭示着它们的心满意足和欢欣愉悦，或许这就是他的心中所求吧，因为每当此际他也会露出会心的微笑，表示他能理解它们的心满意足和欢欣愉悦。

水源的供给原本丰沛，水池的进水阀又总是开到最大，这让水流婉转而下，不仅在栏边驻足的牛羊能饮到甘甜的山泉，邻家的田园亦可受惠。

不久前杰克因事不得不离开大约一年的光景，这段时间里他把房子租给了另外一个男人，新租客是位非常"实际"的人，他决不做任何无法给他带来直接利益的事。连接莲花池与蓄水池之间的阀门被关闭了，土地再也得不到泉水的滋润和灌溉；朋友立起的"这里的莲花欢迎你"的标语也被移走；池边再也见不到嬉戏的顽童和欣慰的游人。总之这里发生了天翻地覆的变化，再不复往昔林木欣欣向荣，泉水涓涓而流的样子。池里的花朵因失去了赖以生存的水源而日渐凋零，只有伏在池底烂泥上枯萎的花茎还在向人们诉说着往日的热闹。原本在清澈的池水中悠然而动的鱼早已化为枯骨，走近池边便能闻到它们发出的腥臭。岸边没有了绽放的鲜花，鸟儿不再停留于此，蜜蜂们已移居它处，园中亦不见蜿蜒的流水，栏外成群的牛羊再也饮不到甘甜的清泉。

如我们所见，今天的莲花池与杰克悉心照料的莲花池有天壤之别。而细究之下，造成这一切差别的原因却十分微不足道，仅仅是因为后者关闭了引水的阀门，阻止了来自山腰的水流。这个貌似简单的举动，掐断了一切生物的生命之源。它不仅毁掉了生机盎然的莲花池，还间接破坏了周遭的环境，剥夺了周遭邻居们与动物们的幸福。

看了上面的故事，你是否对生命的真谛有了新的感悟？在这个莲花池的故事中，杰克那种博爱的胸怀就是宇宙间最真、最美的东西。

其实，故事里的莲花池跟你我的生命是无法相提并论的，因为它的生命完全掌握在他人之手，只有依赖别人替它打开阀门才能生存下去。相对于莲花池的无助，我们的生命则强势许多，至少我们可以自由决定从外界汲取的能量及信息，能够掌握人生的只有我们自己的思想。

心里不是堆"垃圾"的地方

现实生活中，有些人好像从来就没有过顺心的事或顺利的时候，任何时候你与他在一起，都会听到他不停地抱怨。他们把每一件不顺心的小事都堆积在心里、挂在嘴上，搞得自己的心态和情绪都很糟。在这样一种状态下，自己很烦躁，别人也很厌烦。

"万事如意"不过是人们对生活的良好祝愿，真正现实的生活中，人们所面对的总是一些不尽完美的事情。我们虽不可能保证事事顺遂，但应该做到坦然面对，该放则放，不要把一些"垃圾"堆积在心里，把乌云挂在脸上，把牢骚挂在嘴上，否则你就会变成周围的人都不欢迎的人。

英特尔的一个分公司要进行人事调动，主管杰克对年轻的约翰说："你把手头的工作安排一下，到销售部去报到，我觉得那里更适合你，你有什么意见吗？"约翰嘴巴动了动，心想："我有意见有什么用，你是主管，还不是你说了算？"不过他并没有将这样的话说出来，而是默默地离开了。

当时销售部的工作也不太好做，约翰背地里想："这一次把我调到最糟的销售部,一定是杰克在搞鬼,见我这边工作出色嫉妒我,怕我抢他的位置。哼,我们以后走着瞧!"到了销售部后,约翰整天板着脸,对所有新同事都是爱理不理,工作也不热心。慢慢地,同事们逐渐疏远他了。

有一次,一个重要的客户打电话来,让他转告杰克,让杰克第二天到客户那里参加一个洽谈会,因为关系到一大笔业务,所以要求杰克第二天必须按时赶到。约翰听后,认为这是一个绝好的报复机遇,于是装作不知道这件事,也没告诉杰克。

第二天,杰克将约翰叫到自己的办公室,非常严肃地告诉他:"约翰,客户那么重要的事情你为什么不告诉我?如果不是客户今天早晨又打电话催我,我们几乎失去了一笔上千万的生意。我本来以为你平时工作表现好,只是为人欠历练,所以把你调到销售部,考察磨炼你一下,看你是否能在以后担当重任。可你却对此心生怨恨,还故意报复,我们整个部门的前途差点就毁在你的手上。对于你的这种表现,我非常失望。我不得不告诉你,你被解雇了。"

约翰因为没有和自己的主管及时沟通,将自己对主管的怨恨情绪攒积在心里,终于做出了不理智的举动,结果使自己的前途尽毁。整天抱怨的人总是受累于情绪,似乎烦恼、压抑、失落甚至痛苦总是接二连三地袭来,于是频频抱怨生活对自己不公平,自己因而一直生活在抱怨的世界中。

心里不是堆积"垃圾"的地方,必须及时清空自己的坏情绪。情绪的控制完全在于自己,完全把握自己的情绪,积极主动,使得自己的情绪不会被别人所左右。很多乐观的人都善于控制自己的情绪,让自己活在快乐之中。人生在世,总会遇到很多悲伤与痛苦,如果不能掌控自己的情绪,就会成为情绪的奴隶。斯摩尔曾经说过:"做情绪的主人,驾驭和把握自己的方向。"

要学会清扫自己的心灵

印度一位公主的波斯猫走丢了,于是国王下令:谁要是能把猫找到,重重有赏，并叫宫廷画师画了数千幅猫像张贴在全国各地。

送猫者络绎不绝，但都不是公主丢失的。

公主于是就想：可能是捡到猫的人嫌钱少，那可是一只纯正的波斯猫。

公主把这一想法告诉国王，国王马上把奖金提高到50块金币。一个流浪儿在宫廷花园外面的墙角捡到了那只猫。

流浪儿看到了告示，第二天早上就抱着猫去领50块金币。

当他经过一家货铺时，看到墙上贴的告示已变成100块金币。

流浪儿又回到他的破茅屋，把猫重新藏好，他又跑去看告示时，奖金已涨到150块金币。接下来的几天里，流浪儿没有离开过贴告示的墙壁。

当奖金涨到使全国人民都感到惊讶时，流浪儿返回他的茅屋，准备带上猫去领奖，可是猫已经死了。

因为这只猫在公主身边吃的都是鲜鱼和鲜肉，对流浪儿从垃圾桶里捡来的东西根本消化不了。

贪心使人永远没有满足之时，因此，不能将贪心作为人生的包袱，压得太重到时候反而是什么也得不到，只有卸掉包袱才能轻装上阵。

古人曾说，二鸟在林不如一鸟在手，我们为什么不好好地珍惜已在手中的那只鸟，偏偏整日去贪图那两只遥不可及的家伙？好高骛远，不满现实，正是现代人想出来的烦恼。自己的汽车还好好的，一见邻居买了一辆新车，就想尽办法也要换辆新的；自家的房子够大也够住，但别人有了新屋，于是一定要与人家比，左思右想要买栋更漂亮的房子！人比人，气死人，这样比来比去，你永远不会满足。问题就出在"过分"二字，过分即不按理性做事，心理失去平衡，因此会增添许多不必要的压力。

人生又何尝不是如此！在人生路上，每个人都是在不断地累积东西，这些东西包括你的名誉、地位、财富、亲情、人际、健康、知识等等，当然也包括了烦恼、忧闷、挫折、沮丧、压力。这些东西，有的早该丢弃而未丢弃，有的则是早该储存而未储存。因此，对那些会拖累你的东西，必须立刻放弃，卸掉包袱，进行心灵扫除。

心灵扫除的意义,就好像是生意人的"盘点库存"。你总要了解仓库里还有什么,某些货物如果不能限期销售出去,最后很可能会因积压过多拖垮你的生意。

不过,有时候某些因素也阻碍我们放手进行扫除。譬如,太忙、太累,或者担心扫完之后,必须面对一个未知的开始,而你又不确定哪些是你想要的。

的确,心灵清扫原本就是一种挣扎与奋斗的过程。不过,你可以告诉自己:每一次的清扫,并不表示这就是最后一次。而且,没有人规定你必须一次全部扫干净。你可以每次扫一点,但你至少必须立刻丢弃那些会拖累你的东西。

生命的过程就如同参加一次旅行。你可以列出清单,决定背包里该装些什么才能让你到达目的地。但是需要记住一点,在每一次生命停泊时都要学会清理自己的背包:什么该丢,什么该留。只有卸掉一些不必要的东西,才能轻装上阵,活得更轻松、更自在。

你对了,整个世界都对了

对于某一件事情的失败,或者是某一次挫折,绝大部分人都有充分的理由相信,那不是自己的问题。当然,有的人也相信自己确实存在不足,但那是次要的,重要的是,没有人给自己提供足以成功的条件、没有足够好的环境、没有足够多的支持……

一般人在生活不如意时,常常不知追根究底,找出自己真正的问题所在,而是期待环境或者他人能根据自己的意愿而改变——即让外在的因素改变到对自己有利的方面上来。一旦对外界或对别人的期望值落空,失望与无助便涌上心头,自己的情绪就会变得十分低落,进而产生抱怨,而这种抱怨显然是一种无益于生活中的个人宣泄。其实,他们没有认识到问题的本质:他们自己才是问题的根源。

休斯·查姆斯在担任销售经理期间,曾遇到过这样的情况:在外头负责推销的销售人员销售量开始急剧下跌。

首先，他请手下最佳的几位销售员站起来，要他们说明销售量为何会下跌。每个人都开始抱怨商业不景气，资金缺少，人们的购买力下降，等等。听到他们描述的种种困难情况时，查姆斯先生说道："停止，我命令大会暂停十分钟，让我把我的皮鞋擦亮。"

然后，他命令坐在附近的一名小工友把他的擦鞋工具箱拿来，并要求这名工友把他的皮鞋擦亮。在场的销售员都吓呆了。那位小工友先擦亮他的第一只鞋子，然后又擦另一只鞋子，表现出第一流的擦鞋技巧。

皮鞋擦亮之后，查姆斯先生给了小工友一毛钱，然后说道：

"我希望你们每个人好好看看这个小工友。他拥有在我们整个工厂及办公室内擦鞋的特权。他的前任男孩，年纪比他大得多，尽管公司每周补贴他五元的薪水，而且工厂里有数千名员工，但他仍然无法从这个公司赚取足以维持他的生活的费用。

"这位小男孩不仅可以赚到维持生活的费用，每周还可以存下一点钱来，而他和他的前任的工作环境完全相同，也在同一家工厂内，工作的对象也完全相同。

"现在我问你们一个问题，那个前任男孩拉不到更多的生意，是谁的错？是他的错还是他顾客的错？"

那些推销员回答说："当然了，是那个男孩的错。"

"正是如此。"查姆斯说，"现在我要告诉你们，你们现在推销收银机和一年前的情况完全相同：同样的地区、同样的对象以及同样的商业条件。但是，你们的销售成绩却比不上一年前。这是谁的错？是你们的错，还是顾客的错？"

推销员们异口同声的回答：

"是我们的错！"

结果，可想而知：他们成功了。

你要明白，所有问题，其根源都在于你自己。想要成功，先评估自己的能力，然后分析一下为什么自己的能力无法施展，是没有恰当的机遇还是环境的限制？

不要抱怨问题，不要回避困难。任何一件事情，无论它有多么的艰难，只要你认真地全力以赴去做，就能化难为易。与其抱怨外界的环境，不如冷静下来看看是否问题出在自己身上。

是改变你的世界，还是世界改变你？年轻人经常谈到这个问题。如果你想改变你的世界，首先就应该改变你自己。

第二节 接纳不完美的自己

别太在意别人的眼光，那会抹杀你的光彩

在这世上，没有任何一个人可以赢得所有人的满意。跟着他人眼光来去的人，会逐渐暗淡自己的光彩。

西莉亚自幼学习艺术体操，身段匀称灵活。可是很不幸，一次意外事故导致她下肢严重受伤，一条腿留下后遗症——走路有一点瘸。为此，她十分懊丧，甚至不敢走上街去，因为害怕看见别人注视残腿的目光。作为一种逃避，西莉亚搬到了约克郡乡下。

一天，小镇上的雷诺兹老师领着一个女孩来向她学跳苏格兰舞。在他们诚恳的请求下，西莉亚勉为其难地答应了他们。为了不让他们察觉自己残疾的腿，西莉亚特意提早坐在一把藤椅上。可那个女孩偏偏天生笨拙，连起码的乐感和节奏感都没有。

当那个女孩再一次跳错时，西莉亚不由自主地站起来给对方示范那个要领——一个带旋转的交叉滑步动作。西莉亚一转身，便敏感地看见那个学生的目光正盯着自己的腿，一副惊讶的神情。她忽然意识到，自己一直刻意掩盖的残疾在刚才的瞬间已暴露无遗。这时，一种自卑让她无端地恼怒

起来。西莉亚的行为伤害了女孩的自尊心,她难过地跑开了。

事后,西莉亚满心歉疚。过了两天,西莉亚亲自来到学校,和雷诺兹老师一起等候那个女孩。西莉亚说:"把你训练成一名专业舞者恐怕不容易,但我保证,你一定会成为一个不错的非职业领舞者。"

这一次,他们就在学校操场上跳,有不少学生好奇地围观。那个女孩笨手笨脚的舞姿不时招来同学的嘲笑,她满脸通红,不断犯错,每跳一步,都如芒刺在背。西莉亚看在眼里,深深理解那种无奈的自卑感。她走过去,轻声对那个女孩说:"假如一个舞者只盯着自己的脚,就无法享受跳舞的快乐,而且别人也会跟着注意你的脚,发现你的错误。现在你仰起脸,面带微笑地跳完这支舞曲,别管步伐是不是错的。"

说完,西莉亚和那个女孩面对面站好,朝雷诺兹老师示意了一下。悠扬的手风琴音乐响起,她们踏着拍子,愉快起舞。其实那个女孩的步伐还有些错误,而且动作不是很和谐。但意外的效果出现了——那些旁观的学生被她们脸上的微笑所感染,也不再去关注舞蹈细节上的错误。渐渐地,有越来越多的学生情不自禁地加入到舞蹈中。大家尽情地跳啊跳啊,直到太阳下山。

生活在别人的眼光里,总也找不到自己的路。

其实,同一个事物,每个人的眼光都有不同。面对不同的几何图形,有人看出了圆的光滑无棱,有人看出了三角形的直线组成,有人看出了半圆的方圆兼济,有人看出了不对称图形独到的美……

同是一个甜麦圈,悲观者看见一个空洞,而乐观者却品味到它的香甜味道。

同是交战赤壁,苏轼高歌"雄姿英发,羽扇纶巾,谈笑间樯橹灰飞烟灭";杜牧却低吟"东风不与周郎便,铜雀春深锁二乔"。

同是"谁解其中味"的《红楼梦》,有人听到了封建制度的丧钟,有人看见了宝黛的深情,有人悟到了曹雪芹的用心良苦,也有人只津津乐道于故事本身……

苏轼曾说："横看成岭侧成峰,远近高低各不同。"人生是一个多棱镜,总是以它变幻莫测的每一面反照生活中的每一个人。不必介意别人的流言蜚语,不必担心自我思维的偏差,坚信自己的眼睛、坚信自己的判断、执着自我的感悟。用敏锐的视线去审视这个世界,用心去聆听、抚摸这个多彩的人生,给自己一个富有个性的回答。

你很重要,所以你没有理由不爱自己

多年以来,在我们的教育中,个人总是被否定的那一个:"面对集体,我不重要,为了集体的利益,我应该把自己个人的利益放在一边;面对他人,我不重要,为了他人能开心,只能牺牲我自己的开心;面对我自己,我也不重要,这个世界上,少了我就如同少了一只蚂蚁,没有分量的我,又有什么重要?"但是,作为独一无二的"我",真的不重要吗?不,绝不是这样,"我"很重要。

当我们对自己说出"我很重要"这句话的时候,"我"的心灵一下子充盈了。是的,"我"很重要。

"我"是由无数星辰日月草木山川的精华汇聚而成的。只要计算一下我们一生吃进去多少谷物,饮下了多少清水,才凝聚成这么一具美轮美奂的躯体,我们一定会为那数字的庞大而惊讶。世界付出了这么多才塑造了这样一个"我",难道"我"不重要吗?

你所做的事,别人不一定做得来;而且,你之所以为你,必定是有一些特殊的地方——我们姑且称之为特质吧!而这些特质又是别人无法模仿的。

既然别人无法完全模仿你,也不一定做得来你能做得了的事,试想,他们怎么可能给你更好的意见?他们又怎能取代你的位置,来替你做些什么呢?所以,这时你不相信自己,又有谁可以相信?

况且,每个来到这个世上的人,都是上帝赐给人类的恩宠,上帝造人时即已赋予了每个人与众不同的特质,所以每个人都会以独特的方式与他人互动，进而感动别人。要是你不相信的话，不妨想想：有谁的基因会和你完全相同？有谁的个性会和你一毫不差？

由此，我们相信：你有权活在这世上，而你存在于这世上的目的，是别人无法取代的。

不过，有时候别人（或者是整个大环境）会怀疑我们的价值，时间一长，连我们都会对自己的重要性感到怀疑。请你千万千万不要让这类事情发生在你身上，否则你会一辈子都无法抬起头来。

记住！你有权力去相信自己很重要。

"我很重要。没有人能替代我，就像我不能替代别人。"

生活就是这样的，无论是有意还是无意，我们都要发挥出对自己的信心。不要总是拿自己的短处去对比人家的长处，却忽视了自己也有人所不及的地方。自卑是心灵的腐蚀剂，自信却是心灵的发动机。所以我们无论身处何境，都不要让自卑的冰雪侵占心灵，而应燃烧自信的火炬，始终相信自己是最优秀的，这样才能调动生命的潜能，去创造无限美好的生活。

也许我们的地位卑微，也许我们的身份渺小，但这丝毫不意味着我们不重要。重要并不是伟大的同义词，它是心灵对生命的允诺。人们常常从成就事业的角度，断定自己是否重要。但这并不应该成为标准，只要我们在时刻努力着，为光明在奋斗着，我们就是无比重要地存在着，不可替代地存在着。

让我们昂起头，对着我们这颗美丽的星球上无数的生灵，响亮地宣布：我很重要。

面对这么重要的自己，我们有什么理由不去爱自己呢！

全世界都和你一样不完美

有户人家有两个儿子。当两兄弟都成年以后，他们的父亲把他们叫到面前说："在群山深处有绝世美玉，你们都成年了，应该做探险家，去寻求那绝世之宝，找不到就不要回来。"两兄弟次日就离家出发去了山中。

◇自我提升法则

大哥是一个注重实际、不好高骛远的人。有时候，发现的是一块有残缺的玉，或者是一块成色一般的玉甚至是奇异的石头，他都统统装进行囊。过了几年，到了他和弟弟约定的会合回家的时间。此时他的行囊已经满满的了，尽管没有父亲所说的绝世完美之玉，但造型各异、成色不等的众多玉石，在他看来也可以令父亲满意了。

后来弟弟来了，两手空空一无所得。弟弟说："你这些东西都不过是一般的珍宝，不是父亲要我们找的绝世珍品，拿回去父亲也不会满意的。

"我不回去，父亲说过，找不到绝世珍宝就不能回家，我要继续去更远更险的山中探寻，我一定要找到绝世美玉。"

哥哥带着他的那些东西回到了家中。父亲说："你可以开一个玉石馆或一个奇石馆，那些玉石稍一加工，都是稀世之品，那些奇石也是一笔巨大的财富。"

短短几年，哥哥的玉石馆已经享誉八方，他寻找的玉石中，有一块经过加工成为不可多得的美玉，被国王御用作了传国玉玺，哥哥因此也成了倾城之富。

在哥哥回来的时候，父亲听了他介绍弟弟探宝的经历后说："你弟弟不会回来了，他是一个不合格的探险家，他如果幸运，能中途所悟，明白"至美是不存在的"这个道理，是他的福气。如果他不能早悟，便只能以付出一生为代价了。"

很多年以后，父亲已经奄奄一息。哥哥对父亲说要派人去寻找弟弟。

父亲说，不要去找，如果经过了这么长的时间都不能顿悟，这样的人即便回来又能做成什么事情呢？世间没有纯美的玉，没有完美的人，没有绝对的事物，为追求这种东西而耗费生命的人，何其愚蠢啊！

追求完美，是人类自身在渐渐成长过程中的一种心理特点或者说一种天性。应该说，这没有什么不好。人类正是在这种追求中，不断完善着自己，使得自身脱去了以树叶遮羞的衣服，变得越来越漂亮，成为这个世界万物之精灵。如果人只满足于现状，而失去了这种追求，那么人大概现在还只能在森林中爬行。我们对事物总要求尽善尽美，愿意付出很大的精力去把它做到天衣无缝的地步。

但是，世界上根本就不存在任何完美的事物。为了心中的一个梦而偏执地去追求，却全然不顾你的梦是否现实，是否可行，从而浪费掉许许多多的时间和精力，最终只能在光阴蹉跎中悔恨。世界并不完美，人生当有不足。对于每个人来讲，不完美的生活是客观存在的，无需怨天尤人。

不要再继续偏执了，给自己的心留一条退路，不要因为自己的一时之错而埋怨自己，不要因为不完美而恨自己，不要因为不完美而觉得不幸福。看看那些活得幸福快乐的人，他们没有一个是十全十美的。

完美往往只会成为人生的负担，人绷紧了完美的弦，它却可能发不出声来。那些懂得爱自己、宽容别人的人，才是生活的智者，才更容易活得幸福。

你不可能让所有人满意

哲人们常把人生比作路，是路，就注定有崎岖不平。

1929年，美国芝加哥发生了一件震动全国教育界的大事。

几年前，罗勃·郝金斯，一个年轻人，半工半读地从耶鲁大学毕业，做过作家、伐木工人、家庭教师和卖成衣的售货员。现在，只经过了8年，他就被任命为全美国第四大名校——芝加哥大学的校长。他只有30岁！真叫人难以置信。

人们对他的批评就像山崩落石一样一齐打在这位"神童"的头上，说他太年轻了，经验不够，说他的教育观念很不成熟，甚至各大报纸也参加了攻击。

在罗勃·郝金斯就任的那一天，有一个朋友对他的父亲说："今天早上，我看见报上的社论攻击你的儿子，真把我吓坏了。"

"不错，"郝金斯的父亲回答说，"话说得很凶。可是请记住，从来没有人会踢一只死狗。"

◇自我提升法则

确实如此，越勇猛的狗，人们踢起来就越有成就感。

曾有一个美国人，被人骂作"伪君子""骗子""比谋杀犯好不了多少"……一幅刊在报纸上的漫画把他画成伏在断头台上，一把大刀正要切下他的脑袋，街上的人群都在嘘他。他是谁？他是乔治·华盛顿。

耶鲁大学的前校长德怀特曾说："如果此人当选美国总统，我们的国家将会合法卖淫，行为可鄙，是非不分，不再敬天爱人。"听起来这似乎是在骂希特勒吧？可是他谩骂的对象竟是杰斐逊总统。

可见，没有谁的路永远是一马平川的。为他人所左右而失去自己方向的人，他将无法抵达属于自己的幸福终点。

真正成功的人生，不在于成就的大小，而在于是否努力地去实现自我，喊出属于自己的声音，走出属于自己的道路。

一名中文系的学生苦心撰写了一篇小说，请作家批评。因为作家正患眼疾，学生便将作品读给作家。读到最后一个字，学生停顿下来。作家问道："结束了吗？"听语气似乎意犹未尽，渴望下文。这一追问，煽起学生的激情，立刻灵感喷发，马上接续道："没有啊，下部分更精彩。"他以自己都难以置信的构思叙述下去。

到达一个段落，作家又似乎难以割舍地问："结束了吗？"

小说一定摄魂勾魄，叫人欲罢不能！学生更兴奋，更激昂，更富于创作激情。他不可遏止地一而再再而三地接续、接续……最后，电话铃声骤然响起，打断了学生的思绪。

有急事，作家匆匆准备出门。"那么，没读完的小说呢？""其实你的小说早该收笔，在我第一次询问你是否结束的时候，就应该结束。何必画蛇添足呢？该停则止，看来，你还没把握情节脉络，尤其是缺少决断。决断是当作家的根本，否则绵延逶迤，拖泥带水，如何打动读者？"

学生追悔莫及，自认性格过于受外界左右，作品难以把握，恐不是当作家的料。

很久以后，这名年轻人遇到另一位作家，羞愧地谈及往事，谁知作家惊呼："你的反应如此迅捷、思维如此敏锐、编造故事的能力如此之强，这些正是成为作家的天赋呀！假如正确运用，作品一定脱颖而出。"

"横看成岭侧成峰，远近高低各不同。"凡事绝难有统一定论，我们不可能让所有的人都对我们满意，所以可以拿他们的"意见"做参考，却不可以代替自己的"主见"，不要被他人的论断束缚了自己前进的步伐。追随你的热情、你的心灵，它们将带你实现梦想。

自卑是对自己的抱怨

自卑就是对自己的抱怨，是在心里对自己能力的一种怀疑。自卑是人生最大的跨栏，每个人都必须成功跨越才能到达人生的巅峰。

自卑的人，情绪低沉，郁郁寡欢，常因害怕别人看不起自己而不愿与人来往，只想与人疏远，缺少朋友，顾影自怜，甚至内疚、自责；自卑的人，缺乏自信，优柔寡断，毫无竞争意识，抓不住稍纵即逝的各种机会，享受不到成功的乐趣；自卑的人，常感疲劳，心灰意懒，注意力不集中，工作没有效率，缺少生活情趣。

如果一个人总是沉迷在自卑的阴影中，那无异于给自己套上了无形的枷锁。但是如果能够认清了自己，懂得换个角度看待周围的世界和自己的困境，那么许多问题就会迎刃而解了。

一位父亲带着儿子去参观梵·高故居，在看过那张小木床及裂了口的皮鞋之后，儿子问父亲："梵·高不是位百万富翁吗？"父亲答："梵·高是位连妻子都没娶上的穷人。"

第二年，这位父亲带儿子去丹麦，在安徒生的故居前，儿子又困惑地问："爸爸，安徒生不是生活在皇宫里吗？"父亲答："安徒生是位鞋匠的儿子，他就生活在这栋阁楼里。"

这位父亲是一个水手，他每年往来于大西洋各个港口；这位儿子叫伊东布拉格，是美国历史上第一位获普利策奖的黑人记者。20年后，在回忆童年时，他说："那时我们家很穷，父母都靠卖苦力为生。有很长一段时间，我一直认为像我们这样地位卑微的黑人是不可能有什么出息的。好在父亲让我认识了梵·高和安徒生，这两个人告诉我，上帝没有轻看卑微。"

富有者并不一定伟大，贫穷者也并不一定卑微。上帝是公平的，他把机会放到了每个人面前。自卑的人也有相同的机会。

自卑常常在不经意间闯进我们的内心世界，控制着我们的生活，在我们有所决定、有所取舍的时候，向我们勒索着勇气与胆略；当我们碰到困难的时候，自卑会站在我们的背后大声地吓唬我们；当我们要大踏步向前迈进的时候，自卑会拉住我们的衣袖，叫我们小心地雷。一次偶然的挫败就会令你垂头丧气，一蹶不振，将自己的一切否定，你会觉得自己一无是处，窝囊至极，你会掉进自责自罪的旋涡。

自卑就像蛀虫一样啃噬着你的人格，它是你走向成功的绊脚石，它是快乐生活的拦路虎。一个人如果自卑，他不仅不敢有远大的目标，同时他将永远不会出类拔萃；一个民族和国家，如果自卑，只能当别国的殖民地，站不起来，也不敢站起来，只能跟在别国后边当附庸。

自卑是一种压抑，一种自我内心潜能的人为压抑，更是一种恐惧，一种损害自尊和荣誉的恐惧，所以生活中，我们只有比别人更相信并且珍爱自己，我们才能发挥自己最大的潜力，创造出属于自己的天地。当我们遭到冷遇时，当我们受到侮辱时，一定要自尊自爱，把羞辱作为奋发的动力，激励自己去战胜一个个难关。

相信自己才能成功

有一天，著名的成功学专家安东尼·罗宾在自己的办公室里接待了一个走投无路、风尘仆仆的流浪者。

那人进门打招呼说："我来这儿，是想见见这本书的作者。"说着，他从口袋中拿出一本名为《自信心》的书，那是安东尼许多年前写的。

安东尼微笑着示意流浪者坐下。流浪者激动地说："一定是命运之神在昨天下午把这本书放入我口袋中的，因为我当时决定跳到密歇根湖，了此残生。我已经看破一切，认为一切已经绝望，我什么事情都做不成，没有人能够接纳我。但还好，我看到了这本书，使我产生新的看法，为我带来了勇气及希望，并支持我度过昨天晚上。我已下定决心，只要我能见到这本书的作者，他一定能帮助我再度站起来。现在，我来了，我想知道你能替我这样的人做些什么。"

在他说话的时候，安东尼从头到脚打量了流浪者许久，发现他眼神茫然、满脸皱纹、神态紧张，一切都在向安东尼显示，他已经无可救药了。但安东尼不忍心对他这样说。

听完流浪者的话，安东尼想了想，说："虽然我没有办法帮助你，但如果你愿意的话，我可以介绍你去见本大楼的一个人，他可以帮助你东山再起，重新赢回原本属于你的一切。"安东尼刚说完，流浪者立刻跳了起来，抓住他的手，说道："看在上帝的分上，请带我去见这个人！"

他会为了"上帝的分上"而做此要求，显示他心中仍然存在着一丝希望。所以，安东尼拉着他的手，引导他来到从事个性分析的心理试验室里，和他一起站在一块布前。安东尼把布拉开，露出一面高大的镜子，流浪者可以从镜子里看到自己的全身。安东尼指着镜子说："就是这个人。在这个世界上，只有一个人能够使你东山再起，除非你学会信任他，并且觉得他能够做成任何事情。否则，你只能跳进密歇根湖里，因为如果连你自己都不能相信自己，那么这个世界上将不会再有人相信你，你也就不能再做成任何事情。这样一来，无论是对于你自己还是这个世界，你都将是一个没有任何价值的废物。"

流浪者朝着镜子走了几步，用手摸摸他长满胡须的脸孔，对着镜子里的人从头到脚打量了几分钟，然后后退几步，低下头，开始哭泣起来。过了一会儿，安东尼领他走出来，送他离去。

几天后，安东尼在街上碰到了这个人，而他已不再是一个流浪汉形象。他西装革履，步伐轻快有力，头抬得高高的，原来那种不安、紧张的神态已经消失不见。他说他非常感谢安东尼先生，是安东尼让他找回了自信，让他有勇气面对生活中的一切，并且很快找到了工作。

后来，他果然东山再起，成为芝加哥的一个大富翁。由此可见，自信对于一个人的成功是起着至关重要的作用的。

自信是成功的第一信念。《成功心理》的作者丹尼斯·华特利在书中写道："成功者都具有实现自我价值的坚定信念。他们的自信表现不会像其他人一样被失败的心理摧垮。"没错的，世界上伟大的创造性天才们都充满了自信。这种自信是一个成功者必须具备的基本条件。因为一个人如果连自己都不相信，就没办法取得别人的信任。

自信的态度，不仅会影响自己的生活，还会对周围的人产生影响。美国形象设计大师鲍尔说："成功男人的风格反映在外表，而优雅来自内在，它是你的自信及对自己的满意，它通过你的外表、举止、微笑展示。"如果在生活中认真观察，你就会发现自信是具有极大的感染力的。因为自信，你的神态、语气、仪态等等，都在无声无息地、由里向外地散发着魅力。而这种魅力的力量，就会让你更具吸引力，结交更多的朋友，获得更多同事的追随，得到上司的青睐，并最终问鼎成功。

第四章

过去无法改变，但可以活在当下

第一节 无法预知明天，但可以把握今天

无论身处何地，全然地处于当下

我们可能都遇到过这样的问题：过去犯过很严重的错误，内心深处受到了很大程度的谴责，可是又不知道应该用什么方法来弥补。这个时候，我们的内心是期待一个时间或者事件来拯救自己的。其实，这种心理上的期待是正确的，但是我们对于时间的不确定性却是错误的。因为能够拯救我们的就在此时此刻。

在新泽西州市郊的一座小镇上，一个由26个孩子组成的班级被安排在教学楼最里面一间光线昏暗的教室里。他们中所有的人都有过不光彩的历史：有人吸过毒、有人进过管教所、有一个女孩甚至在一年之内堕过3次胎。家长拿他们没办法，老师和学校也几乎放弃了他们。

就在这个时候，一个叫菲拉的女教师担任了这个班的辅导老师。新学年开始的第一天，菲拉没有像以前的老师那样，首先对这些孩子进行一顿训斥，给他们一个下马威，而是为大家出了一道题：

◇自我提升法则

有3个候选人,他们分别是——

A.笃信巫医,有两个情妇,有多年的吸烟史,而且嗜酒如命。

B.曾经两次被赶出办公室,每天要到中午才起床,每晚都要喝大约1公升的白兰地,而且曾经有过吸食鸦片的记录。

C.曾是国家的战斗英雄,一直保持素食习惯,热爱艺术,偶尔喝点儿酒,年轻时从未做过违法的事。

菲拉给孩子们的问题是:

如果我告诉你们,在这3个人中,有一位会成为众人敬仰的伟人,你们认为会是谁?猜想一下,这3个人将来各自会有什么样的命运?

对于第一个问题,毋庸置疑,孩子们都选择了C;对于第二个问题,大家的推论也几乎一致:A和B将来的命运肯定不妙,要么成为罪犯,要么就是需要社会照顾的废物。而C呢,一定是一个品德高尚的人,注定会成为精英。

然而,菲拉的答案却让人大吃一惊。"孩子们,你们的结论也许符合一般的判断,但事实是,你们都错了。这3个人大家都很熟悉,他们是第二次世界大战时期的3个著名人物——A是富兰克林·罗斯福,他身残志坚,连任四届美国总统;B是温斯顿·丘吉尔,英国历史上最著名的首相;C的名字大家也很熟悉,他叫阿道夫·希特勒,一个夺去了几千万无辜生命的法西斯元首。"学生们都呆呆地瞅着菲拉,他们简直不相信自己的耳朵。

"孩子们,"菲拉接着说,"你们的人生才刚刚开始,以往的过错和耻辱只能代表过去,真正能代表一个人一生的,是他现在和将来的所作所为。每个人都不是完人,连伟人也有过错。从过去的阴影里走出来吧,从现在开始,努力做自己最想做的事情,你们都将成为了不起的优秀人才……"

菲拉的这番话,改变了26个孩子一生的命运。如今这些孩子都已长大成人,他们中有的做了心理医生、有的做了法官、有的做了飞机驾驶员。值得一提的是,当年班里那个个子最矮也最爱搞乱的学生罗伯特·哈里森,后来成了华尔街上最年轻的基金经理人。

"原来我们都觉得自己已经无可救药，因为所有的人都这么认为。是菲拉老师第一次让我们觉醒：过去并不重要，我们还有可以把握的现在和将来。"孩子们长大后这样说。

过去的错误不可能影响我们的一生。如果我们一直带着对过去的愧疚，就没有办法融入现在，更不会有一个美好的未来。所以，不管我们身处何种境地，都应该全然地融入当下，从现在开始做起，改变自己，从新开始生活。

太多人习惯生活在下一个时刻

一位智者旅行时，曾途经古代一座城池的废墟。岁月已经让这个城池满目沧桑了，但依然能辨析出昔日辉煌时的风采。智者想在此休息一下，就随手搬过一个石雕坐下来。

他望着废墟，想象着曾经发生过的故事，不由得感慨万千。

忽然，他听到有人说："先生，你感叹什么呀？"

他四下里望了望，却没有人，他疑惑着。那声音又响起来，原来声音来自那个石雕，那是一尊"双面神"像。

他从未见过双面神，就好奇地问："你为什么会有两副面孔呢？"

双面神说："有了两副面孔，我才能一面察看过去，牢牢吸取曾经的教训；另一面展望未来，去憧憬无限美好的明天。"

智者说："过去的只能是现在的逝去，再也无法留住；而未来又是现在的延续，是你现在无法得到的。你不把现在放在眼里，即使你能对过去了如指掌，对未来洞察先知，又有什么实在意义呢？"

听了智者的话，双面神不由得痛哭起来："先生啊，听了你的话，我才明白，我今天落得如此下场的根源。

"很久以前，我驻守这座城池时，自诩能够一面察看过去，一面又能展望未来，却唯独没有好好把握现在。结果这座城池便被敌人攻陷了，曾经的辉煌都成了过眼云烟，我也被人们唾骂而弃于这废墟中。"

悲观者总是活在过去，他们沉浸在已经发生过的灾难里无法自拔，不会去看现在，也看不到未来，只会反复重温已经无法弥补的伤痛。空想者总是活在未来，还没有买彩票，就开始考虑中了五百万以后要如何分配这些钱财，像极了小时候听到寓言故事里的两兄弟：看见一只雁飞过，他们便开始争吵，这只雁究竟是要清炖还是红烧，等他们吵出结果时雁早就飞走了。忽略现在的生活，似乎是很多人都会犯的通病。

威廉爵士说"人只能生存在今天的房间里"，这样就能成为一个快乐的人，满意地度过一生。

然而，太多的人好像习惯生活在下一个时刻。总是慌慌张张的，好像有永远忙不完的事。焦虑这个词，成了这个时代的流行词汇。

有时候，我们自己都要奇怪为什么我们不能活在当下，而是不停地透支烦恼？

也许人总是有欲望的，如果得不到我们想要的，就会不停地去想我们所没有的，并且保持一种空虚感。即使得到我们想要的，我们还是会在新的欲望下重新产生同样的想法。因此尽管得到了我们想要的，我们仍旧不高兴。于是我们开始浮躁，开始把希望寄托在未来。

我们总是急着等节假日的来临，总是盼望孩子快快长大，自己赶快退休在家待着。等我们真的老了时，又随时担心生命会在下一分钟结束。

我们总是忙不迭地过日子，一刻也不停地瞎转。

我们总是透支生活中的烦恼，不是为昨天的逝去而懊丧，就是为明天的到来而担忧，根本没有时间享受当下生活的轻松。

所以能认真地活在当下，简直成了一种愿望。好在这个愿望要实现起来并不困难。活在当下，就是享受你正在做的，而不是即将要做的。必须摆脱对"下一刻"的迷恋和幻想，它们大多数不切实际，有的虽然最终会得到，却剥夺了我们此刻的生活。

所以请记得不要一边吃饭一边想着办公室中的工作，不要一边工作又一边担心下班会不会塞车。

在当下，有很多值得我们体会的美好事情。

我们可以为每一天的日出欣喜不已。

我们可以分享与家人、朋友相处时的甜蜜。

我们可以学会与自然和谐共处，去聆听海浪之声，去仰望璀璨的星空……

属于当下的时间很有限，不要让欲望和烦恼挤掉它。

一切生活，唯有当下而已

时间的过去、现在和未来是互相交错不可分割的，所以说过去就是未来，未来也就是过去，现在就是过去以及未来。

但是我们很容易发现，在现实世界中，时间自然而然的流逝总让我们忽视了对生命的思索。不要被时间蒙骗，以为过去的已经过去，未来的一定会来，现在的永远不变。在时间的脉络中，我们唯一能够把握的就是现在，所以，不要牵挂过去，不要担心未来，踏实于现在，便能与过去和未来同在。

有人请教大龙禅师："有形的东西一定会消失，世上有永恒不变的真理吗？"

大龙禅师回答："山花开似锦，涧水湛如蓝。"

如锦缎般盛开的鲜花，虽然转眼便会凋谢，但依然不停地奔放绽开；碧玉般的溪水，虽然映照着同样蔚蓝如洗的天空，却每时每秒都在发生变化。

世界是美丽的，但似乎所有的美丽都会转瞬而逝。生命的意义在于过程，抓住瞬间消失的美丽，就是一种收获。时间像是一支弦上的箭，它是单向的，不能回头，所以我们要把握住现在、今朝，认真活在当下的每一分钟。

从前，有个小和尚每天早上负责清扫寺庙院子里的落叶。

◇自我提升法则

清晨起床扫落叶实在是一件苦差事，尤其在秋冬之际，每一次起风时，树叶总随风飞舞落下。

每天早上都需要花费许多时间才能清扫完树叶，这让小和尚头痛不已。他一直想要找个好办法让自己轻松些。

后来有个和尚跟他说："你在明天打扫之前先用力摇树，把落叶统统摇下来，后天就可以不用扫落叶了。"

小和尚觉得这是个好办法，于是隔天他起了个大早，使劲地猛摇树，这样他就可以把今天跟明天的落叶一次扫干净了。一整天小和尚都非常开心。

第二天，小和尚到院子里一看，不禁傻眼了：院子里如往日一样落叶满地。

这时老和尚走了过来，对小和尚说："傻孩子，无论你今天怎么用力，明天的落叶还是会飘下来。"

小和尚终于明白了，世上有很多事是无法提前的，唯有认真地活在当下，才是最真实的人生态度。

明天的落叶，怎么能在今天全部捡拾干净呢？再勤奋的人也不能在今天处理完明天的事情，所以，不要预支明天的烦恼，认真地活在今天比什么都重要！

活在当下的人，应该放下过去的烦恼，舍弃未来的忧思，顺其自然，把全部的精力用来承担眼前的这一刻，因为失去此刻便没有下一刻，不能珍惜今生也就无法向往未来。

有人问一位禅师：什么是活在当下？

禅师回答他，吃饭就是吃饭，睡觉就是睡觉，这就叫活在当下。的确，最重要的事情，就是我们现在做的事情；最重要的人，就是现在和我们一起做事情的人；最重要的时间，就是现在。老禅师带着两个徒弟，提着一盏灯笼行走在夜色中，一阵风吹来，灯笼被吹灭了。

徒弟问："师父，怎么办？"

师父回答说："看脚下！"当一切变成黑暗，后面的来路，与前面的去路，都看不见，如同前世与来生，都摸不着。我们要做的是什么？唯有看脚下，看今生！

忘记无始无终的时空观念，对现有的生命悠然而受之，天冷了就添衣，天热了就脱衣，受而喜之，才能顺其自然，我们能够并且必须去把握的，唯有当下而已。

只有现时的存在，才有真实的自己

时间并不能像金钱一样让我们随意储存起来，以备不时之需。我们所能使用的只有被给予的那一瞬间，也就是今日和现在。如果我们不能充分利用今日而让时间白白虚度，那么它将一去不复返。所谓"今日"，正是"昨日"计划中的"明日"；而这个宝贵的"今日"，不久将消失在遥远的彼方。对于我们每个人来讲，得以生存的只有现在——过去早已消失，而未来尚未来临。昨天，是张作废的支票；明天，是尚未兑现的期票；只有今天，才是现金，是有流通性的价值之物。

人要学会在现时中生活，因为只有现时里才有真实的自己。需要注意的是，我们所用的"现时"一词，它更强调的是"现在"这一时间概念。现实生活是你真正生活的关键所在。细想一下，除了"现在"，我们永远不能生活在任何其他时刻，你所能把握的只有现在的时光，其实未来也只不过是一种即将到来的"现在"。有一点可以肯定在未来到来之前，你是无法生活于未来之中的。

有时人们不得不为将来牺牲现在。细细体味采取这种态度就意味着不仅要避免目前的享受，而且要永远回避幸福——将来那一时刻一旦到来，也就成为现时，而我们到那时又必须利用那一现时为将来做准备。这样，幸福总是明日复明日，永远可望而不可即。

现时，是一种难以捉摸而又与你形影不离的时光，只有你完全沉浸于其中，才可得到一种美好的享受。因此，你应该充分享受现时的每分每秒，

◇ 自我提升法则

而不必去考虑已过去的往日和自然到来的将来。抓住现在的时光，这是你能够有所作为的唯一时刻。

　　回避现实往往导致对未来的一种理想化。希望、期望和惋惜都是回避现实的最为常见的方法。你可能会想象自己在今后生活中的某一时刻，会发生一个奇迹般的转变，你一下子变得事事如意、幸福无比、财富无限。或者期望自己在完成某一特别业绩——如大学毕业、结婚、有了家庭或职务晋升之后，你将重新获得一种新的生活。然而，当那一刻真正到来时，你却并没获得自己原先想象的幸福，甚至往往有些令人失望。未来永远没有你所想象的那么美好，如诗如画，它也只是一种切切实实的将要到来的"现时"。为什么许多年轻人婚后不久就哀叹生活与婚姻的不幸，其中不乏一个原因——他们曾经将婚姻和未来幻想得过于幸福美满，而当这一切真正到来时，他们却因为没有珍惜而错过了现时的快乐。

　　当然，如果生活中的某些方面并没有达到你原先的期望，你可以通过对未来的再一次理想化而将自己从低沉的情绪中解脱出来。但千万不要让这种恶性循环成为你的一种固定生活模式。立即采取一些现实生活的措施，打破这种恶性循环。

　　著名小说家亨利·詹姆斯在《大使们》一书中如此忠告：

　　"尽情地生活吧，否则，就是一个错误。你具体做什么都关系不大，关键是你要生活。假如没有生命，你还有什么呢……失去的就永远失去了，这是毫无疑义的……所谓适当的时刻就是人们仍然有幸得到的时刻……生活吧！"

　　如果你也像托尔斯泰书中的伊凡·伊里奇那样回顾自己的一生，你将会减少很多没有必要的遗憾。

　　"如果我到目前为止的整个生活都是错误的，那该怎么办？他忽然意识到以前在他看来完全不可能的事也许的确是真的——他也许真的没有按照他本应做的那样去生活。他忽然意识到，自己以前那些难以察觉的念头——尽管出现之后便随即被打消——或许才是真实的，而其他一切则是虚假的。他的职业义务、他的生活以及家庭的整个安排，还有他的一切社会利益和表面利益，也许完全都是虚无的。他一直在为这一切进行着辩解，然而现在，他蓦然感到自己的辩解是苍白无力的。没有什么值得辩解的……"

恰恰相反，正是那些你所没做的事情才会使你在心中耿耿于怀。如果你以自我挫败的方式度过现在的时光，就无异于永远地失去这一现时。因此，你现在应该去做的事情十分显然——行动起来！珍惜现在的时光，充分利用现在的时光，不要放过一分一秒。

过去只存在于你的印象里

淑娟是某校一位普通的学生。她曾经沉浸在考入重点大学的喜悦中，但好景不长，大一开学才两个月，她已经对自己失去了信心，连续两次与同学闹别扭，功课也不能令她满意，她对自己失望透了。

她自认为是一个坚强的女孩，很少有被吓倒的时候，但她没想到大学开学才两个月，自己就对大学四年的生活失去了信心。她曾经安慰过自己，也无数次试着让自己抱以希望，但换来的却只是一次又一次的失望。

以前在中学时，几乎所有的老师跟她的关系都很好，很喜欢她，她的学习状态也很好，学什么像什么，身边还有一群朋友，那时她感觉自己像个明星似的。但是进入大学后，一切都变了，人与人的隔阂是那样的明显，自己的学习成绩又如此糟糕。现在的她很无助，她常常这样想：我不比别人少付出，不比别人少努力，为什么别人能做到的，我却不能呢？她觉得明天已经没有希望了，她想，难道12年的拼搏奋斗注定是一场空吗？那这样对自己来说太不公平了。

进入一个新的学校，新生往往会不自觉地与以前相对比，而当困难和挫折发生时，产生"回归心理"更是一种普遍的心理状态。淑娟在新的环境中缺少安全感，不管是与人相处方面，还是自尊、自信方面，这使她长期处于一种怀旧、留恋过去的心理状态中，如果不去正视目前的困境，就会更加难以适应新的生活环境、建立新的自信。

不能尽快适应新环境，就会导致过分的怀旧。一些人在人际交往中只能做到"不忘老朋友"，但难以做到"结识新朋友"，个人的交际圈也大大缩小。此类过分的怀旧行为将阻碍着你去适应新的环境，使你很难与时代同步。回忆是属于过去的岁月的，而过去只存在你的印象里，不属于现实的生活。一个人要想在以后的生活里不断进步，就要试着走出过去的回忆，不管它是悲还是喜，不能让回忆干扰我们今天的生活。

在生活中，我们适当怀旧是正常的，也是必要的，但是因为怀旧而否认现在和将来，就会陷入病态。

不要总是表现出对现状很不满意的样子，更不要因此过于沉溺在对过去的追忆中。当你不厌其烦地重复述说往事，述说着过去如何如何时，你可能忽略了今天正在经历的体验。把过多的时间放在追忆上，会或多或少地影响你的正常生活。

我们需要做的，是尽情地享受现在。过去的再美好抑或再悲伤，那毕竟已经因为岁月的流逝而沉淀。如果你总是因为昨天错过今天，那么在不远的将来，你又会回忆着今天的错过。在这样的恶性循环中，你永远是一个迟到的人。不如积极参与现实生活，如认真地读书、看报，了解并接受新生事物，积极参与改革的实践活动，要学会从历史的高度看问题，顺应时代潮流，不能老是站在原地思考问题。如果对新事物立刻接受有困难，可以在新旧事物之间寻找一个突破口，例如思考如何再立新功、再创辉煌，不忘老朋友、发展新朋友、继承传统等，寻找一个最佳的结合点，从这个点上做起。

隆萨乐尔曾经说过："不是时间流逝，而是我们流逝。"不是吗，在已逝的岁月里，我们不可抗拒让生命在时间里一点一滴地流逝。

说穿了，回到从前也只能是一次心灵的谎言，是对现在的一种不负责的敷衍。史威福说："没有人活在现在，大家都活着为其他时间做准备。"所谓"活在现在"，就是指活在今天，今天应该好好地生活。这其实并不是一件很难的事，我们都可以轻易做到。

将过去留在记忆里，重新起程

当生活变得郁闷难受的时候，当警报把你推向万丈深渊和无限的烦恼时，你会渴望去逃避令人难以忍受的现实，这是非常自然的事情。

于是，我们开始做白日梦，想到在学校的无忧时光，想到过去某个阳光和煦的沙滩。我们也许会在某种广告、某种邮卡或某部电影中看到过它并希望我们能够身临其境。或者，我们也许会回忆起一片我们曾经到过的乐土，那时生活似乎也没有现在这么复杂。

诸如此类的暂时性逃避，在解除我们的精神紧张方面，也许很有益处。但是，持续不断地靠怀念过去来逃避现实（逃入往事的回忆之中），却是一种无益的习惯，其结果往往是使人逃避成熟的思考。

一个夏天的下午，在纽约的一家中国餐厅里，奥里森·科尔在等待着，他感到沮丧而消沉。由于他在工作中有几个地方出现错误，使他没有完成一项相当重要的项目。即使他在等待一位很重要的朋友时，也不能像平时一样感到快乐。

他的朋友终于从街那边走过来了，他是一名了不起的精神病医生。朋友的诊所就在附近，科尔知道那天他刚刚和最后一名病人谈完了话。

"怎么样，年轻人，"朋友不加寒暄就说，"什么事让你不痛快？"对朋友这种洞察心事的本领，科尔早就不意外了，因此他就直截了当地告诉朋友使自己烦恼的事情。然后，朋友说："来吧，到我的诊所去。我要看看你的反应。"

朋友从一个硬纸盒里拿出一卷录音带，塞进录音机里。"在这卷录音带上，"他说，"一共有3个来看我的人所说的话。当然没有必要说出来他们的名字。我要你注意听他们的话，看看你能不能挑出支配了这3个案例的共同因素，只有4个字。"他微笑了一下。

科尔听起来，录音带上这3个声音共有的特点是不快活。第一个是男人的声音，显示他遭到了某种生意上的损失或失败；第二个是女人的声音，说她因为照顾寡母的责任感，以至于一直没能结婚，她心酸地述说她错过了很多结婚的机会；第三个是一位母亲，因为她十几岁的儿子和警察有了冲突，她一直在责备自己。

在3个声音中，科尔听到他们一共6次用到4个文字："如果，只要。"

"你一定大感惊奇。"朋友说，"你知道我坐在这张椅子里，听到成千上万用这几个字作开头的内疚的话。他们不停地说，直到我要他们停下来。有的时候我会让他们听刚才你听的录音带，我对他们说：'如果，只要你不再说如果、只要，我们或许就能把问题解决掉！'"朋友伸伸他的腿，"用'如果，只要'这4个字的问题，"他说，"是因为这几个字不能改变既成的事实，却使我们面朝着错误的方面，向后退而不是向前进，并且只是浪费时间。最后，如果你用这几个字成了习惯，那这几个字就很可能变成阻碍你成功的真正的障碍，成为你不再去努力的借口。

"现在就拿你自己的例子来说吧。你的计划没有成功，为什么？因为你犯了一些错误。那有什么关系！每个人都会犯错误，错误能让我们学到教训。但是在你告诉我你犯了错误，而为这个遗憾、为那个懊悔的时候，你并没有从这些错误中学到什么。"

"你怎么知道？"科尔带着一点儿辩护地说。

"因为，"朋友说，"你没有脱离过去式，你没有一句话提到未来。从某些方面来说，你十分诚实，你内心里还以此为乐。我们每个人都有一点儿不太好的毛病，喜欢一再讨论过去的错误。因为不论怎么说，在叙述过去的灾难或挫折的时候，你还是主要角色，你还是整个事情的中心人物……"

在朋友的开导下，科尔终于意识到，自己沉浸在过去错失的阴影中，还没有真正走出自我，并用积极上进的态度去改变现在的处境。

以前的事情或许是美好的，或许是悲哀的，但无论如何你都不能把它们放在心灵的主祭台上，因为你不可能走进历史，经常哀叹不如意的过去，只会使人迟钝而不能使人振奋。而且总是沉湎于过去的人，会使自己脱离对他极为重要的生活。

有人说，昨天就像使用过的支票，已经没有价值，只有今天才是现金，可以马上使用。一味地留恋过去，就会错过很多美好的事物，而这无疑是对生命的一种浪费，所以，在你面对生活的磨难时，一定不要怕，不要回避今天的真实与琐碎，要懂得将过去留在记忆里，以积极热情的心态开始自己新的生活。

请关上过去的那扇门

曾为英国首相的劳合·乔治有一个习惯——随手关上身后的门。一天，有一个朋友来拜访他，两个人在院子里一边散步，一边交谈，他们每经过一扇门，乔治都会随手把门关上。

朋友很纳闷儿，不解地问乔治："有必要把这些门都关上吗？"乔治微笑着回答："哦，当然有这个必要。我这一生都在关我身后的门，这是必须做的事。当你关门时，也就把过去的一切留在了后面，不管是美好的成就，还是让人懊恼的失误，然后，你才可能重新开始。"

把过去的一切关在身后，也就是卸下身心上的包袱，放弃已经到手的一切，这样才能更好地开始新生活，但这个问题往往被我们忽略。大多数人总是习惯于受过去的事情牵绊，无论成功或喜悦，无论失败或烦恼，挤占在脑海里不忍抛弃，结果使身心负载过重，浪费了精力，影响了事业的发展。所以，你应该试着学会经常把身后的门关上，把过去的一切留在身后。

关上身后的门，并不是把你过去的经验和教训关在身后，这些都是你人生的宝贵财富。你应把它们融入你的血液里，让它变成一种本能，一种习惯，这样更有利于你获得成功。

不为已经失去的而悲伤，这是一种大智慧！

每个人都希望自己的美好梦想变为绚丽现实。于是，在人生路上漫步时，我们犹如天真的孩童，总瞪大好奇的眼睛期待珍宝的出现，并在行走中欣喜地将它拾起。人生经历的行囊，在不断地捡拾中变得越来越重，直到举步维艰。是断然放弃还是继续珍藏？这是每个人都无法避免的难题和麻烦。

放弃，是一种伤感的美丽……

如果曾经的心情宛如一个行者，孤身踯躅在无边的大漠，迎着风沙，艰难地跋涉。远处，残阳如血。抬眼望，遥遥的一线天际空旷而寂寥，周身弥漫的是一种孤苦和凄凉。当情绪低落到极点时，为何不解决自己的问题，为何不放弃行囊中的抑郁？也许曾经收入行囊时，它们对我们来说是值得珍视的，给我们带来了欢乐。但随着岁月的流转，光阴的飞逝，它们的存在只会触痛我们的伤疤，它们的出现只能给我们留下黑夜辗转难眠时无声的泪水，为什么还要保存着它们？放弃它们，打开尘封已久的行囊，把它们倾倒出来！也许，这会使你痛苦，但是，放弃之后，你会发现，心会如此灵动，情会如此轻松。

别给当下制造过多的痛苦

活在当下是一种全身心地投入人生的生活方式。当你活在当下，而没有过去拖在你后面，也没有未来拉着你往前时，你全部的能量都集中在这一时刻，生命因此具有一种巨大的张力。"当下"给你一个深深地潜入生命水中或是高高地飞进生命天空的机会。但是在两边都有危险——"过去"和"未来"是人类语言里最危险的两个词。生活在过去和未来之间的当下几乎就好像走在一条绳索上，在它的两边都有危险。但是一旦你尝到了"当下"这个片刻的甜蜜，你就不会去顾虑那些危险；一旦你跟生命保持同一步调，其他的就无关紧要了。对你而言，生命就是一切。

当生命走向尽头的时候，你问自己一个问题：你对这一生觉得了无遗憾吗？你认为想做的事你都做了吗？你有没有好好笑过、真正快乐过？

想想看，你这一生是怎么度过的：年轻的时候，你拼了命想挤进一流的大学；随后，你巴不得赶快毕业找一份好工作；接着，你迫不及待地结婚、生小孩；然后，你又整天盼望小孩快点儿长大，好减轻你的负担；后来，小孩长大了，你又恨不得赶快退休；最后，你真的退休了，不过，你也老得几乎连路都走不动了……当你正想停下来好好喘口气的时候，生命也快要结束了。

其实，这不就是大多数人的写照吗？他们劳碌了一生，时时刻刻为生命担忧，为未来做准备，一心一意计划着以后发生的事，却忘了把眼光放在"现在"，等到时间一分一秒地过去，才恍然大悟"时不我予"。

智者常劝世人要"活在当下"。到底什么叫作"当下"？简单地说，"当下"指的就是：你现在正在做的事、待的地方、周围一起工作和生活的人。"活在当下"就是要你把关注的焦点集中在这些人、事、物上面，全心全意认真去接纳、品尝、投入和体验这一切。

而事实上，大多数的人都无法专注于"现在"，他们总是若有所想，心不在焉，想着明天、明年甚至下半辈子的事。假若你时时刻刻都将力气耗费在未知的未来，却对眼前的一切视若无睹，你永远也不会得到快乐。一位作家这样说过："当你存心去找快乐的时候，往往找不到，唯有让自己活在'现在'，全神贯注于周围的事物，快乐才会不请自来。"或许人生的意义，不过是嗅嗅身旁每一朵绚丽的花，享受一路走来的点点滴滴而已。毕竟，昨日已成为历史，明日尚不可知，只有"现在"才是上天赐予我们最好的礼物。

许多人喜欢预支明天的烦恼，想要早一步解决掉明天的烦恼。其实，明天如果有烦恼，你今天是无法解决的，每一天都有每一天的人生功课要交，努力做好今天的功课再说吧！别再给当下制造过多的痛苦了，只要我们能用平常的心对待每一天，用感恩的心对待当下的生活，我们才能理解生活和快乐的真正含义。

只为生存的每一天而喝彩

生和死是一对孪生兄弟。死对他的哥哥眷恋不已，生走到哪里，他就

◇自我提升法则

跟到哪里。可是，生却讨厌他的这个弟弟。尤其使他扫兴的是，往往在他举杯畅饮的时候，死突然出现了，把他满斟的酒杯碰落在地，摔得粉碎。"你这个冤家，当初母亲既然生我，又何必生你，既然生你，又何必生我！"生绝望地喊道。"好哥哥，别这么说。没有我，你岂不寂寞？"死心平气和地说。"永远不！""可是你想想，如果没有我和你竞争，你的享乐有何滋味？如果没有我和你同台演出，你的戏剧岂能精彩？如果没有我给你灵感，你心中怎会涌出美的诗歌，眼前怎会展现美的图画？""我宁可寂寞，也不愿见到你！""好哥哥，这可办不到。母亲怕你寂寞，才让我陪伴你。我这个孝子怎能不从母命？"于是，忍无可忍的生来到大自然母亲面前，请求她把可恶的弟弟带走，别让他再纠缠自己。然而，大自然是一位大智大慧的母亲，绝不迁就儿子的任性。生只好服从母亲的安排，但并不领会如此安排的好意，所以对死始终怀着一种无可奈何的怨恨心情。

生是人生的起点，死是人生的终点，许多时候，死是容易的，活着却很艰难。从起点到终点，犹如画了一道美丽的弧线，生命之美被淋漓尽致地展现。哲人说，生命不止一次。读不懂生命的人，认为他的生命只是一次，读懂生命的人，感叹他生涯浮沉，九死一生。活得无悔，便不会怨憎死了。

释迦牟尼曾经向在他身边修道的人问道："人的生命有多长？"大家对这个问题的回答不尽相同。有人认为有很多年的时间，有的人则认为人的生命也不过只有几天的时间，还有的人认为是吃一顿饭的时间就没有了，又有人认为，生命其实就在呼吸之间。于是，大家都希望释迦牟尼佛能够对回答进行判断。而佛认为只有最后一个才是对的，也就是说佛认为生命就在呼吸之间。生命是非常短暂的，也是很脆弱的。即使有人能够超过一百岁，但是，在浩瀚的宇宙长河中，也就是那么一瞬间的事情而已。

所以，当我们意识到了生命的短暂之后，就要好好地珍惜自己转瞬即逝的生命，不要让自己的人生充斥着自私、阴暗、虚伪这些负面的东西。一旦我们把功名利禄这些身外之物作为人生的终极目标，我们的内心就会充满永远无法满足的欲望。相反，如果能够抵挡物质的诱惑，追求内心的富足，则能够坦然、平和地面对人生，积聚更多的慧根。这样，即使到了生命即将结束的时候，我们也能够坦然地去接受，也能够让自己从容地面对死亡。

生命从起点到终点，是一个自然的过程。没有死的悲伤就没有生的喜悦，洞悉了生与死的本质，就不会为终究要死去而坐立不安，只会为生存的每一天而喝彩、叫好。

能时常想起死亡，便能认真活于此刻

生与死是人生旅途中的一个大转折，生死齐一，齐一生死，有生必有死，有得必有失，生死是人生必经的旅程，不要把死看作是生命的终结，也可以同六祖惠能一样，走向"另一个去处"。参透这一玄机，我们就不必天天再为生老病死而恐惧不安，或对于家庭、亲朋甚至世间的荣华富贵有所舍不得，至少可以活得开心一点儿、快乐一些。

父母给了我们了不起的生命，就是让我们学会面对生命中的一切，包括生与死的重大问题。如果父母不给我们生命，我们连死的机会都没有，现在总算给我们一个死的机会，多可贵呀！这就是看透生死的勇气。

人来到世上是偶然的，走向死亡却是必然的。人生除了生与死能引起几声欢呼、几阵哭泣外，健康地活在世上的人很少会想到死亡。因而生活中常可见到一些人，成则轻狂骄妄、得意忘形，败则一蹶不振、沮丧绝望，对得失锱铢必较，对成败患得患失，对诱惑欲壑难填，无论大事小事，整天烦恼、忧愁、痛苦、懊丧，甚至去猜忌、争斗、相互陷害。不识人生之轻重、不辨生命之真谛，真可谓一叶障目，不识泰山！

科尔和马克一起去医院看病，他们都是鼻子不舒服。在等待化验结果期间，科尔说如果是癌，立即去旅行。马克也如此表示。

结果出来了，科尔得的是鼻癌，马克长的是鼻息肉，科尔留下了一张告别人生的计划表就离开了医院，马克却住了下来。科尔的计划是：去一趟埃及和希腊，以金字塔为背影拍一张照片，在希腊参观一下苏格拉底雕像；读完莎士比亚的所有作品……

他在生命的清单后面这样写道："我的一生有很多梦想，有的实现了，有的由于种种原因，没有实现。现在上帝给我的时间不多了，为了不遗憾地离开这个世界，我打算用生命的最后几年去实现剩下的愿望。"科尔辞掉了公司的职务，去了埃及和希腊。现在科尔正在实现他出版一本书的夙愿。

有一天，马克在报上看到科尔写的一篇有关生命的散文，于是打电话去问科尔的病情。科尔说："我真的无法想象，要不是这场病，我的生命该是多么的糟糕。是它提醒了我，去做自己想做的事，去实现自己想去实现的梦想。现在我才体味到什么是真正的生命和人生。你生活得也挺好吧？"

马克没有回答。他早把自己亲口说的去埃及和希腊的事放在脑后去了。

在这个世界上，每一个人最后都不可避免地要走向生命的尽头，有的人走得快，有的人走得慢。而走得快的人，看透了生死，反而活出了精彩的人生。而走得慢的人，总是想着自己还有足够的时间去实现自己的人生目标，一拖再拖，直到最后仍然没有完成，碌碌无为地度过了自己平庸的一生。这不能不说是生命的一种悲哀。

人，倘若能时常想起死亡，想到每天都有那么多人死去，而自己能健康地活着，一定会感到生命的可贵和生活的可爱，再难处理的事也会变得轻松，人自然而然就会豁达、超脱起来。人只有面对死亡，想到死亡，才能真正冷静理智、大彻大悟、超越自我。

感慨生命的短暂，不是学曹孟德"譬如朝露，去日苦多"的叹息，也不是苏东坡"人生如梦"的无奈，更不是看破红尘的消极颓废。而是想，人生苦短，生命易逝，今天能健康、自在、安乐地活着，我们就没有什么理由不去珍重生命、热爱生活、好好活着，过好生命中的每一天。

因此，当你得意或失意的时候，请站在生命的制高点上，叩问生死，思考人生。有了看透生死的勇气，才能顺应自然、重生乐生，选择超越自我的人生观，创造超越自我的人生价值。

第二节 改变不了过去，但可以珍惜当下

好好活着是一种状态

天地造化赋予人一个生命的形体，让我们劳碌度过一生，到了生命的最后才让人休息，而死亡就是最后的归宿，这就是人一生的结束。

"善吾生者，乃所以善吾死也。"这是一个重要的结论。生命是虚无而又短暂的，它在于一呼一吸之间，如流水般消逝，永远不复回。一个人真正认清了生命的意义，生命的方向，才可以好好的活着，将生命演绎得无比灿烂、无比美丽。

自然界中各种生命的历程都有着惊人的相似。虽只是大自然万千家族中极为弱小的一员，可是，它们却以其独特的生命方式向世人昭告："生命一次，美丽一次。"

生命之旅，无论短如小花，还是长如人类，都应当珍惜这仅有一次的生存权利。让生命更精彩，我们理应在有限的时间里，绽放生命的花朵。南怀瑾先生曾说，生死是人生的一个大学问。一个真正善其身的人，能够主宰自己的生命。

她是一个年轻的护士，很多时间都是在病房里度过，病人床头的花开花谢让她深刻地感受到生命的脆弱。有时候，她甚至觉得病人床头大朵绽放的花仿佛浑然不知死亡的存在，冰冷的花蕊就像一双双嘲弄的眼睛。因此，她一点也不喜欢花。

一天，病房里一个新来的男孩送给她一盆花，她竟然没有拒绝。也许是为了他的稚气、孩子一般的笑容，也许是怕伤害对方的心。从搬进来的第

◇自我提升法则

一天起,她就知道他再没有机会离开这间病房了。

那次,他趁她不注意的时候偷偷地溜达到外面玩了,回来的时候正好碰见了她。他像一个做错事的孩子站在她面前,低着头一声不吭。到了傍晚,她的桌上多了一盆三色堇,紫、黄、红,斑斓交错,像蝴蝶展翅,又像一张顽皮的鬼脸,旁边还附上一张小条子:"想知道你不高兴的样子像什么吗?"她忍俊不禁。第二天她收到了他送的一盆太阳花,小小圆圆的红花,每一朵都是一个灿烂的微笑:"想知道你笑的样子像什么吗?"

后来,他带她到附近的小花店闲逛,她这才惊奇地知道,世上居然有这么多种花,玫瑰深红,康乃馨粉黄,马蹄莲幼弱婉转,郁金香艳异咄咄,栀子花香得动人魂,而七里香便是摄人心魄。她也惊奇于他谈起花时燃烧的眼睛,仿佛在那里面燃烧着生命的光芒。

他问:"你爱花吗?"

"花是无情的,不懂得生命的可贵。"

他微笑着告诉她:"懂得花的人,才会明白花的可敬。"

一个烈日炎炎的中午。她远远看见他在住院部的花园里站呆了,她刚要喊一声,他听到了脚步,急切回身,食指掩唇:"嘘——"

那是一株矮矮的灌木,缀满红色灯笼的小花,此时每一朵花囊都在爆裂,无数花籽四周飞溅,仿佛一场密集的流星雨。他们默默地站着,见证了一种生命最辉煌的历程。

第二天,他送给她一个花盆,盆里只有满满的黑土。他微笑着说:"我把昨天捡回来的花籽种在盆里了,一个月后就会开花。"

三天后,深夜,他床头的急救铃声突然响起。她第一时间冲到病人的身边,在家属的眼泪中,她知道一切都已经太晚了。在生命的最后时刻,他始终保持奇异的清醒,对身边的每一个人露出了一个灿烂的笑容,像刚刚展翅便遭遇风雪的花朵,渐渐冻凝成化石。

她并没有哭,每天给那一盆土浇水。后来,她到外地出差一个星期,回来后,发现那盆花不见了。同屋的女伴看见里面什么都没有种,就把它扔到窗外了。

又过了一段时间,她打开桌前久闭的窗,整个人惊呆了——窗户下,一个摔成两半的花盆里长出了一株瘦瘦的嫩苗,青翠欲滴,还有一个羞涩的含苞,好像一盏燃起的生命之灯。这时,她忽然懂得了生命的真谛。

易朽的是生命,似那转瞬即谢的花朵;然而永存的,是对生的激情。每一朵勇敢开放的花,都是一个面对死亡的灿烂微笑。一个人看透了生死的意义,看清了生命的价值,就会将生演绎得更美丽,更灿烂。

生命是宝贵的,短暂的,重生乐生,在有限的生命岁月,创造更多更高的人生价值,使生命更有意义,不枉来世上走一趟。世间的事情永远不可能是十全十美的,也许正因为这样,才会有人一辈子都去追求完美的东西。歌德有句名言:生活在理想的世界,就是要把不能的东西当作仿佛是可能的东西来处理。别总是面对死亡而悲观,既然活着,就应该好好歌唱,活着就应该笑。因为笑是苦难最好的归宿。"笑对生活"就是乐生重生,顺其自然,追求高,看得透,想得开,活得既有意思、有价值,又比较轻松。

此刻的你也许在担忧明天,畅想未来,忘记它们,这样就能轻松一点,自在一点。享受明月清风,坐看水流云动,享受生命的自由自在,何乐而不为?

为了看看太阳,我来到世上

阳光是世界上最美好的东西,它驱除阴暗,照耀四方,让人心旷神怡;它沐浴万物,让世界充满向上和成长的力量;它坦荡无私,播撒着快乐与博爱的光芒。为了看看这太阳,我来到世上,才发现每一个人都拥有阳光,例如他们幸福时的欢畅、顺利时的激动,但也不可避免地会遭遇黑暗,比如委屈时的苦闷、挫折时的悲观和选择时的彷徨,可是他们说这就是人生。

人生就是一碗酸、甜、苦、辣、咸五味俱全的汤,每种滋味都有可能品

◇自我提升法则

尝到。然而，人的生活并非只是一种无奈，而是可以由自身主观努力去把握和调控的。相信前面的路途中一定还会有阳光出现，并努力去坚持，你的人生才会被太阳普照。

在弘一法师的房间里，挂着他的一幅书法作品，上面有一句偈语：花繁柳密处拨得开，方见手段；风狂雨骤时立得定，才是脚跟。意思是说，只有经得起考验的，才是最好的。

是的，人生来即是处于考验当中，第一次呼吸时，对世间空气的接纳是一场考验；在接受哺乳时，对营养的接纳又是一场考验……以后种种，历经死劫，无时无刻不处于考验之中。

在一片茫茫无垠的沙漠上，智者带领着几位弟子在那里负重跋涉。阳光很强烈，干燥的风沙漫天飞舞，而口渴如焚的智者和弟子们早已经没有了水。

水是智者他们穿越沙漠的信心和源泉，甚至是苦苦搜寻的求生目标。这时候，智者从腰间拿出一只水壶。说："这里还有一壶水。但穿越沙漠前，谁也不能喝。"那水壶从随行的弟子们手里依次传递开来，沉沉的。一种充满生机的幸福和喜悦在每个弟子近乎绝望的脸上弥漫开来。

终于，他们一步步挣脱了死亡线，顽强地穿越了茫茫沙漠。他们喜极而泣的时候，突然想到了那壶给了他们精神和信念支撑的水。

于是，智者拧开壶盖，流出的却是满满的一壶沙。

智者对众弟子们说："在沙漠里，干枯的沙子有时候可以是清冽的水，只要你的心里驻扎着拥有清泉的信念。"

许多人之所以难以取得成功，并不是因为能力不够，而是内心深处没有坚定的信念，不能够去顽强拼搏，所以面对困境时束手无策，甚至放弃。但是我们要知道，人生容不得我们说放弃便放弃，为了活下去，人们必须要面对种种考验和选择。

任何通向成功的道路上都布满了荆棘，充满了数不清的艰难与困苦、辛酸与煎熬，都要经历各种各样的考验。从某种意义上说，所有的成功者之所以能够获得成功则是因为他们能经得起各种考验。

大文豪巴尔扎克说过："世界上永远没有绝对的事情，结果完全因人而异。苦难对于天才是一块垫脚石……对于能干的人是一笔财富，对弱者是一个万丈深渊。"

若一个人经得起人生的考验，他便能最终如花般绽放自己的生命。那些经不起考验的人是注定无法获得最后的成功的。奥斯特洛夫斯基曾说过："人的生命似洪水在奔腾，而遇到岛屿与暗礁，便难以激起美丽的浪花。"是的，没有经历考验的人生是苍白的，只有经历考验而依然屹立的人生才是有价值的人生。

上帝是公平的，他在把苦难撒向人间的时候，往往准备好了厚重的回报等着勇士去拿。当苦难不期而至时，我们要视苦难为财富、为机遇，向它宣战。当你成功地征服它之后，就能真切地感受到生活的甘甜、人生的价值。

战争结束后，很多国家发生了不同程度的经济危机。在美国一座曾经繁华的城市里，有一条人来人往的街道，有一个盲乞丐每天都在街边坐着。他总是笑眯眯的，每当感觉到有人走近时，他就会友好地跟他们打招呼。

大家非常好奇，为什么这个盲乞丐每天都如此快乐，他难道不为乞讨不到更多的钱而忧愁，不为自己的境况悲伤吗？于是有人猜测，那个乞丐不是凡人，所以无忧无虑，也有人说，他可能是个来自疯人院的疯子。

终于有一天，一个年轻的小伙子按捺不住自己的好奇心，上前询问盲乞丐为什么每天都如此开心。

盲乞丐开心地笑了，他说："因为无论怎么样，我每天都能看到太阳从东方冉冉升起，我看到世界是光明的，所以就无比的快乐。"

小伙子很不解，于是又问道："您分明是个盲人，怎么能看到太阳升起呢？"

那乞丐捋捋长须，说："孩子，难道双目失明就无法看到这世上的阳光了吗？"

是啊，人生阳光与否，其实是一种感觉、一种心情。外部环境是一回事，我们的内心又是另外一种境界。如果我们的内心觉得满足和幸福，我们就快乐；我们的心中充满灿烂的阳光，外面的世界也就处处充满阳光。

有阳光，当然也会有阴影。也许你正在为当下生活的阴云密布而愁眉不展，殊不知挫折是人生的另一番风景。当阴影来临时，就是自我沉潜、韬光养晦的时机。就算阴影在头顶上盘旋，我们的内心至少还留有幸福的余温。无论在和平昌盛的时期，还是经济萧条下的社会，总会有种种不如意的事情给我们心头的快乐与幸福蒙上一层尘土，但我们还是要在生活中自由自在地挥洒，勇于选择和承担生活的责任，不受尘世的约束却又深情细致。在任性与认真之间，不管是守着边缘或主流的位置，都能在漂泊贫苦的生活中，快乐地体悟人生。

人类时时刻刻都置身于各种各样的考验之中，并且经受着来自各方面的考验。而真正的考验只会使你更加强大起来，使你更快地成就你的事业，并最终造就你，即使带着伤，却依旧光彩夺目。

保持快乐的心情是处理一切事情的前提

"我之所以高兴，是因为我心中的明灯没有熄灭。道路虽然艰难，但我却不停地去求索我生命中细小的快乐。如果门太矮、我会弯下腰；如果我可以挪开前进路上的绊脚石，我就会去动手挪开，如果石头太重，我可以换条路走。我在每天的生活中都可以找到高兴事。信仰使我能够以一种快乐的心态面对事物。"歌德夫人如是说。

现代社会是一个高度竞争的社会，我们很容易就被卷入了各种利益的相互交合碰撞的旋涡之中，这样势必会影响到我们的心情，而心情的好坏与否对于一个人来说至关重要，它会影响一个人在日常生活中的办事效率，甚至会影响到人的身心健康。

方晴是机关的女职员。今年27岁的她出身于农民家庭，父母文化水平较低。她自小勤奋好学，家中对她寄予的希望很大，她也想依靠自身的努力使父母生活得更好一些，因此，她自小就埋头苦读，从小学到高中、到大学，她学习都很好。但由于一心读书，方晴很少交朋友，根本没有什么知心伙伴，因此，方晴常感到很孤单、很寂寞。尤其是参加工作后，在机关上班，工资较低，仍旧无法接济父母，她心里经常自责。

另一方面，她很难与人相处，总是一个人独来独往。她也很想与人交往，但又不敢，也不知道怎样去结交朋友。四年前经人介绍和同事结婚，但俩人感情基础不好，常为一些小事吵架。因此，两年来她有一种难以言状的苦闷与忧郁感，但又说不出什么原因，总是感到前途渺茫，一切都不顺心。老是想哭，但又哭不出来，即使遇到喜事，方晴也毫无喜悦的心情。过去很有兴趣去看电影、听音乐，但后来就感到索然无味。工作上亦无法振作起来。

她深知自己如此长期忧郁愁苦会伤害身体，但又苦于无法解脱，而且还导致睡眠不好、多噩梦及胃口不开。有时她感到很悲观，甚至想一死了之，但她对人生又有留恋，觉得死得不值，因而下不了决心。

抑郁让方晴徘徊在生与死的边缘。她的痛苦，也许你已有所体验。生活在这个世界上，一个人看问题的角度不同，行动不同，其结果也会不同。如果已经意识到自己的心影响了当下的生活，便要想办法去改变它，你只有通过体内强大的生命力才可能战胜像绳索带来的那样终生的创伤。对于人而言，有很多解忧的方法。在痛苦的时候，找个朋友倾诉，找些活干；对待不幸，要有一个清醒而客观的全面认识，尽量抛掉那些怨恨、妒忌等情感负担。有一点也许是最重要的，也是最困难的：你应尽一切努力愉悦自己，真正地爱自己，只有这样，你才有可能摆脱低落的情绪，迎接新的朝阳。

其实许多事情过后，你会发现那不过是庸人自扰，从来没有你原先想象的那么复杂、困难。何苦非要与自己过不去呢？历史的长河汹涌澎湃，短暂的几十年时间也不过是转个弯而已，但却彻底地改变了整个人生。这样短暂的生命，我们是用来烦恼，把自己和烦恼牢牢捆绑在一起，还是轻松地面对输赢，微笑面对挑战？想必你已经作出了正确的、属于自己的选择。

在遭遇困苦时，乐观的人总会努力想办法让自己快乐起来，让精神的伤痛远离自己。如此，才可以伴着轻松愉悦的心情投入到眼前的事情中，让事情顺利进行。

为了获得快乐，曾经有一个年轻人不惜跋涉千山万水来到普陀山。因为那里生长着一种特殊的植物——快乐藤，只要是得到这种藤的人，都会喜形于色、笑逐颜开，从此不知烦恼为何物。

年轻人历尽千辛万苦搜寻之后，终于找到了快乐藤，但结果并非传说中的那样——他仍然不快乐。这天晚上，他在山下的一位老人家里借宿，看着手中的快乐藤，不由得长吁短叹。

他问老人："为什么我已经得到了快乐藤，却仍然不快乐呢？"

老人一听乐了，说："其实，快乐藤并非普陀山才有，人人心中都有，只要你有快乐根，无论走到天涯海角都能得到快乐。"

老人的话让年轻人精神一振，又问："什么是快乐的根？"

老人就说："心就是快乐的根。"

年轻人恍然大悟，最后笑了。

人生一世，草木一秋，能够快快乐乐、开开心心地过一生，这是每个人心中的一个梦。但如何才能求得快乐呢？"心是快乐的根"，说得多好！快不快乐，全是由你而定，你还在为自己目前的低工资而懊恼、忧郁吗？其实我们应该暗暗庆幸自己还有一份工作可以做，虽然工资低一些，但起码没有下岗失业，心情转眼就好了起来。每个人总是看重自己的痛苦，而常常忽略别人的痛苦。当自己痛苦不堪的时候，要是能够换一个角度来思考，痛苦的程度就会大大减弱。当自己兴高采烈的时候，应多向上比，会越比越进步；当自己苦恼郁闷的时候，应多向下比，会越比越开心。人生最可怜的事，不是生与死的诀别，而是面对自己所拥有的，却不知道它是多么的珍贵。

林肯曾经说过境由心造，你的心里有多快乐，你也就会得到多少快乐。这是世界上最容易做到的事情。你要是告诉自己什么事情都不顺利，没什么事情让自己满意，那么，你肯定开心不起来。但是，如果你对自己说"事情进展良好，生活也不错，所以，我选择开心"，那么，你肯定就会快乐起来，心情好了，手中的难题在乐观与积极的陪伴下，也会迎刃而解。

无论生活给我们笑脸，还是给我们苦酒，我们都要保持一种快乐的心情，做个快乐的俏佳人！

付出彰显生命的华彩，磨难体现生命的意义

黄振宙在《一叶集》中也告诉我们，崇高的本真，是向善。

我们不是在罗列，你看到了吗？奉献与崇高之间的关系是那么的紧密，奉献的意义是那么巨大，我们会不会为之震动，重新审视一下奉献呢？我们是那么习惯去索取，去享受别人带给我们的爱与帮助，恰恰到了别人需要的时候，我们犹豫了，这合乎常理吗？一位儿童教育家曾经说道："只知索取，不知付出；只知爱己，不知爱人，是当前独生子女的通病。"

或许，话语有些极端，却不能不想，一味地把索取放在最前卫的人是怎么热爱生命的呢？他们不喜创造，不喜奉献，又怎能体味到热爱生命原是一种意义的体现，而不是享乐主义呢？

国外一位作家曾写过这样一篇文章：

巴勒斯坦有两个海，一个是淡水，里面有鱼，名为加利利海。从山脉流下来的约旦河带着飞溅的浪花，成就了这个海。它在阳光下歌唱，人们在周围盖房子，鸟类在茂密的枝叶间筑巢，每种生物都因它而幸福。

约旦河向南流入另一个海。这里没有鱼的欢跃，没有树叶，没有鸟类的歌唱，也没有儿童的欢笑。除非事情紧急，旅行者总是选择别的路径。这里水面空气凝重，没有哪种动物愿意在此饮水。

这两个海彼此相邻，何以又如此不同？不是因为约旦河，它将同样的淡

水注入。不是因为土壤，也不是因为周边的国家。区别在于：加利利海接受约旦河，但绝不把持不放，每流入一滴水，就有另一滴水流出，接受与给予同在。

另一个海则精明厉害，它吝啬地收藏每一笔收入，绝不向慷慨的冲动让步，每一滴水它都只进不出。

加利利海乐善好施，生机勃勃。另外那个则从不付出，它就是死海。

这种说法是新奇的，然而，新奇的背后你能发现些什么呢？吝啬于付出的人，他的生活也将死气沉沉，僵化而享受不到生命潮涨潮落的变化。

热爱生命，就要学着在接纳他人的爱与关怀的同时，多多奉献，让他人也拥有幸福的微笑。同时，获得自己所需的财富和精神上的满足。

生活就是这样，当你为别人付出的时候，你的人生也会因你的付出而快乐、升华，你得到的是生命的延长和增值，爱心能使人生更有意义。爱的反面不是恨，而是漠然。一个人如果失去了爱的能力，他的人生也会异常黯淡。在这个社会里，给别人以帮助和鼓励，自己不但不会有损失，反而会有所收获。并且，通常一个人给别人的帮助和鼓励越多，从别人那里得到的收获也越多。

对生命的热爱也表现在与命运的抗争过程中：

1917年10月的一天，在美国堪萨斯州洛拉镇，一家小农舍的炉灶突然发生爆炸。当时，屋里有一个8岁的小男孩，很不幸的是，他没有逃过这次劫难，孩子的身体被严重灼伤。虽然父母迅速将孩子送进医院，伤势得到了及时的控制，但医生最终仍然表示无能为力，他无奈地告诉孩子的父母："孩子的双腿伤势太严重，恐怕以后再也无法走路了。"

医生的话犹如晴天霹雳，父母伤心欲绝，他们不敢面对这个事实，也不敢将这个坏消息告诉儿子，但是，能隐瞒多久呢？随着双腿越来越没有知觉，小男孩终于知道了自己将要面对的悲惨现实。

生活就是这么残酷！在成长的某个阶段，也许命运会对我们不公，会让我们陷入许多难以预料的困境，但同样是困难，人们所收获的结果有时却大相径庭。面对如此的不幸，男孩没有哭，也没有就此消沉，他暗暗下定决心：一定要再次站起来。

男孩在病床上躺了好几个月，终于可以下床了。他拒绝坐轮椅，坚持要自己走。但是，他连站起来的力气都没有，怎么可能走路呢？男孩试了一次又一次，都没有成功。

看着男孩倔强的样子，医生劝他："还是坐在轮椅上吧！以你现在的身体状况，是绝对不可能站起来的。"听到这话，母亲忍不住大声痛哭起来。男孩颓然地倒在床上，他一动不动地盯着天花板，没有任何表情，谁也不知道他在想什么。

在以后的日子里，父母看见儿子终日试图伸直双腿，不管在床上，还是在轮椅上，累了就歇一会儿，然后接着练。就这样，足足坚持了两年多，男孩终于可以伸直右腿了。这下，家人对他有了信心，只要有机会，大家都会帮着男孩练习。一段时间后，男孩竟然可以下地了，但他只能一瘸一拐地走路，很难保持平衡，走几步就会摔倒。又过了几个月，男孩能正常走路了，虽然拉伸肌肉让他疼得说不出话来。

这是生命的奇迹，也是信心的奇迹，更是钢铁般意志所创造的奇迹。精神的力量到底有多大，谁也说不清楚，但有一点可以肯定，那就是：精诚所至，金石为开。

这时，男孩想起医生说过自己再也不可能走路的话，但现在，自己做到了，他不由得脸上露出了笑容。这个胜利促使他做出一个更大胆而伟大的决定：从明天开始，每天跟着农场上的小朋友跑步，直到追上他们为止。

经过努力的锻炼，男孩腿上松弛的肌肉终于再次变得健康起来，多年之后，他的腿和从前一样强壮，仿佛从来没有发生过那次意外。男孩进入大学后，参加了学校的田径赛，他的项目是1英里赛跑，因为他立志成为一名长跑选手。从此以后，男孩的一生都和长跑运动紧密相连。这个被医生判定永远不能再走路的男孩，就是美国最伟大的长跑选手之一——格连·康宁罕。

苦难是人生中用来考验我们的一份最高含金量的试卷，只有经历过苦难磨砺的人生，才会光芒四射。命运在赐予我们苦难的同时，往往也把一把开启成功之门的钥匙，放到了我们的手中。我们每个人的一生都会遇到各种困难，有时甚至是不幸、厄运。苦难会在不经意间向活在当下的我们迎面扑来，往往让我们措手不及。如果我们畏惧逃避，它就追着我们不放；如果我们直起身子，挥舞着拳头向它大声吆喝，它就只有夹着尾巴灰溜溜地逃走。拥有对生命的热爱，苦难便对我们永远奈何不了。

人的生命之所以是无价的，是因为它所能创造的价值是无限的。至于每个人最终能创造多少价值，则完全取决于自己。我们应该拥抱生命，正确估量自己的价值，并且通过实际行动来表达自己对生命的热爱，让自己的生命持续地"增值"。只有这样才是积极的人生态度，人的生命也不会白白度过，每一天才会过得充实而有意义。

享受大自然的每一处生命

如果有一天，清晨起来，你突然想到泰山顶上看日出，沿着石阶走了很多层，清脆的鸟鸣和清新的空气已足以让你惬意万分，那么，你完全可以将你的脚步打住。站在山腰看日出一点也不逊色，展现在你眼前的未尝不会是一道绝美的风景。你没有必要将自己搞得太累，太牵强，你要做的是唱着歌下来，悠然地走好下山的路。

赫胥黎曾说："天才的秘诀，即在于能够一直保持童年的那股赤诚至老。"可惜，保留这项特质的人太少。那些自杀的、厌食的、吸毒的青少年，他们之所以如此，都是因为他们把自己的童心遗弃了。

生活在游戏世界中的儿童，是真正的贵族，他们总是心无旁骛、浑然忘我地玩乐，尽情挥洒自由的生命。

天才也往往如此，他们知道"爱玩乐"是灵感的源泉。所有的科学家、哲学家或大艺术家都是爱玩乐的。他们知道，无论发现什么、想完成什么，都要先经过"玩乐"的过程。

我们也必须学习在生命里，去给玩乐一个较高的优先权，为自己添入一抹童心的笔触，这是让心情好起来的最佳方法。

我们是生命的过客，辽远的天空留不下飞过的痕迹，带走的不过是些微的记忆。当我们停留在生命的指针重合的那一瞬，这些微的记忆将带我们回到降生的瞬间，夕阳的迷雾仍在搂抱着眷恋。

生命会前行在历史的脉络上，沿途拾起一枝一叶，留待回忆，世界的存在会清晰而具体；生命会走进时间的大门，让夕阳给出记忆的钥匙。那捆记忆的柴火那么静静地躺在地上，等生命去抽取沿途拾来的枝枝叶叶，在夕阳的指尖静静回忆，你会感觉活着是如此美好。

如果你一直想做一件事情，那么从现在开始追寻你的梦想，去你想去的地方，做一个你想做的人，因为生命只有一次，把握这一次机会去做你想做的事。

在我家附近有一个卖熟食的铺子，有时候我会去铺子里买些猪耳朵之类的食品带回家来。但我从来不用铺子里给的盒子和塑料袋，而总是拿着一个自己家的方食盒去买食品，这样回到家后也省得再把盒子里的食品腾到碟子里了。

我让老板娘给我割了一块肉。她微笑着对我说："七元两角五分。"当我拿出钱包取钱时，她用赞赏的口气说："给七元钱吧！两角五分就算了。我想鼓励人们增强保护环境的意识，也的确希望每个人都能像你这样。"我就像一个学生得到老师的表扬一样，高兴得发狂。并且我得到了一份小小的保护奖——她给了我两角五分的折扣。

也许你会说，两角五分算得了什么！但是我当时却真的很激动。回到家里，我就忍不住向他们夸耀我得到的这份奖金。我先给外地的女儿通了电话，把这件事告诉了她。我又向别人讲了又讲。家里人对我的行为都迷惑不解。是呀，两角五分的奖金有什么特别的呢？

我觉得在我们所有污染环境的罪过中，最容易避免的就是塑料袋。我小的时候，大人们总是带着手工编制的竹篓到集市上去买东西，豆腐和猪肉都包在绿色的荷叶里,最后它们都回到大地母亲的怀抱里。

如果你现在正在尽情地享受着大自然赐予的美,你要想到感恩就是回报。在我们享用大自然的盛宴的时候,爱护它们也是我们的职责。感恩自然,救助自然,既然好好的活着,就要好好享受这丰厚的赐予,并且用一颗悲欣之心爱护它,这样,你便能从眼睛到心灵都得到愉悦的关照了。

对那些懂得并欣赏美的人来说,融入大自然的怀抱就像是走进了一座巨大而精美,弥漫着优雅和魅力的宫殿。横展在我们面前的大自然,是这样庄严、美丽和可爱。在这里有轻风在驰骋,有泉流在激溅,有鸟在鸣啼,风的微吟、雨的低唱、虫的轻叫、水的轻诉,显得那么抑扬顿挫、长短疾徐,再加上夕阳的霞光、花的芬芳、高山的宏伟、彩虹的艳丽、空气的舒爽,构成了足以让天使陶醉的画面,而置身于其中的我们,又怎能不像喝了醇酒一般呢?但是,这种美丽和恬静是无法靠金钱来换取的。只有那些与大自然的脉搏一起跳动,心中充满了温情和爱的人们,才能真正地发现它们、欣赏它们,并拥有它们。

活着,就是一种莫大的幸福

生活得久了,便会忘记很多事情,因为琐碎而不满,甚至厌倦。然而,生命真就那么不值得欣喜吗?我的一个朋友曾经为此很是困惑,活着活着,突然感觉又苦又累又没希望,就不知道为什么活了?然而,当第二次再遇到她的时候,她已经满身青春气息了,她给我看了她的一段日记,其中收录了这么一段让心灵微微震颤的话:

清晨,当七色光洒入卧室,欢快的小鸟把我从梦中唤醒,我推开窗户,放眼蓝蓝的天,绿绿的草,晶莹剔透的露珠,含苞欲放的花朵,上天给予我一个清爽的早晨,这是美好一天的开始。

走进一片茂密的树林。薄雾笼罩,清风拂面,像走进了如诗如画的境界。葱葱青草,伟岸的大树,路边一朵朵盛开的静美白菊,金色的阳光……

草地上调皮的雾珠打湿了鞋子，一条潺潺的小河轻声流淌，一缕柔和的阳光洒进树林，我的心，突然涌起一股难言的幸福。

想想看，当我们迎来春天递来的风铃，走过夏季的热情与火辣，游走在秋日无限的落叶丛中，最终走过冬的冷酷与严肃时，又是一轮新的人生四季。

我们能不为这轮回享受的美景而雀跃吗？

能够生活在这个世界上便是最幸福、最快乐的人！因为可以从自然与生活的点点滴滴里感受出生命无限的美好！

假如我是小鸟，我会记住那出生的巢穴；假如我是树苗，我无法遗忘那滋养我的土地；假如我是江河，那雪域高原便是我记忆中最初的烙印……

原来生活中会有这么多小小的美好的东西，只是由于平日的我们只顾着埋头赶路，而忘记欣赏这么多生命中的美好了。当我们用一颗敏感而有充满着爱的心来面对这个世界的时候，这个世界就会没有那么多不幸与抱怨，只有美好。善于发现是一种智慧，它让你可以在细节中慢慢品出生活的点滴滋味……

哲人说，活着就是一种幸福，一语道出了对生命的热爱。我们应该感恩生命，让我们好好活着，生活着，此刻可以享受到爱，也可以为别人奉献自己满满的爱。想想看，在我们所处的世间，还有很多地方正在经历战争或恐怖袭击，这些地方的人们的生命随时受到威胁，相比他们，我们现在的生活有多么优待，活着有多么幸运。可以闻淡淡的花香，听悦耳的鸟鸣，沐浴在温暖的阳光里，享受亲人的爱。这种幸福，谁赋予了我们不去珍惜的权利？

一边是死亡的震撼，一边是活着的琐碎。我们很容易被死亡所震撼，然而我们更容易被活着的琐碎所淹没。不要去在意那些繁杂的纠葛，苦痛、伤害、低迷等，一切的一切仅仅是生活中小小的插曲而已。我们今天好好地活着，即意味着有追求幸福的资本和契机。活着就是幸福，我们要好好珍惜现在鲜活的生命。

终结繁冗的抱怨，开启幸福之门

回想一下，最近的经历中你遇到了多少烦心事，多少次抱怨着不公平？又遇到了多少快乐和幸福，多少次享受美好？

或许，我们常常想，为什么我们不是那些快乐的人，为什么我们的生活里充满了让人怒气冲冲的事情？

在遥远的过去，两条河流从源头出发，相约流向大海。它们穿过山涧，最后到了沙漠的边缘。面对浩瀚的沙漠，它们一筹莫展。

一条河说："这样热的天气，我们的水很快就会蒸发掉了。这里这么干，我们是无论如何也不能通过的。"于是，它干脆停下了向前的脚步，宁可在沙漠中被蒸发掉，也不想做无谓的牺牲了。

另一条河却想："只要将水流变细，就可以减少蒸发，只要努力，就一定能流向大海。"它按照自己的方法去做，很快，它与大海相遇了。

面对困境，平庸者总是抱怨环境的恶劣，给自己找寻各种理由停止了追求的脚步，而优秀者不会为抱怨所累，他会想出解决问题的办法，并且坚持到底，直到克服困难，取得胜利。

不可否认，人生的确少不了磨难，生活的五味瓶里，除了甜，没有什么再是人们的向往，可偏偏酸甜苦辣是生活不可或缺的，它们才真正丰富了我们的人生。人生需要苦难的洗礼，正是因为那些折磨过我们的人，我们才能在挫折中找到自己的不足，才能逐渐完善自己。

画家列宾和他的朋友在雪后去散步，他的朋友瞥见路边有一片污渍，显然是狗留下来的尿迹，就顺便用靴尖挑起雪和泥土把它覆盖了，没想到列宾发现时却生气了，他说，几天来我总是到这来欣赏这一片美丽的琥珀色。

当我们老是埋怨别人给我们带来不快，或抱怨生活不如意时，想想那片狗留下的尿迹，其实，它是"污渍"，还是"一片美丽的琥珀色"，都取决于你自己的心态。这个世界上，谁才是真正的快乐者？谁是有钱人？他们整天吃的是山珍海味，穿的是名牌服装，玩的是五花八门，自然也应该享有快乐吧？可是有钱人似乎有有钱人的烦恼：交朋友要小心翼翼，唯恐被出卖；交际圈子大了，应酬也要小心翼翼……他们整天为公事烦恼，上面顶着压力，下面也不好安抚，官也不是那么好做的。那么，什么人才能拥有快乐呢？

快乐不在于你所在的位置，而在于你所朝的方向。心向太阳的人，即使是穷人，他也是快乐的；不懂得珍惜、不懂得知足的人，即使拥有了世间最宝贵的东西，他依然感受不到快乐的存在。

眼前的困难，不会成为你一辈子的障碍。所以，即使现在面临困境，也不要因为悲观而落泪，坚持一下，总会遇到自己的晴天。生命，是苦难与幸福的轮回，我们若能在逆境中坚持自己，再苦也只是一笑而过，再委屈的事情，也能用博大的胸怀去容纳，那么，人生就没有我们过不去的坎儿。

当我们走出生活的阴霾，用乐观的心重新打量这个世界的时候，我们就会发现，原来不是生活不美好，而是我们一直在抱怨中扭曲了自己。学会感恩，学会与人分享，学会在残缺中品味快乐，便能在逆境中感受幸福。

再小的生命，也不必妄自菲薄

星云大师十分推崇"小"的意义："小，不一定无用，小的威力奇大无比。所以，小人物不要自怨自艾，不要感叹自己的渺小。小小的星火可以燎原，人都有一颗小小的心灵，只要发心立愿，人间事还有什么是不可为的呢？"

即使只是阳光下一粒小小的尘埃，也能够拥有最美丽的飞翔姿态，应该让每一次的飞翔，都在蓝天白云的映衬下释放出幸福的味道。

你见过在阳光下飞扬的尘埃吗？

你见过屋檐上滴滴答答落下的水珠吗？

你见过在地上爬来爬去的蝼蚁吗？

与这茫茫宇宙相比，它们太过微小，甚至可以忽略不计，但是，它们却往往能够创造令人瞠目结舌的奇迹。

尘埃会聚，可成千年古堡；水滴虽小，足以穿石；蝼蚁卑微，却能溃堤。

这样的生命，难道不值得我们仰视？面对这样的生命，此刻的你难道没有感觉到体内油然生出的那份自信与自尊？

在星云大师眼里，做人、认识世界是必要的，而认识自己则更为重要。

这就好比三兽渡河，足有深浅，但水无深浅；三鸟飞空，迹有远近，但空无远近。因此，任何人都不要把神仙看得太虚幻高远，更不必妄自菲薄。

一扇小小的窗户，可以射进阳光；一颗小小的星星，可以点缀夜空；一朵小小的花朵，可以满室芬芳；一件小小的善行，可以扭转命运；一个小小的微笑，可以传达情意；一句小小的慰言，可以安慰苦难。所以不必小瞧"小"，那小小的，可以聚少成多，彰显奇迹，也可以温暖你当下的生活。

灯的意义在于燃烧的过程

人终归都要走向死亡，人死如灯灭，该熄灭的时候自然会熄灭。但灯灭了，并非什么都没有了。曾经的光还在你心中闪烁，灯的意义在于燃烧的过程。

星云大师说："说到生死，在一般世人看来，生之可喜，死之可悲，但在悟道者的眼中，生固非可喜，死亦非可悲。生死是一体两面，生死循环，本是自然之理。不少禅者都说生死两者与他们都不相干。"

品味过程之美，才会懂得珍爱生命中的每一天，拒绝和抛弃那些不必要的精神压力和束缚。

一个很穷的小伙子，每天都要上班做工。

一天，他在路上捡到一把神奇的钥匙。神奇的钥匙告诉小伙子，它能满足他的一切心愿。小伙子想："如果我现在能有好多好多的钱该多好啊，我就不用每天辛苦地做工了。"

小伙子刚这么一想，他就有了很多的钱。这时小伙子又想起了自己喜欢的姑娘："如果她马上成为我的妻子该有多好！于是，他喜欢的姑娘立即成了他的妻子。"

小伙子又想："我有这么多钱，又有了妻子，我不想再等了，我现在希望自己有很多孩子，以便继承我的家产。这样，小伙子又有了许多孩子。"

所有的过程都被简化了，小伙子一下子拥有了想要的一切。不过他发觉自己也已经变成一个老头子。

小伙子懊丧地说："不，请求你，神奇的钥匙，将我变回原来的样子吧！我想每天出去做工赚钱，晚上瞒着姑娘的父母偷偷约她出去，牵着她的手在树林中散步，让这一切都慢慢来吧。"

可是，神奇的钥匙却不再理他了。

急于求成是人的一个本性。生活中大多数人都急于奔向目标而忽略了过程中的美丽风景。其实，抛弃对过去和未来的忧虑，能帮助你享受现在每一天的快乐，让你能够在它们最新鲜的时候去品尝和欣赏。

既然人生的意义在活着时彰显，那么安心地活在天地之间才是最重要的。不要总执着于死后往哪里去，那都是虚无缥缈、无踪可觅的乌有，最好趁生命还在之时，呼吸之间多为他人也多为自己做点力所能及的事情。

生也好，死也好，一切随缘。活在当下，我们尽自己的能力追求事业，不辞辛劳，为了达到心灵的超越，付出自己最大的努力，以追寻人生的意义。死亡在任何时候都有可能到来，若是一生忙碌，心灵盈实，就算面临死亡，我们也能坦然离开。

人死不可能再复生，如果随便浪费宝贵的生命，那就是对生命的亵渎。在死神召唤之前，还是竭尽我们的心力让生命燃烧起来，发光发热。

善待生命的每一分钟

在非洲有一个部落，婴儿刚生下来就"获得"60岁的寿命，从60岁算起，随着婴儿长大，以后逐年递减，直到零岁。人生大事都得在这60年内完成，此后的岁月便颐养天年了。

好独特的计岁方法！人生不过是我们从上苍手中"借来"的一段岁月而已，过一年"还"一岁，直至生命终止。可惜我们常会产生这样一种错觉：日子长着呢！于是，我们懒惰，我们懈怠，我们怯懦……无论做错什么，我们都可以原谅自己，因为来日方长，不管什么事放到明天再做也不迟。

生命既是借来的一段光阴，当然是过完现在的一天便少一天了。而面对自己日渐减少的寿命，谁又能无动于衷呢？那个倒着计岁的非洲部落，他们的人生智慧真是令人惊叹。

有这么一个故事：

"今天"与"生命"聊天，"生命"问了一句："过得怎么样？"

"今天"答道："到现在为止，今天是我最好的一天！"

"生命"仿佛为"今天"的答案感到吃惊。

"你最好的一天？""生命"用一种惊诧的口气重新问道。

"是的。"他迅速而且又充满信心地回答。

"生命"又问了一遍："你确定吗？"

"是的。"他再一次确认。

他能感觉到"生命"并不相信他讲的是真话。当然，他知道"生命"相不相信并不重要，重要的是他自己相信。

"生命"问他："你怎么能说今天是到现在为止，你最好的一天呢？你结婚那天呢？难道不比今天更好吗？"

他答道："我一直而且将永远记得我结婚那天，我的妻子是多么快乐。我也记得第一个孩子出生的情景。我还记得在甜品店喝奶昔，意识到自己还能做事。我记得给一只眼睛看不见的小鸭子喂食的那天。我也记得我和儿子一起爬上山顶，欣赏这美丽的世界。我一直记得当我看见刚刚犁过的、黑色的、潮湿的、肥沃的泥土，等着我们播种、收获的那天。我还记得在学年手册上读到学校里最传统的女孩写的评语，说我是高年级最好的男孩子。我还记得有个女孩对我说她尊重我，而我告诉自己，我也尊重自己。我记得那天船长公正地对待我。我记得海军军官说我不能参军，而母亲仁慈地告诉我说还有希望。我也记得其他两万多个美好的日子，每一天都成就了现在的生活。那些天里，一定有许多天可以排在我好日子列表的前面，但没有一天是最好的一天，它们中的任何一天都只能排第二。"

终有一日，死亡的阴影笼罩我们时，我们才悚然而惊："糟了，总以为将来还长着呢，怎么死亡说来就来了。那些未尽的责任怎么办？那些未了的心愿怎么办？那些未实现的诺言怎么办……"可面对死亡通知书，人们只能踏上那条不归路。追悔也罢，遗憾也罢，那个早已写好的结局无人能够更改。面对即将降临的死神，也许人们会在迷迷糊糊中想起"譬如朝露，去日苦多"的感叹，想起"少壮不努力，老大徒伤悲"的教诲，可一切都悔之晚矣。

有人算过这样一笔账：假如人能活70岁，而每天睡觉8小时，那么70年会睡掉204400小时，合8517天，为23年零4个月。这样，人还剩下46年零8个月的时间。此外，闲聊、看病等时间，再加上退休后不工作的时间，约合36年零2个月。如此算来，一个人活到70岁，自己只有10年零6个月的时间可以用来做些事。更何况人们并不是人人都能活到70岁的。

一个人如果不懂得珍惜今天的时光，又怎么能谈得上珍惜明天的光阴呢？

由此看来，我们能真正拥有的时间寥寥无几。树枯了，有再青的机会；花谢了，有再开的时候；燕子去了，有再回来的时刻；然而，人的时间一旦逝去，就如覆水难收，无法挽回。时间对于我们每一个人来说都是最宝贵的财富，珍惜眼前的时间，爱护你的生命，利用好你当下生命中的每分每秒。

第三节 幸福不在远处，活在当下

患得患失，只能徒增烦恼

你是不是为没有能晋升而对上司愤怒万分？你是不是在为没有得到一等奖而只拿了一个二等奖而为之嫉妒？你是不是还在抱怨自己的爱人对自己付出的还不够多而伤心？你是不是还在为自己容貌不够漂亮而忧心忡忡……

当你正在为这些小事而烦恼的时候，你知不知道，其实得到未必就是得到，而失去未必就是失去。你不能升迁，是不是自己做得还不够好，与他人无关，自己还应该有更多的努力才对呢？虽然获得的是二等奖，但是，你应该知道，万千参赛者中，你已经脱颖而出，你比没有获奖的人更出色；感情中，爱人之间也应该学着相互体谅，去发现对方的好，用心去感受这种好，你就会爱得更轻松，有一个爱自己的人，已经很幸运了；容貌的漂亮与否不过是包装出来的，拥有真实而善良的心是更有价值的。

"罗马不是一天建成的！"有时候我们想一蹴而就，恨不得一下子把事情做好、做完。这种心理其实就是浮躁心理。浮躁使人急于求成，患得患失、焦躁不安、心神不宁。在浮躁使人们产生了各种心理疾病，成功、幸福和快乐也被浮躁所羁绊。

《孟子·公孙丑上》有则寓言，说的是宋国有个种田人，为了让自己田里的禾苗长得快一些，就下到田里把禾苗一株一株地往上拔。拔完回到家，他对家人说："今天累坏了，我帮助田里的禾苗长高了。"他的儿子听后，忙到田里去看，只见田里的禾苗全都枯萎了。今天用来比喻强求速成反而坏事的成语"揠苗助长"，就源于这个故事。

植物生长必须依赖一系列条件，例如，要有适宜的温度，要有适量的水肥，还要有足够的生长时间等。那个浮躁的宋国人急于求成，违反了植物的生长规律，费了半天力气，却把事情办砸了。

生活中往往也存在着一些人，如上述寓言中那个拔苗助长的人一样，一味地追求效率和速度，做起事来既无准备，也无计划，只凭一时的心血来潮就动手去做。他们恨不能一日千里、一蹴而就，但往往事倍功半，其结果只能与成功背道而驰。

有得必有失，得与失本来就是一对矛盾集合体，凡事物极必反，得到的太多，抓不住，必然会失去，失去了，也不用后悔，更不必烦恼不已。换一句话说，得一定是得，失一定是失吗？得与失总是相对的，你得到了一个上大学的机会，而失去了一份能赚钱的工作，你能说这是生命中的错失吗？反过来亦是如此。人生的经历中，我们总是面临着各种各样的选择，选择了这一样，或许就会失去另一样，鱼和熊掌二者不可兼得，只要做了对的选择，就不要后悔失去什么。

上海阜康钱庄的挤兑风潮波及了杭州，正当胡雪岩全力调动，苦撑场面的时候，传来了宁波的两家钱庄倒闭关门的消息。宁波的这两家钱庄，都是胡雪岩名下的。挤兑风潮出现的时候，杭州阜康的档手赶紧去了宁波，希望能够从那两家钱庄调出一些银子来应急。

可是，宁波的钱庄深受市面的影响，资金周转不灵，自身难保，不得不申请倒闭。宁波海关在查封倒闭的钱庄时，给浙江发了电报，希望东家去做善后处理。浙江藩台德馨接到电报以后，心情十分沉重。他是胡雪岩的朋友，两个人的交情不错，眼见胡雪岩出事，他不能坐视不管。

所以，他赶紧让他的姨太太赶往胡雪岩家，传话说只要宁波的两家钱庄在20万两银子能够挽救的范畴内，他愿意无条件帮忙。胡雪岩很感谢德馨的好意，但是他拒绝接受帮助。他说，眼下危机重重，即使是往里砸银子，也不过是头疼医头，脚疼医脚，不能从根本上解决问题。接受了德馨的20万两银子，等于是宁波的钱庄裂开了一个缝子，虽然现在可能补上了，但是保不准哪一天又有什么地方裂开了，到时候恐怕是问题没解决，还要连累德馨。尽管眼见自己一手创立的钱庄倒闭，是一件极其难过的事情，但是胡雪岩情愿丢弃不能正常发展的，而保住杭州钱庄的声誉。

◇自我提升法则

能够做到坦然放手，一无所有之时，心态自然能够得到调和，已经一无所有，又何必担心会失去呢？丢掉过于沉重的包袱，不害怕失去，便能获得一份心灵的宁静。拿得起，放得下，这才是大丈夫所为。

仔细想想，得与失真的那么重要吗？我们应该有这样一种态度：得到不要太过欣喜，失去也不要太过悲伤，保持一种平和的心态就等于成功了一半。不以物喜，不以己悲，做到心无旁骛，那样，我们就不必活得那么累了！

我们总将自己关在自我的小天地

拥有自己的一片小天地是美好而自由的，但是，长期生活在一个封闭的空间，人只会被圈得更死，久而久之，脱离了社会，也便脱离了生活，生活将毫无意义。我们都应该学着走出自己的小天地，去创造更大更广阔的天地。

著名歌手玛丽安·安德森出道早期，遭遇了事业失败的挫折，于是她整个人意志消沉，整天把自己关在房间里，不与任何人打交道，完全封闭了自己，因为这样，她差点儿要告别舞台。后来，她的经纪人和她进行了一次谈话，经纪人说："你很有才华，现在只是小小的挫折，不要再孤立自己了，敞开胸怀走上舞台，你会发现人们都是那么喜欢你。"听了经纪人鼓励的话，玛丽安恢复了勇气和信心，准备继续为自己喜爱的歌唱事业奋斗下去。

有一天，她兴高采烈地向母亲说道："我要再唱下去！我要每个人都喜欢我！我要创造完美！"母亲听后对她说："亲爱的，这是个令人神往的目标，但是你要知道，人在成就伟大的事业之前，必须向优秀的人学习，不断完善自己，登上更大的舞台，才能充分展示自己的才华。"玛丽安听了深有感触，于是下决心在音乐造诣上追求十全十美，走出孤僻的束缚，向许多音乐大师学习，从而得到了众多歌迷的追捧，成为了乐坛上举足轻重的人物。

一个封闭的空间，就像是一潭死水，永远不会有迷人的风景。给自己留点空间的同时，更应该为别人走进自己的生活留点空间，也为自己走进他人的生活留点空间。玛丽的成功，是因为她把自己放飞，翱翔在除自己之外的天空。

李强是某公司的一名管理人员。有一次，公司产品遭遇退货、赔款，濒临倒闭的危机，正当公司上层领导急得束手无策之时，李强挺身站了出来，提交了一份市场调查报告，发现了问题症结之所在。这样一来，公司一下解决了这个问题，渡过了难关，并且还为公司赚了几千万。李强出色的表现，得到了老总的重视，不久之后就成为全公司上下无所不知的一颗明星。他凭着自己的聪明才智和胆识，又为公司的产品开拓了国际市场，勤勤恳恳，为公司立下汗马功劳。两年内，就为公司赚到上亿的资产，几千万的利润，渐渐的，李强成为公司举足轻重的人。

李强信心百倍，等到公司要提拔销售部总经理一职时，他以为此职非他莫属。然而，最后的结果却出乎他的意料——他没有被提拔。公司董事会本来是要提拔他为公司销售总经理，但在提名的时候，很多人事部门都表示强烈反对，而理由是各部门的员工对他的印象非常不好，负面评价胜过他的功绩，比如不愿与同事来往，不懂人情世故，让人难以接近……所以，大家都觉得，让这样一个闭门造车的人担任公司的销售总经理还不太有足够的资格。

销售部总经理一职就这样被别人夺了去，他只好不情愿地交出自己一手创建和培养成熟的国际市场，这令他非常痛苦和不解。他想不通，自己辛辛苦苦为公司打拼，努力工作，却没有得到应有的回报，公司为什么要这样对待自己呢？自己到底做错了什么？后来，有一个同事告诉了他为什么不能晋升的秘密。原来是他太特立独行，总是一个人独来独往，不愿与同事交流，虽然他本人没有什么清高自傲的意思，但是他的举动留给别人一种自命不凡、高高在上的感觉，于是得不到大家的支持，甚至招来别人的嫉恨。

他恍然大悟,他想起有一次他在外办事,需要公司派人来协助,却不料人还没有到,他马上又把人撤回来了。原来是一些资格较老的人觉得他很"孤傲""目中无人",在工作上从不与他们交流,所以最后事情没有办成。还记得有一次自己出去为公司办理业务,急需一批汇款,他向公司请示了之后,在最后的紧要关头却迟迟没有收到公司的汇票,业务活动就此不得不"泡汤",给了他一个难堪。实际上,是因为之前他自己得罪了公司的一个出纳员,是那个出纳员对他进行了一次报复。因为平时在公司,这个出纳跟他打招呼,他也爱理不理的,就让她以为他没把自己放在眼里。他的这些行为,让公司的人都不喜欢他,所以想尽办法拖他的后腿,让他的工作无法展开。

我们看到,尽管李强工作业绩显赫,但他忽视了与人交往的重要性,只顾着在自己的小天地里打拼,却不愿与人分享和交流。那些他不熟悉的、不放在眼里的小人物,在关键时刻照样会坏他的大事,阻碍他在公司的发展和成功。在这种情况下,他最后也只有伤心地离开公司了。

让我们记住这句话,并努力在当下的生活中实行它:"孤僻地躲在小天地里,只会让我们失去朋友、亲人、同事,因此让我们敞开心扉,迎接别人,这样,自己的舞台才会更宽阔。"西德尼·史密斯所说:"生命是由众多的友谊支撑起来的,爱和被爱中存在着最大的幸福。"没有他人的帮助,我们将寸步难行。

一切根源在于要得太多做得太少

宋代大文豪苏轼说过:"天下者,得之艰难,则失之不易;得之既易,则失之亦然。"这句话告诉我们一个简单的道理,我们想要得到一个东西,就要付出努力去不断争取,这可谓是"失之不易"。否则,要而不做,或少做,我们就得不到或容易失去。凡事要得少一点,而向着自己的选择和目标多努力一点,成功也便近在咫尺了。

对艾伦一生影响深远的一次职务提升是由一件小事情引起的。

一个星期六的下午，一位律师（其办公室与艾伦的同在一层楼）走进来问他，哪儿能找到一位速记员来帮忙——手头有些工作必须当天完成。

艾伦告诉他，公司所有速记员都去看球赛了，如果晚来5分钟，自己也会走。但艾伦同时表示自己愿意留下来帮助他，因为"球赛随时都可以看，但是工作必须在当天完成"。

做完工作后，律师问艾伦应该付他多少钱。艾伦开玩笑地回答："哦，既然是你的工作，大约1000美元吧。如果是别人的工作，我是不会收取任何费用的。"律师笑了笑，向艾伦表示谢意。

艾伦的回答不过是一个玩笑，并没有真正想得到1000美元。但出乎艾伦意料，那位律师竟然真的这样做了。6个月之后，在艾伦已将此事忘到了九霄云外时，律师却找到了艾伦，交给他1000美元，并且邀请艾伦到自己公司工作，薪水比现在高出1000多美元。

一个周六的下午，艾伦放弃了自己喜欢的球赛，多做了一点事情，最初的动机不过是出于助人的愿望，而不是金钱上的考虑。它不仅为艾伦增加了1000美元的现金收入，而且为他带来一项比以前更重要、收入更高的职务。

没想到艾伦是"无心插柳柳成荫"，放弃了自己喜欢的球赛，诚心地助人解决问题，不过就是举手之劳而已，但是不仅得到了1000美元，还拥有了一份更好的职务。生活中，有时就是这样，我们想要去达到的，却不一定就能实现，而我们努力去做了的，却得到了丰厚的回报。少要多做，少说多做，就是这样一个简单的道理。凡事都要抓在手中，放在脑中，只会为自己徒增烦恼，懂得了放下，就得到了轻松。我们总是想要去抓住很多东西，但是我们只有两只手，能抓住的东西毕竟是有限的。

一个老人在池塘里种了一片莲花，莲花盛开的时候，引来众人驻足，啧啧称赞。突然一夜狂风暴雨，第二天池塘里的莲花一片狼藉，惨不忍睹。围观的人们纷纷感叹，无比惋惜。有好心人安慰老人，说："天公不作美，没有体恤你种植的辛苦，你真是太可怜了。"老人却宽心一笑，说：

"这没什么遗憾,更谈不上可怜,我种莲花是为了种植的乐趣,乐趣我早已得到,而莲花的衰败是迟早的,何必为此感伤呢?"众人闻言无语。

做人需要几分淡泊,只有如此才能豁达地面对人生的得失。说到淡泊,那是一种境界,是一种从容不迫的生活态度。有时候现实中的失去或者追求的目标因能力所限而无法达到,并不代表真的没有获得或距离成功很远,只要思想达到了,结果就是一样的。坦然地面对生命中的荣辱、得失、进退,其实是人最可贵的品格。

美国著名作家海明威说:"只要你不计较得失,人生还有什么不能想法子克服?"得失并不是那么重要,不必总是抓住不放,更重要的是,得不到要努力去得到,得到了也不可掉以轻心,要知道如何去留住收获。我们没有必要去要求那么多,或要很多,只要能够把抓在手中的牢牢抓住,就足够了。

不要把想要得到只当作一种无法实现的空想,关键是要去做,要付诸行动。少一些口号,多一些实事求是、脚踏实地,我们才能够得到自己想要的东西。付出多少,得到多少,这是亘古不变的因果法则。也许你的投入无法立刻得到相应的回报,不要气馁,应该一如既往地多付出一点。这样回报就可能于不经意间,以出其不意的方式来到你面前。记住,少要多做,你能够把事情做得更好,千万不能捡了芝麻丢了西瓜,行动才是制胜的法宝。

自己不气,又何来烦恼

生活并非时时如意,悲伤的心境可能随时来袭,这让我们徒生许多烦恼。其实,很多情绪是可以掌控的,关键是看自己的调节——心平气和,泰然处之,一笑置之,也不失为一种良方。凡事不要太过固执,想开了,烦恼自然就随风飘走了。

心有执念的人,在心中总是有着一股怨气,这是因为太把烦恼当回事了。当我们容许生活的琐事来掌控自己的情绪时,本身就已经成为一个烦恼的受害者了，当对发生的现状无能为力的时候，抱怨与愤怒便成了唯一释放的选择。生气就是在用别人犯下的过错来惩罚自己。既然如此，又何必生气呢？

生气的时候，给自己一点空间和时间，如果站着和坐着都不能平复的话，那就请躺下来。抛弃烦恼的方法很简单，自己持有一颗平常心，任"风吹"和"雨打"，都不能撼动自己的世界。莫生气，因为生气伤身又伤神。每个人都有自己的情绪，要学会控制，否则，有些过分的语言和行为，会误事更会伤人。稳定情绪，解脱自己，才是当务之急！

有一个叫爱地巴的人，他有一个特殊的习惯：每次生气或者和人起争执的时候，就以很快的速度跑回家去，绕着自己的房子和土地跑三圈，然后坐在田边喘气。

爱地巴工作非常勤劳努力，他的房子越来越大，土地也越来越广。但不管房地有多广大，只要与人争论而生气的时候，他就会绕着房子和土地跑三圈。

"爱地巴为什么每次生气都绕着房子和土地跑三圈呢？"所有认识他的人，心里都感到疑惑，但是不管怎么问他，爱地巴都不愿意明说。

直到有一天，爱地巴老了，他的房和地也已经太大了，他生了气，拄着拐杖艰难地绕着土地和房子转，等他好不容易走完三圈，太阳已经下山了，爱地巴独自坐在田边喘气。

他的孙子看到后恳求他说："阿公！您已经这么大年纪了，这附近地区没有人的土地比您的更广大，您不能再像从前，一生气就绕着土地跑了。还有，您可不可以告诉我您一生气就要绕着土地跑三圈的秘密？"

爱地巴终于说出隐藏在心里多年的秘密，他说："年轻的时候，我一和人吵架、争论、生气，就绕着房地跑三圈，边跑边想自己的房子这么小，土地这么少，哪有时间去和人生气呢？一想到这里，气就消了，把所有的时间都用来努力工作。"

孙子问道："阿公！您现在老了，又变成最富有的人，为什么还要绕着房子和土地跑呢？"

爱地巴笑着说："我现在还是会生气，生气时绕着房子和土地跑三圈，边跑边想自己的房子这么大，土地这么多，又何必和人计较呢？一想到这里，气也就消了。"

每一位优秀人物的身旁总会萦绕着各种纷扰，对它们保持沉默要比寻根究底明智得多。生活中有些事情或许你永远不会习惯，但这样的日子你还得一天一天地过下去，在这些俗世的纷扰中，我们应当保持一种温和平静的心态，从容地去面对。生活不会给我们重来的机会，你是愿意在生气中度过，还是想要在快乐中享受？这道人生的选择题，在你的心中应该早就有明确的答案了，那就尊重你自己的选择，前进吧！

境由心生，顺其自然

不要幻想生活总是那么圆圆满满，也不要幻想在生活的四季中享受所有的春天，每个人的一生都注定要跋涉沟沟坎坎，品尝苦涩与无奈，经历挫折与失意。在漫漫旅途中，失意并不可怕，受挫也无需忧伤。只要心中的信念没有萎缩，只要自己的季节没有严冬，即使大雪纷飞，也能听到春天到来的喜讯。艰难险阻是人生对你另一种形式的馈赠，坑坑洼洼也是对你意志的磨砺和考验。落英在晚春凋零，来年又灿烂一片；黄叶在秋风中飘落，春天又焕发出勃勃生机。这何尝不是一种达观，一种洒脱，一份人生的成熟，一份人情的练达。

就用得失来说吧，太多的人追随着"得"的脚步，而对"失"嗤之以鼻，他们因为得到而欣喜若狂，因为失去而烦恼不已。其实，这其中最高的境界是"不以物喜，不以己悲"，明白得到也会失去，失去未必就不是一种得到的道理，你就不会因为得与失而不知道该如何控制自己的情绪，顺其自然发展就好，切莫大喜大悲。有句话说"希望越大，失望越大"，凡事看淡一点，生命也便会清凉一些。

一位政客到寺庙上香，结识了一位整日待在寺庙中念经的小和尚。政客问:"小师父,每天都待在黑暗的大殿里念经诵佛,不枯燥吗?难道你不愿意到外面的世界去吗?"

刚刚皈依佛门的小和尚不解地问:"为什么呢?"

"外面的世界多好啊!宽敞明亮,要什么有什么,不愁吃喝,又何必在这里做苦行僧呢。"

"可我现在也很好啊。我每天一心向佛,佛祖赐我屋檐遮挡风雨,风吹不着头、雨打不着脸,还可以天天和师父交流得道的乐趣。"

"可是你自由吗?"

"……"小和尚沉默了。

于是,政客把小和尚带出了寺庙,为他安排在了一个富贵人家住下。随后,政客忙于政务,把这件事情忘记了。过了整整一年,政客忽然想起了小和尚,就去看望他。

他问小和尚:"小师父,你过得还好吗?"

小和尚回答:"我过得还好。"

"那好,你能说说在这个精彩的世界里的感受吗?"政客很真诚地说。

小和尚长叹一声,说:"唉,这里什么都好,我每天早上一醒来看见满院的佛光普照,比起我以前的那个小寺庙好多了。只是,这寺庙太大了。"

困扰我们眼前生活的绳结同样存在,并且有可能就在我们的心中。在你不能理清的时候,不如毅然地割断它。古希腊的佛里几亚国王葛第士,以非常奇妙的方法在战车的辕上打了一串结。他预言:谁能打开这串结,谁就可以征服亚洲。一直到公元前334年,仍然没有一个人能成功地将结打开。这时亚历山大率领军队入侵小亚细亚,他来到葛第士绳结的车前,毫不犹豫地拔剑砍断了绳结。后来,他果然占领了比古希腊大50倍的波斯帝国。聪明的人不会固守一种解开心结的方法,想简单一点,顺势就把问题解决了。

人之所以不幸福,就是因为不能够活得单纯;其实,不要去刻意追求什么，不要向生命去索取什么，不要刻意给自己塑造形象，其实，顺其自然本身就是一种幸福。

龙王与青蛙一天在海滨相遇，打过招呼后，青蛙问龙王："大王，你的住处是什么样的？""珍珠砌筑的宫殿，贝壳筑成的阙楼，屋檐华丽而有气派，厅柱坚实而又漂亮，"龙王反问了一句，"你呢？你的住处如何？"青蛙说："我的住处绿藓似毡，娇草如茵，清泉潺潺。"说完，青蛙又向龙王提了一个问题："大王，你高兴时如何？发怒时又怎样？"龙王说："我若高兴，就普降甘露，让大地滋润，使五谷丰登；我若发怒，则先吹风暴，再发霹雳，继而打闪放电，叫千里以内寸草不留。那么，你呢？青蛙！"青蛙说："我高兴时，就面对清风朗月，呱呱叫上一通；发怒时，先瞪眼睛，再鼓肚皮，最后气消肚瘪，万事了结。"

不同的生命个体各有各自的快乐，在于自己对自己生活的一种顺其自然的满足。人活在世上都要扮演一定的角色，或许你的生活很简单、很平凡，但是你也会有自己的幸福。我们看到，有些人，他们活着，却没有时间去多愁善感；爱着，他们却不懂怎么诠释爱情；他们满足，因为他们没有奢望生活过多的给予；他们简单，不用在人前掩饰什么。他们也许连幸福是什么都不知道，然而，真正幸福的就是这么一群随心而动、随性而活的人。

其实，人生中不如意事十之八九，得失随缘，不要过分强求什么，不要一味地去苛求些什么。世间万事转头空，名利到头一场梦，想通了，想透了，人也就透明了，心也就豁然了。名利是绳，贪欲是绳，嫉妒和褊狭都是绳，还有一些过分的强求也是绳。牵绊我们的绳子很多，一个人，只有摆脱这些心的绳索，才能享受到真正的幸福，才能体会到做人的乐趣。不要被世俗的绳结羁绊，听从内心真切的呼唤，便能享受属于自己的幸福。

冷静可以让你转危为安

人生就是一个大考场，面对各种各样、大大小小的考试，紧张似乎成了家常便饭。但是，考试的经验告诉我们，紧张在加速心跳的同时，也发动了失败的引擎，因为紧张使你思绪混乱，看不清时局，让自己方阵大乱。当考验来临时，我们需要的是一种"泰山崩于前，我自岿然不动"的冷静心态，而不是一种让自己迷失方向的紧张情绪。

一群年轻人都是经历了重重考验才被选出来的佼佼者，现在，他们正面临最后的考验——一场定时15分钟的考试。谁通过了这次考试，谁就有机会进入这家著名的跨国公司。试卷上共有40道题，题量大，涉及的知识面很广，这完全出乎大家的意料——这么多题，一刻钟的时间实在是太仓促了。许多人一拿到试卷，连半秒钟也不想浪费，立刻做起题来，全然不顾监考官所说的："请大家先将试卷浏览一遍，看清要求再答题。"

虽然许多考生因为没有答完而显得非常的不情愿，但试卷在一刻钟之后还是全部收完。总经理来到考场，当场亲自批阅试卷。他很快地翻遍所有的试卷，然后从中挑出了5份。这5份试卷的卷面有一个共同的特点，即1～37题全都没做，仅回答了最后3个问题。而其他试卷上的答题情况看上去则好得多，做了前面的不少题目，最多的一个人做到了第29题。

总经理当场宣布，公司将录用那5个只答了最后3道题的年轻人。在众人的一片惊讶、责问声中，监考官道出了秘密——原来秘密就藏在第37题中，它的内容是：前面各题都可以不回答，只要答好最后3道题即可。

这次测试是很成功的。那5个人后来的表现都非常优秀。特别是在风云变幻的商场上，他们遇事从来不慌张，总是能举重若轻，冷静地分析问题，提出正确的应对措施。由于具备这种素质，他们不久都做到了中层管理人员。3年后，有一位还被破格提拔为副总经理。

能干大事的人往往是能沉得住气的人。遇事不要先把自己的心提到嗓子眼，让自己很紧张，这样一来，哪怕别人已经对你有善意提醒，也会因此而充耳不闻。做任何事情之前，最忌讳的就是提起来就做，不给自己留思考和阅览的时间，人生的考试不止是看你答了多少内容，而是看你有没有答对题。凡事处变不惊，便能运筹于帷幄之中，而决胜于千里之外。

◇自我提升法则

　　一个人从倒了的墙里挖出了一坛金子，他一夜暴富。有了钱之后这个人想让自己变得更聪明一些，于是，他就向一位老人诉苦，希望老人能指点迷津。老人告诉他："你有钱，别人有智慧，你为什么不用你的钱去买别人的智慧呢？"

　　于是他就来到城里，见到一个智者，就问道："你能把你的智慧卖给我吗？"智者答道："我的智慧很贵，一句话100两银子。"那个人说："只要能买到智慧，多少钱我都愿意出！"于是那个智者对他说道："遇到困难不要急着处理，向前走三步，然后再向后退三步，往返三次，你就能得到智慧了。""智慧这么简单吗？"那人听了将信将疑，生怕智者骗他的钱。

　　智者从他的眼中看出他的心思了，于是对他说："你先回去吧，如果觉得我的智慧不值这些钱，那你就不要来了，如果觉得值，就回来给我送钱！"当晚回家，在昏暗中，他发现妻子居然和另外一个人睡在床上，顿时怒从心生，拿起菜刀准备将那个人杀掉。突然，他想到白天买来的智慧，于是前进三步，后退三步，做了三次，突然间，那个与妻同眠者惊醒过来，问道："儿啊，你在干什么呢？深更半夜的！"

　　那人听出是自己的母亲，心里暗惊："若不是白天我买来的智慧，今天就错杀母亲了！"第二天，他早早地就给那个智者送钱去了。

　　其实，智者的方法就是让人在做事情之前有一段冷静思考的时间，故事中的那个人如他所说的做了，便在冷静中控制了自己的邪念，而最终才没有犯下不可饶恕的罪过。有人说过这样的话："人一旦发脾气，就等于在人类进步的阶梯上倒退了一步。"我们在遇到不如意的事情时，常常会不分青红皂白地大发雷霆。和别人生气的时候，要注意控制自己的情绪，既不要把自己的愤怒压抑在心底，也不要将愤怒向别人发泄，而是找出一个缓解愤怒情绪的合理步骤。让自己的情绪缓一缓，等自己的内心平静了再做决定。很多悲剧都是由于一时冲动和鲁莽造成的，如果我们遇事能够保持冷静，等了解事情真相后再做决定，那么很多悲剧就可以避免。

剑桥大学托马斯·沃森教授说过这样一句话："人生要获得成功，有两种能力是不可或缺的，即思维能力和行动能力。二者相辅相成，缺一不可。"光有行动没有冷静的头脑是不行的。行动中最重要的就是冷静，沉着、冷静能够使你的头脑变得更加清晰、更有智慧，从而使你的行动能够达到预期的目的。

角度不同，结果自然不同

在我们周围，很多人在面对困难、失败、烦恼等情况时，总是喜欢把自己逼到一个死胡同里面去，让自己无法从悲观低沉的情绪中解脱出来。这是因为自己过于执着于一个方向、一个角度、一个逻辑了，导致自己无法原谅自己，而这只会让坏的更糟糕，好的更膨胀。遇到问题的时候，我们不妨试着改变一种想法和态度，尝试站在不同的角度来思考，或许这样你能看到不一样的状况——好的未必好，坏的未必糟。就像是乌云风雨后，你便会看到彩虹般简单。

约翰从小生活在一个环境很好的家庭，备受父母宠爱。后来他考上了剑桥大学，读了一个自己喜欢的专业。毕业后也没费什么周折，进了一家大型企业。那年，他才20岁，是一个刚步入社会的毛头小伙子。

约翰满怀希望地走上了工作岗位。然而，接下来的一切却是他始料未及的：单位的人际关系非常复杂，而他却是那么单纯，甚至有些天真，他说话做事率性而为，不懂得收敛。渐渐地，他听到了一些议论，说他年轻气盛，做事毛躁，等等。从小就养尊处优惯了的他，那一段日子很是沮丧。

一天，苦恼的约翰在大街上遇到了学校的教授，他把在单位遇到的种种不愉快说给教授听。教授给他讲了一个故事：有一个人在一次车祸中不幸失去了双腿，朋友和亲戚都来慰问。而他却说："这事的确很糟糕。但是，我却保住了性命，并且我通过这件事认识到，原来活着是一件这么美好的事情——而以前我却从未这样清醒地认识过。现在，你们看，我不是一样顺畅地呼吸，一样欣赏天边的云朵和窗边的野花？我失去了双腿，却也得到了比以前更加珍贵的生命。"

教授说:"这个遭遇车祸的人是个智者,他知道失去了双腿是既定的事实,哪怕再痛苦也改变不了。所以,他换了一个角度。同样一件事情,他能够找到积极的那一面。而你,"教授顿了顿,接着说,"和同事之间相处得不愉快,作为一个刚刚走上社会的新人来说这是正常的。单位毕竟不是家庭,会有各种各样的矛盾。你应该换个角度把这种不愉快看作是对自己的磨炼,通过这种磨炼使自己尽快成熟起来。从这个角度看,你现在所面临的境况,恰恰是你成长过程中的一笔财富。"

教授的一番话让约翰豁然开朗。回到单位之后,每当遇到不顺心的事情,他就想,换个角度是一件好事情,它至少说明我有不足甚至不对的地方,我得改变自己。如果确实不是自己的问题,他也不再像以前那样气恼,而是想:"换个角度,说明别人对我的要求比较高,我得加把劲儿。"同样一件事情,过去给他带来的是烦恼、苦闷,而现在带给他的,则是积极向上的动力。

换了一个角度,面对同样的一件事情,便能够找到积极的那一面。换个角度,把不愉快看作是对自己的磨炼,通过这种磨炼使自己尽快成熟起来。

当下生活,不能事事都如自己所愿,总是按照自己所预想的方向发展,人活着不能太自我,以至于忘记了自己生活在社会中,生活在人际的圈子中,与人打交道,就应该多替他人着想,把自己放在场景中去,设身处地地思考自己该如何应对,这样一来,我想,问题也便迎刃而解了。

做事情不要在"一棵树上吊死",不要太过于执拗,特立独行不是做真实的自己,而是封闭了自己,尝试着把自己的空间打开,让别人也能走进来。有时绝望孕育着希望,失去意味着新收获的来临。当你面对生活中的不如意时,不要放弃,不要以为迎接自己的就是失去,也许换个角度,就跨越了得与失的界限。

无法改变现状，就改变态度

你是否见过这样一些人，他们总是喜欢怨天尤人，犯了错，不愿意在自己的身上找原因，只会一味地抱怨社会的不公平。并且我们常常以为自己通过抱怨可以博得别人的同情，但其实这就就像鲁迅笔下的祥林嫂一样，不幸的事情在别人的耳朵里已经长茧，当初的同情也可能化成嘲笑，成为别人茶余饭后的笑谈。而对于我们每一个人来说，遇到不幸的事情，抱怨根本不能让失去的东西重新得到，反而更加影响自己的生活，失去的越来越多。如果你无法改变现状，那就尝试改变自己的态度。

有两个人在大海上漂泊，想找一块生存的地方。他们首先到了一座无人的荒岛，岛上虫蛇遍地，处处都潜伏着危机，条件十分恶劣。其中一个人说："我就在这儿了。这地方虽然现在差一点，但将来会是个好地方。"而另一个人不满意，于是他继续漂泊，后来他终于找到一座鲜花烂漫的小岛，岛上已有人家，他们是18世纪海盗的后裔，几代人努力把小岛建成了一座花园。他便留在这里做了小工，生活不好不坏。

过了很多年，一个偶然的机会，他经过那座他曾经放弃的荒岛，于是决定去拜访老友。岛上的一切使他怀疑是否走错了地方：高大的屋舍、整齐的田畴、健壮的青年、活泼的孩子……老友已因劳累、困顿而过早衰老，但精神仍然很好。尤其当说起变荒岛为乐园的经历时，更是神采奕奕。最后老友指着整个岛说："这一切都是我双手干出来的，这是我的岛屿。"那个曾经错过小岛的人此时不但没有愧疚，而且还抱怨说："为什么上天这么厚爱你，当时如果你要留我在这个岛上，也许会比现在更好。"

当一个人开始抱怨的时候，他不会看到生活中美好的东西。比如会抱怨自己的生活条件不佳，这不仅不能为改善自己的生活起到任何作用，反而影响到为自己创造更好条件的机会和时间，如果说将抱怨的时间用来努力想办法改善自己的生活条件的话，那么很可能当初和自己条件相当的人在一年之后仍然在抱怨，而自己却已经在咖啡厅里悠闲的欣赏高雅的乐曲了。所以说抱怨远远不如调整好自己的状态，努力地改变现状，这样更容易使自己摆脱困境。

在生活中，我们事事要求公平，要求按照自己的意愿发展。如果稍出差错就觉得老天对自己不公平，抱怨或牢骚就产生了。抱怨是一种心理不平衡的反应，是一种追求完美的心理和情绪化心态的外在表现。你周围有没有这样的朋友？他每天都会有许多不开心的事，总在不停地抱怨。你喜欢和这样的人打交道吗？生活中，每个人都会遇到烦恼，明智的人会一笑了之，因为有些事是不可避免的，有些事是无力改变的，有些事情是无法预测的。能补救的应该尽力补救，无法改变的就该坦然面对，调整好自己的心态做该做的事情。

虽然有时候我们常常会因为遇到了困难而暴躁不安，可是苦难不会因为你的暴躁而消失。当我们苦闷的时候可以换一个角度来思考问题，告诉自己这是很平常的事情。充满信心，昂首挺胸地迎接生活的挑战才是打好胜仗的前提条件。人生处处都有希望，只要你想去做，尽力做，就能做得更好。有句话说得好："虽然我们不能改变周遭的世界，我们就只好改变自己，用慈悲心和智慧心来面对这一切。"

第五章

你对了，世界就对了

第一节 工作是自己的，抱怨不如改变

"庸马"和"驽马"在抱怨

有一天，佛陀坐在金刚座上，开示弟子们道：

"世间有四种马：第一种良马，主人为它配上马鞍，驾上缰头，它能够日行千里，快速如流星。尤其可贵的是当主人一抬起手中的鞭子，它一见到鞭影，便能够知道主人的心意，迅速缓急，前进后退，都能够揣度得恰到好处，不差毫厘，这是能够明察秋毫、洞察先机的第一等良驹。

"第二种好马，当主人的鞭子打下来的时候，它看到鞭影不能马上警觉，但是等鞭子打到了马尾的毛端，它也能领受到主人的意思，奔跃飞腾，这是反应灵敏、矫健善走的好马。

"第三种庸马，不管主人几度扬起皮鞭，见到鞭影，它不但迟钝毫无反应，甚至皮鞭如雨点地挥打在皮毛上，它都无动于衷。等到主人动了怒气，鞭棍交加打在结实的肉躯上，它才能有所察觉，顺着主人的命令奔跑，这是后知后觉的庸马。

"第四种驽马，主人扬起了鞭子，它视若无睹；鞭棍抽打在皮肉上，它也毫无知觉；等到主人盛怒了，双腿夹紧马鞍两侧的铁锥，霎时痛刺骨髓，皮肉溃烂，它才如梦初醒，放足狂奔，这是愚劣无知、冥顽不化的驽马。"

庸马和驽马是职场中许多平庸员工的生存写照。他们总是抱怨老板对他们太苛刻，工资太低，抱怨公司没有为他们提供更好的舞台，没有给他们以施展才华的机会。

职场中，数不清的庸马和驽马正在拼命地为自己的失败寻找借口，造成了职场人生的萎靡与黯然。相比之下，"良马"式员工从不会寻找理由为自己的行为开脱，更不会去抱怨自己的处境与外在的人与事。他们任何时候坚守着自己的信念，让自己朝着卓越奋进！下面故事中讲到的布莱克，就是"良马"式人物的典范。

罗杰·布莱克，一位体育界的成功人士，他曾获奥林匹克运动会400米银牌和世界锦标赛400米接力赛的金牌，可他的出色和优秀并不仅仅是因为他令人瞩目的竞技成绩。更让人为之动容的是，他所有的成绩是在他患心脏病的情况下取得的，他没有把患病当作自己的借口。

除了家人、医生和几个亲密的朋友，没有人知道他的病情，他也没向外界公布任何的消息。当在第一次获得银牌之后，他对自己并不满意，倘若他如实地告诉人们他的身体状况，即使他在运动生涯中半途而废，也同样会获得人们的理解与体谅的，可罗杰并没有这样做，他说："我不想小题大做地强调我的疾病，即使我失败了，也不想以此为借口。"

通过这个故事，我们可以发现，真正优秀的人从来不去抱怨环境给予了自己什么，也不会为了自己的失败找寻任何的借口。他们只会勇敢地面对生活，即使面临委屈的处境，也不会觉得难过。可是，在职场中，很多人却在一直为自己找寻借口。这样的人，注定了只能做"庸马"和"驽马"，而不会走向成功。

带着怨气不如带着快乐工作

旋！旋！旋！满满的一车螺丝钉都要旋出来！对于刚做旋车工的萨姆尔来说，他似乎觉得自己的一生都要消磨在旋钉子这件琐事上了。他满腹牢骚，老想着自己干什么别的不好，偏偏一定要来这旋钉子呢？就算他把这一大堆的螺丝钉都旋完了，过一会儿马上又会有另一车堆在原来的地方，然后，自己又得不停地旋啊！旋啊！这一切多么可怕呀！

在第二架旋车上的旋车工荷维德听了萨姆尔的埋怨，也很郁闷地叹了口气，以表同情。他和萨姆尔一样，也很讨厌这份工作。

有什么办法呢？难道去找工头说：以自己的能力，做这种简单的体力活简直就是大材小用，因此，我希望得到另外一份更好的工作？但是，可以想象得到工头听到这些话时的轻蔑神情。要么，干脆就辞职不干了，另外再去找一份工作？这可是他费了九牛二虎之力才找到的一份工作啊！萨姆尔是绝对不能轻易辞掉的。

难道就没有别的办法来改变这种讨厌的工作吗？办法总归会有的，关键在于你肯不肯动脑子去思考。当萨姆尔想到这一点时，他立刻想出一个很聪明的方法，可以使这种单调乏味的工作变成一件很有趣味的事——他要把它变成一种游戏。他转过头来对他的同伴说："让我们来比赛比赛吧，荷维德。你在你的旋机上磨钉子，把外面一层粗糙的东西磨下来。然后，我再把它们旋成一定的尺寸。我们比一比，看谁做得快。过一会儿如果你磨钉子磨烦了，我们再换着做。"

荷维德同意了他的建议，于是，他们俩之间的比赛马上就开始了。这样一来，果不其然，工作起来并不像以前那么烦闷啦，而且工作效率还比以前提高了。不久，工头便给他们调换了一个较好的工作。

这位聪明的年轻人萨姆尔就是后来鲍耳文火车制造厂的厂长。

萨姆尔并不是咬紧他的牙齿，好像受酷刑一样去从事自己所痛恨的工作，而是把工作变成了一种游戏，使自己做起来饶有趣味。后来他说：

◇自我提升法则

"如果你不能在你所从事的工作中闯一条路出来，你就应该换一个工作试一试。"

这是一个很好的忠告，但是秘诀便在寻求的方法上，一味地埋怨和厌烦是无法找到的，而是要通过一种更好的方法去做到这一点。

安德鲁·卡内基曾说过："如果一个人不能在他的工作中找出点'罗曼蒂克'来，这不能怪罪于工作本身，而只能归咎于做这项工作的人。"

卡内基之所以能够取得巨大成功，主要原因就在于他既知道享受生活中的快乐，而且还能以工作为乐。

决定将来的工作是一种快乐还是一种折磨，多半取决于你对工作的态度，而不在于工作本身。如果你能将你事业的第一块基石安放在有价值的生活根基上，你就可以使工作成为一种享受。

一个人的降生，便是表示他在自然界中最大的游戏——生活的游戏中被选为选手之一。如果你能让自己主动加入这一伟大的游戏中，你所体验到的震惊该会是相当巨大的！每一个黎明便是一个新的召唤，每一次跌倒后的爬起来都是一个新的起点。

你昨天失败过，那又有什么关系，今天新升的太阳又会给你带来一个崭新的机会，让你好好重新开始。如果你能将每天的生活视为一种去克服暂时的困难的机会，你每天得胜的机会便比前一天多。每天早晨，当你睁开双眼的时候，你便可以看到新的机会、新的得胜的可能、新的可得的奖品、新的可学的规则以及新的竞争者。

尽情地享受生活还是以生活为苦役，这一切都要看你自己的选择。

对于你所从事的工作，应当抱有一种积极乐观的态度，这样，你才可以做得更好。只有比别人做得更好，你才能脱颖而出。如果你能尽自己最大的努力去做自己的工作，不错过每一个机会，这样一直坚持不懈地努力下去，胜利总会在某个地方拥抱你的。

你的工作就是你的事业

拿破仑说过:"不想当将军的士兵不是好士兵。"同样,在老板看来,不想当老板的职员也不会是好职员。老板喜欢和自己一样对待工作的职员,喜欢敬业负责,把每一份工作都当成自己的事业来对待的职员。这样的员工不仅是老板事业上的合伙人,而且也是工作中追求卓越,不断超越老板期望,忠诚敬业,最具领导潜质的员工。

彼得和杰克同在一个车间里工作,每当下班的铃声响起,杰克总是第一个换上衣服,冲出厂房;而彼得总是最后一个离开,他十分仔细地做完自己的工作,并且在车间里走一圈,确信没有问题后才关上大门。

有一天,杰克和彼得在酒吧里喝酒,杰克对彼得说:"你让我们感到很难堪。"

"为什么?"彼得有些疑惑不解。

"你让老板认为我们不够努力。"杰克停顿了一下又说,"要知道,我们不过是在为别人工作。"

"是的,我们是在为老板工作,但更是为自己的梦想而工作。"彼得的回答十分肯定有力。

在彼得看来,自己在为他人工作的同时,也是在为自己工作——不仅为自己赚到养家糊口的薪水,还为自己积累了工作经验,工作带给他的是远远超出薪水的东西。

从某种意义上来说,工作真正是为了自己,工作是属于自己的一份事业。

15岁那年,齐瓦格家中一贫如洗,只受过短暂学校教育的他到了一个山村做了马夫。然而齐瓦格并没有自暴自弃,他无时无刻不在寻找着发展的机遇。3年后,齐瓦格来到钢铁大王卡内基下属的一个建筑工地打工。一踏进建筑工地,齐瓦格就抱定了要做同事中最优秀的人的决心。当其他人在抱怨工作辛苦、薪水低而怠工的时候,齐瓦格却默默地积累着工作经验,

◇自我提升法则

并自学建筑知识。

一天晚上，同伴们在闲聊，唯独齐瓦格躲在角落里看书。那天恰巧公司经理到工地检查工作，经理看了看齐瓦格手中的书，又翻开他的笔记本，什么也没说就走了。第二天，公司经理把齐瓦格叫到办公室，问："你学那些东西干什么？"齐瓦格说："我想我们公司并不缺少打工者，缺少的是既有工作经验，又有专业知识的技术人员或管理者，对吗？"经理点了点头。

不久，齐瓦格就被升为技师。打工者中，有些人讽刺挖苦齐瓦格，他回答说："我不光是在为老板打工，更不单纯为了赚钱，我是在为自己的梦想打工，为自己的远大前途打工。我们只能在业绩中提升自己。我要使自己工作所产生的价值，远远超过所得的薪水，只有这样我才能得到重用，才能获得机遇！"抱着这样的信念，齐瓦格一步步升到了总工程师的职位上。

25岁那年，齐瓦格又做了这家建筑公司的总经理。

卡内基的钢铁公司有一个天才的工程师兼合伙人琼斯，他在筹建公司最大的布拉德钢铁厂时，发现了齐瓦格超人的工作热情和管理才能。当时身为总经理的齐瓦格，每天都最早来到建筑工地。当琼斯问齐瓦格为什么总来这么早的时候，他回答说："只有这样，如有什么急事，才不至于耽搁。"工厂建好后，琼斯推荐齐瓦格做了自己的副手，主管全厂事务。两年后，琼斯在一次事故中丧生，齐瓦格便接任了厂长一职。因为齐瓦格的卓越管理艺术及认真工作态度，布拉德钢铁厂成了卡内基钢铁公司的灵魂。几年后，齐瓦格被卡内基任命为钢铁公司的董事长。

当然，我们讲这个故事，并不是说只要努力，你就一定能够成为老板，而是说我们应当学习齐瓦格这种把工作当成自己的事业来对待的敬业精神和事业心。事实上，如果你能够以对待事业的态度来对待工作中的每一件事，并把它们当成使命，你就能发掘出自己特有的能力，即使是烦闷、枯燥的工作，你也能从中感受到价值，在完成使命的同时，你的工作也会真正变成一项事业。

是你需要工作，而不是工作需要你

清水原来是一名橡胶厂工人，后来转行做了邮差。在最初的日子里，他没有尝到多少工作的乐趣和甜头，于是在做满了一年以后，便心生厌倦和退意。这天，他看到自己的自行车信袋里只剩下一封信还没有送出去时，他便想：把这最后的一封信送完，就马上去递交辞呈。

然而这封信由于被雨水打湿，地址模糊不清，清水花费了好几个小时的时间，还是没有把信送到收信人的手中。由于这将是他邮差生涯送出的最后一封信，所以清水发誓无论如何也要把这封信送到收信人的手中。他耐心地穿越大街小巷，东打听西询问，好不容易才在黄昏的时候把信送到了目的地。原来这是一封录取通知书，被录取的年轻人已经焦急地等待好多天了。当年轻人终于拿到通知书的那一刻，他激动地和父母拥抱在了一起。

看到这感人的一幕，清水深深地体会到了邮差这份工作的意义所在。"即使是简单的几行字，也可能给收信人带来莫大的安慰和喜悦。这是多么有意义的一份工作啊！我怎么能够辞职呢？"

在这以后，清水更多地体会到了工作的意义和自己肩负的使命感，他不再觉得乏味与厌倦，他深深地领悟了职业的价值和尊严。这样他一干就是25年。从30岁当邮差到55岁，清水创下了25年全勤的空前纪录。他在得到人们普遍尊重的同时，也于1963年得到了日本天皇的召见和嘉奖。

可见，使命感是一个人积极工作的内在动力。找到了心中的使命感，明白了工作的意义，你就会充满激情地投入到自己的工作中去。

下文中的费兰德这样做了，他获得了成功。

30年前的费兰德是一个还不到13岁的少年，但谁会想到，这个孩子竟会把自己的人生目标不可思议地定在纽约大都会街区铁路公司总裁的位置上。

为了实现这个目标，费兰德从13岁开始就与一伙人一起为城市运送冰块。虽然没有上过几天学，但他总是利用一切闲暇时间学习知识来充实自己，并且想尽办法向铁路工作靠拢。

18岁那年，经朋友介绍，他进入了铁路行业，在长岛铁路公司的夜行货车上当一名装卸工，他觉得这是一个难得的机遇。尽管每天的工作又脏又累，但他始终保持着一份快乐的学习心态，因此受到上司的赏识，被安排到铁路上，开始了检查铁轨和路基的工作。虽然每天只能赚1美元，但费兰德觉得他已经在向铁路公司总裁的职位迈进了。

随后，他又被调到铁路扳道工的岗位上。在这里，他仍一如既往地勤奋工作，并利用空闲时间帮主管们做一些力所能及的工作，他认为这样可以学到一些更有价值的东西。

后来，他回忆说："记不清有多少次，我不得不工作到午夜十一二点钟，才能统计出各种关于火车的赢利与支出、发动机耗量与运转情况等相关数据。但也正是通过这些工作，我迅速地掌握了铁路各个部门具体运作情况的第一手资料。通过这种途径，我对这一行业所有部门的情况了如指掌。"

尽管在以后的工作生涯中，费兰德一直在不停地调换工作部门，但无论做什么工作，他都没有忘记自己的目标和使命，不断地补充自己的铁路知识。很快，大家都知道他是一个雄心勃勃的年轻人。现在，费兰德已是公司的总裁，他依旧废寝忘食地工作。他每天负责指挥运送100万乘客，迄今为止也没有发生过重大的交通事故。

弗兰德的成功向我们证明：对于一个具有强烈使命感的员工而言，没有什么是不能改变的，也没有什么是不能实现的。

工作是一个价值体现的机会，应该是一种幸福的差事，我们有什么理由把它当作苦役呢？有些人抱怨工作本身太枯燥，然而，问题往往不是出在工作上，而是出在这些人自己身上。

如果你能够在工作中发现自己的使命，并努力从工作中发掘自身的价值，你就会发现工作是一件非做不可的乐事，而不是一种惹人烦恼的苦役。

任何时候，都要记住：是你需要工作，而不是工作需要你。带着这样的思想去工作，你才能成为真正敬业的员工。

蔑视工作就是否定自己

很多人都觉得自己的工作不如意，不足以让自己发挥出最大的人生价值。其实你现在的工作就是你发挥的平台，也是你实现自我价值的最佳选择。你的工作就是你的事业，是你的身份的代言人。如果不能认真努力的对待你的工作，那么你也将不能很好的做自己，也不会得到别人的认可。

让·菲利普在底特律一家家电企业工作。

在他刚刚开始工作时，他只是这家企业下设的一个电器商店的普通店员。菲利普每天的工作是清扫店铺，并协助销售员搬运货物，将顾客选好的货物送到指定的地方。

菲利普努力工作了10年，在这10年里，菲利普为家用电器销售业作出了非常出色的贡献，他们的连锁店以每年1到2家的速度递增着。在连锁店开到第20家时，尽管他是这个集团的核心指挥，尽管他一直被委以重任，但他的想法却发生了转变。

菲利普回想自己全力工作的10年，他一直以工作为他的生命核心，他每天从早忙到晚，工作总是占据着他所有的时间，还有数不清的应酬——虽然他乐于交际，但这么长时间过去了，他终于开始厌倦自己的工作，他对自己说：

"我实在厌倦了商场中的利害关系，也感到了疲倦。所以我应该辞掉工作，到一个风景秀丽的小岛上，过悠闲愉快的生活。"

让·菲利普经过认真考虑，作出了决定。虽然所有人都反对他的决定，并尽力挽留他，但他还是辞掉了自己的工作，带着多年的积蓄，来到南方一个迷人的小岛上，打算在此长期生活下去。10天过去了，他却无法找到初来这里时的欣喜。因为没有任何事情可做，他闲得发慌。最后，他得出了这样的结论：以前他总是勾画在南方生活的蓝图，那只不过是对现实的逃避，也是放松自己的需要，那并不是自己最真实的需要。当这种因为疲倦而产生的向往一旦满足，他就无法再从中体会满足感与幸福感。

而与逃避现实的想法相比，直面现实，在现实中创造生命的价值，实现自己真正的愿望，才能给予自己真正的幸福与满足。

可见，人只有在工作中才能实现自己的价值。

美国第二代移民安松尼·阿司特，年轻时曾在纽约街上，靠着帮行人擦皮鞋为生。那时候，还不会说流利英文的他，擦鞋功夫既高明又迅速，虽然他一贫如洗，却以他的工作为荣。

即使三餐不继，他也不以贫穷为苦，虽然个性内向羞怯，有时不免自怨自艾，然而从未听到他怨天尤人。

以擦鞋工作为荣的他，凭着无比的毅力，奇迹般地以鞋油开创了自己的事业，至今他所出品的"克丽斯汀"牌鞋油，仍然畅销全球。

即使是一个平凡的岗位，也可以做出骄人的成绩，所以不要蔑视自己的工作，蔑视工作也就等于否定了自己的劳动和自己的人生价值。

不只为薪水工作，成长比成功更重要

某公司有一位员工，已经工作了10年，薪水却不见涨。有一天，他终于忍不住内心的不平，当面向老板诉苦。老板说："你虽然在公司待了10年，但你的工作经验却不到1年，能力也只是新手的水平。"

这名可怜的员工在他最宝贵的10年青春中，除了得到10年的新员工工资外，其他一无所获。

也许，老板对这名员工的判断有失公允，但我相信，在当今这个日益开放的年代，这名员工能够忍受10年的低薪和持续的内心郁闷而没有跳槽到其他公司，足以说明他的能力的确没有得到其他公司的认可，换句话说，他的现任老板对他的评价基本上是客观的。

这就是只为薪水而工作的结果！

在一个人的事业发展过程中，能力比金钱重要万倍。

许多成功人士的一生跌宕起伏，有攀上顶峰的兴奋，也有坠落谷底的失意，但最终都能重返事业的巅峰，俯瞰人生。原因何在？是因为有一种东西永远伴随着他们，那就是能力。他们所拥有的能力，无论是创造能力、决策能力还是敏锐的洞察力，绝非一开始就拥有，也不是一蹴而就，而是在长期工作和学习中积累得到的。

一位纽约的百万富翁在回顾自己的成功历程时说，当年，他在一家百货公司的薪水最初只有每周7.5美元，后来一下子就涨到了每年10000美元，而这之间竟然没有任何的过渡，没过多久，他还成为这家百货公司的合伙人。

刚去公司的时候，他和公司签订了5年的工作合约，约定这5年内薪水保持不变。但他暗下决心：绝不满足于这每周7.5美元的低微薪水，绝不能就此不思进取。他一定要让老板知道，他绝不比公司中的任何一个人逊色，他是最优秀的人。

他卓越的工作能力很快引起了周围人的注意。3年之后，他已经如鱼得水、游刃有余，以至于另一家公司愿意以3000美元的年薪，聘用他为海外采购员。但他并没有向老板们提及此事，在5年的期限结束之前，他甚至从未向他们暗示过要终止工作协定。也许有很多人会说，不接受如此优厚的条件，他实在是太愚蠢了。但是，在5年的合同到期之后，他所在的公司给予了他每年10000美元的高薪。老板们都很清楚，这5年来他所付出的劳动要比他所领的薪水高出数倍，理所当然，他成为一个获利者。

假如他当时对自己说："每周7.5美元，他们只给我这么多，既然我只领着每周7.5美元，那么我何必去考虑每周50美元的业绩呢！"如果那样，你说结局会怎样？实际上，这些话正是当下很多年轻人的想法，他们一边以玩世不恭的态度对待工作，对公司报以冷嘲热讽，频繁跳槽，蔑视敬业精神，消极懒惰，一边却怨天尤人，埋怨自己怀才不遇、生不逢时。因为

◇自我提升法则

老板所付不多就敷衍自己的工作，正是这种想法和做法，令成千上万的年轻人与成功绝缘。

对于一个雇员来说，还有比薪水更重要的东西，那就是工作后面的机会、工作后面的学习环境和工作后面的成长过程。工作固然也是为了生计，但比生计更重要的是品格的塑造和能力的提高。如果一个人的工作仅是为了工资的话，那么，我们可以肯定，他注定是一个平庸的人，无法走出平庸的生活模式。

让工作成为愉快的旅程

美国一家著名橡胶公司的董事会主席威尔罗格斯指出，工作应当有趣。他说："为了获得成功，你必须知道你正在做的事，喜欢你正在做的事，并相信你正在做的事。"

毋庸讳言，许多工作是重复性的，缺乏创新，没有刺激，因而很容易让人感觉单调与乏味。一个优秀的员工必须善于培养对工作的兴趣，使工作成为愉快的旅程。

大部分人都存在这样一个问题，就是对工作过分挑剔，一直在寻找完美的工作或雇主，可是并不自知他们不是完美的员工。许多人过分强调公司应当能提供优厚的福利，对于已经有工作且做得相当好的人而言，这个要求并不为过；而对于没有工作的人，如果一开始便如此要求，似乎野心过大。

兴趣是保持工作激情的源源不断的动力，也是获得成功的重要条件。没有兴趣的工作即使勉强坚持下去，过不了多久也会丧失耐心与信心，最后只能半途而废，前功尽弃。

许多员工之所以不够勤奋，最重要的原因就是他们对自己的工作没有兴趣，很多人对工作抱着完全消极的态度，如果再加上缺乏明确的职业发展规划，其工作的状态自然可想而知了。

积极的态度有积极的结果，这是因为态度有感染力，这种态度就是热情与兴趣。阿尔伯特·巴德曾说:"没有一件伟大的事情不是由热情促成的。"好的传教士与伟大的传教士、好的母亲与伟大的母亲、好的演说家与伟大的演说、好的推销员与伟大的推销员之间的最大差别,就在于热情与兴趣。

拉斯维加斯有一间娱乐赌场,大到可以容纳两个足球场。在这个巨型建筑中有好几百种设施,用来玩金钱的得失游戏,可是里面却看不到一个时钟。道理很简单,人们赌博的理由很多,但主要是在享受赌博。他们全神贯注在赌博上,全然忘记了时间。

赌场老板显然也不想让时钟来提醒赌徒们。结果,许多人一赌下来就是好几个小时。在一般情况下,他们会赌到一文不剩或困得睡在桌上为止。

一个人如果在事业上也这样全神贯注的话,一定会大有成就,而且还能满足他们的事业心,所有这些都不是赌桌上所能得到的。

研究表明,能力的提高可以通过学习来实现,兴趣与热情则可以有意识地培养。比如:

(1)保持乐观积极的心态。

你不得不承认,心态的影响是如此之大,良好的心态无疑可使我们更加积极地面对挫折与失败,尽管客观地看,心态于事物的发展并没有直接的助益。

(2)用成就感激励自己。

尽管人们一直强调过程的意义,但是,与令人兴奋的结果比较起来,过程往往是平淡的、乏味的甚至痛苦的。因此,在每一次取得成果时,要学会欣赏自己的成就,然后将过程演化为一个值得回味的经历,以激励自己继续前行。

(3)努力寻找工作中的乐趣。

即使再乏味的工作,只要用心体验,也可以发现其中的乐趣。有一个每天上班乘坐拥挤的公交车的人,一度把公交车上的噪声当作音乐听,虽然有点阿Q的自我解嘲意味,但就其效果而言,不失为一种缓解情绪的方法,

◇自我提升法则

对待工作也是如此。

（4）兴趣只有在深入了解工作特点之后才会产生。

对问题的一知半解很容易使我们陷入困惑之中，只有对问题深入研究和了解之后才会产生兴趣。对一些人来说，数学是一门比较枯燥的学科，不过是数字、符号堆砌起来的恼人的魔术而已。但对真正了解它的人而言，数学则是一门艺术，是世界上最完美、最严谨的艺术。这就是泛泛了解与深入研究的区别。

当你开始喜欢你的工作时，工作将成为增添生命味道的食盐。你必须爱它，它才能给予你最大的恩惠并使你获得最大的成果。

记住这样一句话：当你喜欢工作时，它会使你的生命甜美，有目标，有收益。

第二节 只有想不到，没有做不到

抱怨的人往往是没找对方法

我们常常听到这样的抱怨：

"这份工作太难了，根本就做不好。"

"这么难，让我无从下手，可怎么做啊？"

他们认为找不到方法来解决问题，自然工作是做不好的。这些只能说是推托之词，只有主动去找方法才会有办法。

我们说：没有解决不了的问题，只有找不到方法的人。只要拥有方法这把宝剑，工作中再大的障碍也会被夷为平地。

第二十五届世乒赛时，有一个戏剧性情节：中国选手容国团战胜自己的同胞队友杨瑞华。杨瑞华则大胜匈牙利老将西多，不是偶然获胜，而是每战必胜，被称为西多的克星。西多则每每战胜容国团，不是偶胜，而是常胜，两天前的团体赛就赢得很爽快，被称为容国团夺冠的拦路虎。最后的冠亚军决赛由容国团对阵西多。第一局，容国团很快就告负了。赛场预测，男单冠军必属西多无疑。可是，最后的结果却相反，容国团为我国体育代表队夺得了第一个世界冠军。这是为什么？中国队采取了什么战术？

在第一局结束后，教练傅其芳退后，队员杨瑞华临时充当教练，指导容国团。杨瑞华时而示范动作，时而侧目西多，眼中充满火药味。西多见杨瑞华为容国团面授机宜，浑身觉得不自在，心里直发怵。他双眼直盯杨瑞华，自己的教练说了什么都未能听进去，一副忧心忡忡的样子。第二局开始，荣国团士气大振，越战越勇，西多却步伐紊乱，连连失误。最后，容国团以3∶1夺冠。

教练导演了一个戏剧性变化，赢得了中国体育历史上值得大书特书的一块金牌。让我们看看这一方法的根蒂：

一是场上条件不足场外补。根据历史表现与现实表现，教练断定，容国团战胜西多的概率很小，换句话说，仅靠容国团个人在场上的力量很难制服对方。场上条件不足，但我们有场外条件优势，让它发挥出来，不无小补，这是一个极为出格的决策。

二是技术条件不足心理补。很明显，在技术条件上，容国团根本不占优势，甚至说是遇上了拦路虎。场外条件虽好，但鞭长莫及，替代不了，那就提供心理力量：教练的创新打击了西多的求胜心理。对阵的还是容国团、西多两人，两人的技术也不可能在瞬间发生很大的变化，客观条件很难改变。着力点就在主观上——让西多的克星杨瑞华站到教练席上，对西多实施精神压迫。让杨瑞华面授机宜，尽管客观上不一定发挥多大作用，这让西多听不懂，猜不透，以为自己的弱点被对方抓住了，心中没了底气。同时，安排杨瑞华"侧目怒视"，充满火药味，进一步给西多施加压力。

通过教练的计谋，增添了容国团的自信心。而有杨瑞华点破西多的破绽，自己对西多的畏惧也消除了，在杨瑞华的点拨下，他对自己的攻击力也有自信了，斗志自然更加旺盛了。

我们常常看到这样的情况：面对同一种工作，有的人认为无从下手，而有的人却可以做得很好，其中的关键差别就在于能不能转换自己的思路，并积极地寻找解决问题的方法。

相信大家都读过"把梳子卖给和尚"的故事。乍一看，这是一个难以完成的任务，却有人可以作出很不错的业绩。原因就在于，他突破了传统思维的限制，梳子除了用来梳头发还可以做什么呢？可以做纪念品。如果在其上刻上"积善梳"三字，其意义又非同寻常了，根据不同的香客身份赠送不同品种的梳子，市场也就更为广阔了。

这就是方法的力量。有了找方法的人，原来看似难以解决的困难都可以迎刃而解，看似难以完成的工作都可以顺利完成。

实干的人，还要会巧干

作为华人首富，李嘉诚的名字家喻户晓，他之所以能成为首富，也并非偶然：从打工的时候起，他就是一个找方法解决问题的高手。

李嘉诚的父亲是一名老师，他非常希望李嘉诚能够考个好大学。然而，父亲的突然去世使得这个梦想破灭了：家庭的重担全部落到了才十多岁的李嘉诚身上，他不得不靠打工来维持整个家庭的生存。

他先是在茶楼做跑堂的伙计，后来应聘到一家企业当推销员。干推销员首先要能跑路，这一点难不倒他，以前在茶楼成天跑前跑后，早就练就了一副好脚板；可最重要的，还是怎样千方百计把产品推销出去。

在做推销员的整个过程中，李嘉诚都很重视分析和总结。在干了一段时间的推销员之后，公司的老板发现：李嘉诚跑的地方不比别的推销员都多，成交量却最多。

他是如何做到这一点的呢？

原来，他将香港分成几片，对各片的人员结构进行分析，了解哪一片的潜在客户最多，有的放矢地去跑，这样一来，他获得的收益自然要比别人多。

不错，当别人都认为工作只需要按部就班做下去的时候，偏偏有一些优秀的人会找到更有效的方法，将效率更快地提高，将问题解决得更好。正因为他们有这种找方法的意识和能力，才使他们以最快的速度得到了认可。

联想老帅柳传志的经典名言就是："撒上一层新土，夯实，再撒上一层新土。当确认脚下是坚实的黄土地之后，撒腿就跑。"柳传志还说："没钱赚的事不能干；有钱赚但是投不起钱的事不能干；有钱赚也投得起钱但是没有可靠的人去做，这样的事也不能干。"

正是因为柳传志知道事业不能胡干蛮干，所以保证了联想在20世纪90年代初的房地产泡沫经济运行过程中没有跟风，并因此抓住了其他竞争对手实力下滑的时机一跃而出，从此一路领先。

张瑞敏曾说："世界上长盛不衰的百年企业，不变的是其创新的精神。"为了使巧干在海尔形成一种气候，提高员工巧干的理念与能力，让每个员工多谋创新之策、多出创新之招、多做创新之事，海尔给每个员工都发了"合理化建议卡"。员工对管理、技术、工作等任何方面有好的建议，都可以提出来。而对于合理化的建议，海尔会立即采纳并实行，对提出者还有一定的物质和精神奖励。

20年间，家电市场竞争日趋激烈，海尔却始终保持了高速、稳定发展的势头，奥秘只有两个字：巧干！

"推磨子不如打碾子，干活儿不如想点子"。实干不是傻干、蛮干，巧干也不是乱干、胡干，否则要么事倍功半，要么一事无成。带着思想工作就得"狼狈为奸"——既要有"狼"的勇敢、团队精神，还得有"狈"的鬼点子、好主意。

正确的方法比执着的态度更重要

我们无一例外地被教导过，做事情要有恒心和毅力，比如"只要努力，再努力，就可以达到目的"等说法，我们早已十分熟悉了。你如果按照这样的准则做事，你常常会不断地遇到挫折和产生负疚感。由于"不惜代价，坚持到底"这一教条的原因，那些中途放弃的人，就常常被认为"半途而废"，令周围的人失望。

正是因为这个害人的教条，使我们即使有捷径也不去走，而是去简就繁，并以此为美德，加以宣扬。

一个胖女孩最近在减肥，她一直认为发胖是因为吃的食物太多造成的，所以，从决定减肥时起便开始节食。她也果然有毅力，每天的主食绝不超过二两，其余皆用水果、蔬菜来填补。然而，两个月之后，她的脂肪就像舍不得离开她一样，牢牢地附在她的身上，可由于营养不良，她已变得十分虚弱，爬三层楼梯都会气喘吁吁。

尽管这样，她仍认为是自己坚持的时间太短，又过了一个月，情况还是那样。没有办法，家人把她送到了医院，征求医生的意见。医生告诉她，减肥是要讲科学、讲方法的，不能只靠节食，还要结合运动，并保持心情舒畅。

女孩听了医生的话，意识到了曾经的"坚持"都是无谓的。按照医生教的方法，她每天坚持锻炼，适当节食，并通过听音乐等方式愉悦心情。现在，她已经取得了很大的成效。

其实，不止减肥要讲方法，无论做什么事都要讲究正确的方法。在我们的工作和生活中，类似的例子屡见不鲜。销售经理对业务受挫的推销员经常说："再多跑几家客户！"父母对拼命读书的孩子常说："再努力一些！"但是这些建议都有一个漏洞。就像有人曾经问一位高尔夫球高手："我是不是要多做练习？"高尔夫球高手却回答道："不，如果你不先把挥杆要领掌握好，再多的练习也没用。"其实，正确的方法往往比执着的态度更重要。

为工作设定目标是一件很重要的事情，我们也常会设计一套工作方案，并执着地依照这套方案行事，而完全忘记了根据形势的变化要更换方案。其实，头脑稍稍地转动一下，选用正确的方法，就可以获得更好的结果。

肯·富奇辞掉了美国电话电报公司的业务员工作，改当顾问，有一段时间，大概因为刚刚进入新行业，他变得十分散漫，工作时经常状态不佳，出了很多错。他痛苦极了，决定养成一个能一直保持下去的习惯。这时有人建议他每天早上当他走下楼梯到楼下的办公室时，打扮得就像要去外面的公司上班一样。这样做显得专业，随时准备好突然有人会来邀请他与客户约会，可以让自己一直处在工作状态中，后来肯·富奇发现，这的确是一个很好的工作方法。

态度执着者经常自己摸索方法。但既然成功可以复制，经验可以传承，又何苦去慢慢学炸鸡的技巧？加盟肯德基开家分店吧，操作手册上写得很清楚，你会很快就能够炸出美味的鸡肉，并且招聘来的员工即使没学过做快餐，按照炸鸡配方及流程照做一遍，也能有和你所见的肯德基炸鸡一样的味道。走遍每一家分店，都会吃到一样好吃的炸鸡，就是这个道理。

在工作中，我们不可能总是一帆风顺，当遇到难题的时候，绝对不应该一味下蛮力去干，要多动些脑筋，看看自己努力的方向是不是正确。

抓住问题的根源，在危机中找转机

在老板看来，一名称职员工最关键的素质是解决问题的能力，尤其是在紧要关头。正如一家知名的跨国集团总裁所说的那样："通向最高管理层的最迅捷的途径，是主动承担别人都不愿意接手的工作，并在其中展示你出众的创造力和解决问题的能力。"

然而解决问题不能一味地靠决心和蛮力，最重要的还是要发现问题的关键。在危机之中找到转机。

在美国纽约，有一家公司为了进一步谋求发展，斥巨资新建了一栋52层高的总部大楼。工程马上就竣工了，但如何面向社会宣传呢？公司的广告部人员绞尽了脑汁，仍然找不到一个满意的宣传方式。

就在这时，值班人员报告，在大楼的32层大厅中发现了大群的鸽子。这群鸽子似乎将这个大厅当成巢穴了，把整个大厅搞得脏乱不堪。可是，应该怎样处理这群鸽子呢？如果处理得不好，势必会引起环保组织的攻击。如果处理得巧妙，就可以使麻烦变成机遇。相关工作人员冥思苦想，终于得到了一个"一举两得"的好办法，那就是利用鸽子这一偶然事件大做文章，制造新闻。他们先派人关好窗子，不让鸽子飞走，并打电话通知了纽约动物保护委员会，请他们立即派人妥善处理好这些鸽子。

可想而知，历来以注重动物保护而自誉的美国人会怎么样。

动物保护委员会的人闻讯后立即赶来了，他们兴师动众的大举动马上惊动了纽约的新闻界，各大媒体竞相出动了大批记者前来采访。

三天之内，从捉住第一只鸽子直到最后一只鸽子落网，新闻、特写、电视录影等，连续不断地出现在报纸和荧屏上。这期间，出现了大量有关鸽子的新闻评论、现场采访、人物专访。而整个报道的背景就是这个即将竣工的总部大楼。此时，公司的首脑人物更是抓住这千金难买的机会频频出场亮相，乘机宣传自己和公司。一时间，"鸽子事件"成了酷爱动物的纽约人乃至全美国人关注的焦点。

随着鸽子被一只只放飞，这家公司的摩天大楼以极快的速度闻名遐迩，而公司却连一分钱的广告费都没花。

回过头，我们再想一想，如果这家公司没有找到问题的根源，没有意识到鸽子的处理方式会关系到公司的利益，若处理不当，不但会损害公司的形象，更会丧失免费宣传公司的机会。

在工作中，没有人不希望能最快、最有效地解决问题，但有的人能做到，有的人却做不到，这其中的原因有很多，而是否懂得抓要点、抓根本，是关键。

眉毛胡子一把抓，结果往往是事事着手、事事落空，即使事情能做成，也要付出很多的时间和精力。与此相反，有的人不管遇到多棘手的问题，都能够以最快的速度抓住问题的要点，并采取相应的手段，这样，再棘手的问题也能很快解决。

只要有智慧，劣势也能变优势

当你身处劣势时，可以选择两种处理方式：

一是一味抱怨。抱怨自己生不逢时，有才华却毫无用武之地；抱怨天公不作美，陷自己于困顿之中。

二是积极行动。面对劣势，积极思考，用灵活的思维、巧妙的办法解决问题。

与之相对应，两种表现也会产生两种截然不同的结果：一味抱怨的仍在抱怨，因为他仍旧身处劣势而没有丝毫变化；积极行动的则会开怀一笑，因为他已经用头脑与行动化解了困难，甚至会将劣势转化为优势。

有一次，英国一家足球生产厂接到了一份"莫名其妙"的控诉，因此而面临一场不大不小的危机。但他们的工作人员凭借着超常的智慧和方法将自己所处的"劣势"转变成了"优势"。

一天，在英国麦克斯亚洲的法庭上，一位中年妇女声泪俱下，面对法官，严词指责丈夫有了外遇，要求和丈夫离婚。她对法官控诉了自己的丈夫，指责他不论白天还是黑夜，都要去运动场与那"第三者"见面。法官问这位中年妇女："你丈夫的'第三者'是谁？"她大声地回答："'第三者'就是臭名远扬、家喻户晓的足球。"

面对这种情况，法官啼笑皆非，不知如何是好，只得劝这位中年妇女说："足球不是人，你要告也只能去控告生产足球的厂家。"不料，这位中年妇女果真向法院控告了一年可生产20万只足球的足球厂。

更让人意想不到的却是这家被控告的足球厂，他们在接到法院的传票后，不怒反喜，竟十分爽快地出庭，并主动提出愿意出10万英镑作为这位中年妇女的孤独赔偿费。这位太太喜出望外、破涕为笑，在法庭上大获全胜。

大家知道，英国是现代足球的发祥地，国人对足球的酷爱几乎达到了发狂的地步，这场因足球而引起的官司自然在全英国产生了巨大的轰动效应，各个新闻媒体纷纷出动，做了大量的报道。

头脑精明的厂长，敏锐地利用了一次非常糟糕的事件大做文章，没花一分钱的广告费，却让他和他的足球厂名声大振。

这位足球厂厂长在接受记者采访时说："这位太太与她的丈夫闹离婚，正说明我们厂生产的足球魅力之大，并且她的控词为我厂做了一次绝妙的广告。"自此，这家足球厂的产品销量因此直线上升，成为同行中的"领头羊"。

被告上法庭，是每一个企业都比较头痛的问题，更不用说是如此"无厘头"的原因。处于劣势的足球厂却没有放掉这个让劣势变优势的机会，而是积极地促成它们的转化，让人们在对这起案子"津津乐道"之时也将这家足球厂深深地记在了心里。

正如故事给我们的启示，工作中，劣势与优势是可以相互转化的。只有那些勇于开拓思路、积极寻找方法、谋得有利于发展的资源的人，才能成就大业。

优秀的员工往往能够从危机中寻找可以利用的商机，在失利中寻找契机，从而使自己反败为胜。只要思路再灵活一些、方法再得当一些，遇上的麻烦可能会带给你推销自己和企业的机会。

每一个人都有可能成功，但有时就差这么一点点火候，把握好时机，你便走到别人的前面了。

"此路不通"就换个方法

有位科学家做过这样一个实验：把一盆食物放在一个未封闭的护栏前，让鸡和狗去吃。鸡很愚蠢，看见食物，只在护栏前猛扑，结果总是吃不到食物。狗却聪明，它只在护栏前站了一站，便侧身转到护栏后面，结果吃到了食物。

一个简单的故事，却阐释了一个不简单的道理：达到目标的最短距离未必是直线。在遇到问题时，我们基本会以两种方法去解决：以直线方法或以迂回的方法。通常，直线方法是我们的首选，因为我们认为两点之间直线最短。但是，许多问题的求解靠直线方法是难以如愿的，这时，采用迂回思维去观察思考，或许能使问题迎刃而解。

很多人都知道曹冲称象的故事。在称量技术落后的古代，一只大象的重量，谁也无法准确称出。小曹冲非常聪明，他避开了没有大秤的正面冲突，想到了把大象装在船上，刻下船在水中的吃水线。再牵下大象，装上同样吃水线的石子。这样，就把称大象的难题，转换成称同样重量的小石子。一把小秤，便把一只大象的重量称出来了。

蒙古族也有一则关于聪明的巴拉甘仓的民间故事。一次，一位财主骑马在路上碰到巴拉甘仓。财主说："巴拉甘仓，听说你很聪明，你能把我从马上拉下来吗？"巴拉甘仓说："先生，我不能。但我可以把你从马下拉到马上。"财主马上跳下来，叫巴拉甘仓把他拉上马。巴拉甘仓哈哈大笑："先生，我这不是把你拉下马了吗？"财主恍然大悟。

这两则故事都说明在我们的生活中，有很多难题看似无法解决，但如果我们采用迂回思维之术，不正面出击，而从侧面或背后出击，便可柳暗花明。

运用迂回思维的基本特点就是避直就曲，通过拐个弯的方法，规避摆在正前方的障碍，走一条看似复杂，却可以尽快到达目的地的曲线。这是迂回思维的智慧，也是迂回思维的魅力所在。

"此路不通"就绕个圈，"这个方法不行"就换个方法，应该成为每个人的生活理念。一个卓越的人，必是一个注重思考、思维灵活的人。当他发现一条路走不通或太挤时，就能够及时转换思路，改变方法，以退为进，寻找一条更加通畅的路。这一点思维特质，是需要我们用心学习的。

◇自我提升法则

第三节 态度对了，幸福就来了

不是只有你最聪明

春秋时期，孔子和他的学生们周游列国。

一天，他们驾车正在赶往晋国的路上。一个孩子在路当中堆碎石瓦片玩，挡住了他们的去路。

孔子对那小孩说："你不该在路当中玩，这样就挡住了我们的车。"

孔子的学生们也觉得这个小孩没有礼貌，纷纷让他让开道路。

孩子指着地上说："老人家，您看这是什么？"

孔子一看，是用碎石瓦片摆的一座城，便说："这不过是一些瓦片堆垒的城墙而已。"

小孩又说："您说，应该是城给车让路，还是车给城让路呢？"

孔子被问住了，一时语塞。

孔子觉得这个小孩很聪明，便问："你几岁啦？"

小孩回答说："7岁。"

孔子对学生们说："他可以做我的老师啊！"

圣人且拜师，我们普通的人当然更应该有自知之明，你要认清这样一个道理，不是只有你最聪明。

下面的寓言故事告诉我们同样的道理：

狮子和人类在一起比试，夸耀自己如何有能耐。

狮子说："看看我的样子就知道我有多么威风，我是百兽之王，动物们见了我没有一个不害怕的。"

人不屑一顾地说："我们人类是最聪明的，是万物之灵长，我们是天下最有智慧的。所有的生灵，植物也好，动物也罢，乃至整个宇宙，上至太空，下至海洋，无不掌控在我们人类的手中！"

狮子和人你一言我一句争论得不可开交，最后他们经过一座庙宇，庙宇的前面有一座狮子和人的雕像。人走过去，仔仔细细地看了看，发现上面雕塑的是人类狩猎的场面，只见雕像上一个猎人手持长矛，正刺向一头狮子的心脏，狮子垂死挣扎时面目狰狞，颓然瘫倒在地上。人看见后不无得意地对狮子说："不用我多说了，看看，这就是最好的证明，你们那尖牙利爪还比不上人类手中的一根长矛！"

狮子看到那座雕像，神情变得严肃起来，它猛地扑向站在一边的人，接着把他掀翻在地，并死死地踩在脚下。人吓得直打哆嗦，惊慌地问："你要干什么？"

狮子严厉地说："我只是想让你明白，如果我们狮子愿意树立一座雕像的话，你将会看到一大堆被狮子踩在脚底下的死人的雕像。"

那些自以为聪明的人一般很少关心别人，与他人关系疏远，对人缺少热情。但人与人之间的情感是相互的，久而久之，他们会因此而被孤立起来，影响到自己的生活、学习、工作和人际交往，严重的还会影响心理健康。谦虚才能使人进步。在职场上，有一些人总认为自己比别人聪明。无论在观念上还是行动上都无理地要求别人服从自己。他们的致命弱点是不愿意改变自己的态度或接受别人的观点。接受他人意见，即是针对这一特点提出的方法。接受他人意见不是完全服从他人，只是要求那些自以为是的人能够接受别人正确的观点，通过接受别人的意见，改变过去唯我独尊的形象。

要全面认识自我，既要看到自己的优点和长处，又要看到自己的缺点和不足，不可一叶障目，不见泰山。每个人都有自己的独到之处，都有他人所不及的地方，同时也有不如人的地方。与人比较，不能总拿自己的长处去比别人的不足，把别人看得一无是处。

每个人都要把"常检点自己，不要总是归咎别人"作为一条思维和行为准则。这样做的益处很多，比如减少不必要的误解和矛盾，融洽与周围人的关系，使自己保持良好的愉快情绪，进而有益于事业的发展。

如果一个人能够常常反省自己，那么他的所言所行就会更加正确，更加

◇自我提升法则

符合为人处世的通常道理。无论做什么事情,无论在什么时间,如果能够在反省中修错补漏,不但会使事情发展得更顺利,而且还会逐步完善自己的品质修养。

如果没有反省自己的习惯和品质,看不到自己的缺点和错误,把注意力放在观察别人的过失上,动辄妄加非议和批评,动不动就归咎他人,这样的人在职场是最容易被人厌恶的。

纪律上的约束是为了团队更好的发展

在团队中,总会有这样或那样的纪律约束着人们,让他们失去了自由。所以,很多人抱怨纪律的制订,认为对自己的利益构成伤害的,就是不合理的。其实,这样的想法是不对的。团队的发展,必须依靠纪律来约束。一个有纪律的团队必定是一个团结协作、富有战斗力和进取心的团队,如果其中一个人无视纪律,不但会毁掉整个团队的战斗力,而且会毁掉他自己的前途。

数年前,伊藤洋货行的董事长伊藤雅俊突然解雇了战功赫赫的岸信一雄,这一事件在日本商界引起了不小的震动,就连舆论界也以轻蔑尖刻的口气批评伊藤。人们都为岸信一雄打抱不平,指责伊藤过河拆桥,将自己好不容易请来的一雄解雇,是因为一雄已没有了利用价值。在舆论的猛烈攻击下,伊藤雅俊理直气壮地反驳道:"秩序和纪律是我的企业的生命,不守纪律的人一定要处以重罚,即使会因此降低战斗力也在所不惜。"

事件的具体经过是这样的:岸信一雄是由东食公司跳槽到伊藤洋货行的。伊藤洋货行以从事衣料买卖起家,食品部门比较弱,因此从东食公司挖来一雄。东食公司是三井企业的食品公司,对食品业的经营有比较丰富的经验,于是有能力、有干劲的一雄来到伊藤洋货行,宛如是为伊藤洋货行注入了一剂兴奋剂。

事实上,一雄的表现也相当好,贡献很大,十年间将业绩提高数十倍,使得伊藤洋货行的食品部门呈现一片蓬勃发展的景象。但是从一开始,伊藤和一雄在工作态度和对经营销售方面的观念即呈现极大的不同，随着岁月的流逝，裂痕越来越深。一雄属于新潮型，非常重视对外开拓，善于交际，对部下也放任自流，这和伊藤的管理方式迥然不同。

伊藤是走传统保守的路线，一切以顾客为先，不太爱与批发商、零售商们交际、应酬，对员工的要求十分严格，他让他们充分发挥自己的能力，以严密的组织作为经营的基础。伊藤当然无法接受一雄的豪迈粗犷的做法，为企业整体发展着想，伊藤因此再三要求一雄改变工作态度，按照伊藤洋货行的经营方式去做。

但是一雄根本不加以理会，依然按照自己的方式去做，而且业绩依然达到水准以上，甚至有飞跃性的成长。这样一来，充满自信的一雄就更不肯改变自己的做法了。他说："公司情况一切都这么好，说明我的经营路线没错，为什么要改？"

为此，双方意见的分歧越来越严重，终于到了不可收拾的地步，伊藤只好下决心将一雄解雇。

这件事情不单是人情的问题，而是关系到整个企业的存亡问题。对于最重视纪律、秩序的伊藤而言，食品部门的业绩固然持续上升，但是他无法容许"治外权"如此持续下去，因为，这样会毁掉过去辛苦建立的企业体制和经营基础。

任何一个员工都应该清楚地认识到，在企业里，严明的纪律是不容忽视的。

公司要获得发展，就必须先构建有纪律的、团结有力的、无坚不摧的团队。团队要想完成任务，就必须磨砺团队中每个成员无比坚强的信念，就必须要求每个成员用严明的纪律来约束自己。通过在企业的倡导和推行，纪律容易在员工群体中达成共识和自觉性，从而起到促使员工的言行举止和工作习惯向企业期望的方向和标准转化的目的。

没有规矩，不成方圆。企业的活力来源于各级员工良好的职业精神面貌、崇高的职业道德。在残酷的商业竞争中，企业需要营造员工自觉遵守

◇自我提升法则

纪律的文化氛围，需要建立严格的制度和规范，这些制度和规范需要你去配合遵守，这是任何一家企业不可动摇的铁的纪律。

同舟共济，摒弃个人主义

一个企业的成功不是靠一个人或几个人能完成的，必须通过全体员工的努力。团队效应既可以发挥每个人的最佳效能，又能产生最佳的群体效应。个体永远存在缺陷，而团队则可以创造完美。放眼一流的工作团队，他们之所以会出类拔萃，无非是他们的成员能抛开自我，彼此高度信赖，一致为整体的目标奉献心力的结果。

下文中"法国队"便是"完美团队"的杰出代表。

在一次世界杯上，当时，巴西队成为夺冠热门，被寄予厚望，因为巴西队的队伍中拥有大小罗、卡卡、阿德里亚诺、罗比尼奥等明星球员，堪称"五星级"阵容，被媒体称为"史上最强巴西"的球队。

在夺冠的路途中，巴西队遭遇了法国队，令人始料不及的是，最终的结果是法国队以一颗点球让巴西队止步八强，巴西夺冠的梦想破灭。

为什么拥有明星阵容的巴西队会失败呢？在赛前，球王贝利就曾经表示，他对巴西和法国的相遇有不祥的预感。罗西迪对这两队的评论可以为贝利这种不祥预感加上注脚，罗西迪说："这次他们怎么看都不像一支强队，更像一群没有凝聚在一起的天才球员。"

因为，足球从来不是单打独斗的项目，集体协作，发挥团队的效能，才有可能在风云变幻的世界杯赛场上占据优势。球星们在比赛中并没能显示出五星级的实力，核心球员状态低迷，球员之间各自为战，整体配合生涩，最终令实力最强、光芒四射的巴西队与冠军擦肩而过。而法国队却能发挥团结协作的优势，聚集团队成员的所有力量，最终获得了胜利。

全队拧成一根绳子，发挥团队的最大力量，这就是法国队获胜的秘诀！美国国务活动家韦伯斯特有一句名言："人们在一起可以做出单独一个人所不能做出的事业；智慧、双手、力量结合在一起几乎是万能的。"一个人的力量是有限的，但是由很多人组成的群体却可以移山填海，这并不是什么奇迹，而是团结的力量。

著名企业家松下幸之助访问美国时，芝加哥邮报的一名记者问："您觉得美国人和日本人哪一个更优秀？"这是一个相当尴尬的问题，说美国人优秀，无疑伤害了日本人民的民族感情；说日本人优秀，肯定会惹恼美国人；说差不多，又显得搪塞。

这位深谙员工管理之道的企业家说："美国人很优秀，他们强壮、精力充沛、富于幻想，时刻都充满着激情和创造力，如果一个日本人和一个美国人比试的话，日本人是绝对不如美国人的。"

"谢谢您的夸奖。"正当周围的美国人沾沾自喜的时候，松下幸之助继续说："但是日本人很坚强，他们富有韧性，就好像山上的松柏，日本人十分注重集体的力量，他们可以为团体、为国家牺牲一切。如果10个日本人和10个美国人比试的话，肯定势均力敌。如果100个日本人和100个美国人比试的话，我相信日本人会略胜一筹。"美国记者们目瞪口呆。

如松下所说，美国人就好像独行的狮子，而日本人则像是群体活动的鬣狗，尽管单个的狮子比鬣狗厉害得多，可是在较量当中，狮子却经常吃亏。

有句俗话说得好："众人拾柴火焰高。"个体的力量是有限的，发动团队的力量则可以实现个人难以达到的目标，所以说，作为公司里的一名员工，我们应从公司的整体利益出发，从团队的角度出发，培养团队协作意识，树立对团队工作认真负责的信念。同时，要不断培养作为企业员工的自豪感，让我们深刻体会到在这个集体中凭借着共同的努力可以战胜所有的困难，实现我们自己的人生价值。

我们每一个人都很棒，如果加入团队会更加成功。我们要记住：没有完美的个人，只有完美的团队。所以，每一位员工都必须放弃个人主义，主动加强与同事之间的合作，提高自己的团队合作精神。

自动自发地为团队服务

在商店工作的史密斯一直认为自己是一个非常优秀的工人,完成了自己应该做的事——记录顾客的购物款。于是,史密斯向经理提出了升职的要求,没想到经理竟拒绝了他,理由是他做得还不够好。史密斯非常生气。一天,史密斯像往常一样,做完了工作,和同事站在一边闲聊。正在这时,经理走了过来,他环顾了一下四周,示意史密斯跟着他。史密斯很纳闷,不知道经理葫芦里卖的什么药。只见经理一句话也没有说,就开始动手整理那些订出去的商品,然后他又走到食品区,清理柜台,将购物车清空。

史密斯惊讶地看着经理,过了很久才明白经理的用意:如果你想获得加薪和升迁的机会,你就得永远保持自动自发做事的精神。哪怕你面对的是一份最平凡的工作,"自动自发做事"的精神也会让你获得更高的成就。

成功的机会总是留给那些自动自发工作的人,只有当你主动、真诚地去做事时,成功才会相伴而来。

彼得和查理一起进入一家快餐店,当上了服务员。他俩的年龄一样大,拿着同样的薪水,可是工作时间不长,彼得就得到了老板的褒奖,很快被加薪,而查理仍然在原地踏步。查理与其他人十分不解。面对查理和周围人士的牢骚与不解,老板让他们站在一旁,看看彼得是如何完成服务工作的。

在冷饮柜台前,顾客走过来要一杯麦乳混合饮料。

彼得微笑着对顾客说:"先生,你愿意在饮料中加入一个还是两个鸡蛋呢?"顾客说:"哦,一个就够了。"这样快餐店就多卖出一个鸡蛋,在麦乳饮料中加鸡蛋是要额外收钱的。

看完彼得的工作后,经理说道:"据我观察,我们大多数服务员是这样提问的:'先生,你愿意在你的饮料中加一个鸡蛋吗?'而这时顾客的回答通常是:'哦,不,谢谢。'对于一个能够在工作中主动完善提高的员工,我没有理由不给他加薪。"

许多公司都努力把自己的员工培养成对待工作自动自发的人。自动自发工作的员工，会勇于负责，有独立思考的能力。他们不会像机器一样，别人吩咐什么他就做什么。他们往往会发挥创意，出色地完成任务，而不能自动自发工作的员工，则墨守成规，害怕犯错误，凡事只求忠诚于公司的规则。他们会告诉自己，老板没有让我做的事，我又何必插手呢？又没有额外的奖励！这两种不同的想法会产生不同的工作表现。

博德鲁公司是一家行业信息和图书出版公司，总部位于康涅狄格州格林尼治镇。公司的一名运务员建议说，公司在下一次重印一种图书时，应当考虑适当缩减成品纸张的尺寸，那样在交付海运时，就可以将运费费率降低一个档次。

公司采纳了他的建议，结果仅仅在第一年度，就节省了50万美元的运费！公司主席马丁·埃德斯顿感慨地说："我在图书邮购业已经干了二三年，却压根不知道还有个第四类邮件运费费率。但是，每天负责运送图书的人对这个再清楚不过了！"

确实，那些自动自发工作的人，总是能为公司着想，忠心耿耿为老板考虑，主动想办法为公司节省费用。提出好的建议与信息，而且，他们也往往知道公司如何才能在其他方面省钱，或者整个公司的业务如何才能更高效地完成。他们也因此会得到提升和赏识。比别人多努力一些，就会拥有更多的机会。

用沟通击破合作的"壁垒"

有效沟通是建立高效团队的前提。一个优秀的团队肯定是一个沟通良好、协调一致的团队，因为团队如果没有交流沟通，就不可能达成共识；没有共识，就不可能协调一致，就不可能有默契；没有默契，就不能发挥团队绩效，也就失去了建立团队的基础。如果没有共识，团队成员就会站在不同的立场、为着不同的目的行动，这样的话，这个"团队"就很可能会分崩离析，失去存在的基础。

传说，人类的祖先最初讲的是同一种语言。他们在底格里斯河和幼发拉底河之间发现了一块非常肥沃的土地，于是就在那里定居下来，修建城池，建造起繁华的巴比伦城。后来，他们的日子越过越好，人们为自己创造的业绩感到自豪，决定在巴比伦修一座通天的高塔，来传颂自己的赫赫威名，并作为集合全天下弟兄的标记，以免分散。因为大家语言相通，同心协力，阶梯式的通天塔修建得非常顺利，很快就高耸入云。上帝得知此事，立即从天国下凡视察。上帝一看，又惊又怒，因为上帝是不允许凡人达到自己的高度的。他看到人们这样统一、强大，心想，人们讲同样的语言，就能建起这样的巨塔，日后还有什么办不成的事情呢？于是，上帝决定让人世间的语言发生混乱，使人们互相言语不通。

人们各自讲起不同的语言，感情无法交流，思想很难统一，就难免互相猜疑，各执己见，争吵斗殴。这就是人类之间误解的开始。

修造工程因语言纷争而停止，人类合作的力量消失了，通天塔最终半途而废。

虽然这只是一个很简单的故事，但是从这个故事中我们可以看出，沟通在团队合作中扮演着极其重要的角色。事实上，人与人之间的理解与支持关键在于沟通，沟通带来理解，理解才能促进合作。如果不能有效地沟通，就无法理解对方的意图，而不理解对方的意图，就不可能进行亲密无间的合作，更不用说创造最佳效益了。

美国前总统里根被尊称为"伟大的沟通者"绝非浪得虚名。在他漫长的政治生涯中，他已深切体会到与服务对象沟通的重要性。即使身在总统任内，他还保持阅读选民来信的习惯。他请白宫秘书每天下午交给他一些信件，然后，利用晚上的时间在家里亲自回复。

克林顿基于同样的理由常常利用电信与人民面对面交谈，目的也无非是希望了解人民的想法，并表示对他们的关怀。就算他无法解决所有人提出的问题，但是克林顿总统亲自现身，聆听、抒发他自己的想法，本身就具有沟通的意义。

这已不是什么创新之举，林肯一百多年前就采用了类似的做法。当时，任何美国公民都可以直接向总统请愿。偶尔，林肯会请助理回复，但他大部分都是亲自回复请愿者。

因为这件事，林肯还招致一些批评。当时正值国家内战、联邦待援的非常时期，为什么要浪费时间去处理这种小事情？只因为林肯深深地明白，了解民意乃是身为总统的首要职责，而他很愿意亲自接触民情。

沟通是每个人都要面临的问题，也是每个人都应该学习的课程，应该把提高自己的沟通技能提升到战略高度——从团队协作的角度来对待沟通。只有这样，才能真正创建一个沟通良好、理解互信、高效运作的团队。人在职场，难免会被同事误解。有的是他人造成的，有的则是自己不经意间造成的，对此绝不能采取消极的听之任之的态度，更不要采取对抗的方式，而是要通过沟通来解决。

对团队负责，才能对自己负责

一位英国科学家把一盘点燃的蚊香放进了蚁巢里。开始，巢中的蚂蚁惊慌失措，过了十几分钟后，便有许多蚂蚁纷纷向火中冲去，对着点燃的蚊香，喷射出自己的蚁酸。一只蚂蚁能射出的蚁酸量十分有限，因而导致一些蚁群中的"勇士"葬身火海。但是，它们前仆后继，过了几分钟，便将火扑灭了。活下来的蚂蚁将战友们的尸体移送到附近的一块墓地，盖上薄土，安葬了。

又过了一段时间，这位科学家又将一根点燃了的蚊香放到了那个蚁巢里，并细细观察。虽然这一次的"火灾"更大，但是这群蚂蚁已经有了上一次的经验。它们用很短的时间，便协同在一起，有条不紊地作战，不到一分钟，火便被扑灭了，而蚂蚁无一殉难，这真是个奇迹。

从蚂蚁灭火的现象中我们可以发现，个体的力量是很有限的，而团队的力量可以实现个人难以达成的目标。

所以说，作为公司里的职员，我们要从团队的角度出发，树立起对团队工作认真负责的信念。每一个公司都类似于一个大家庭，每一位成员都仅

◇ 自我提升法则

仅是其中的一分子，只有每一个人都具备了团队工作的精神后，才能对团队的工作认真负责，对自己的人生和事业负责。

"就招聘员工而言，我们有一套很严格的标准，但重要的是团队精神。"微软中国研究院的张湘辉博士说，"如果一个人是天才，但其团队精神比较差，这样的人我们不要。中国IT业有很多年轻聪明的人才，但团队精神不够，所以每个简单的程序都能编得很好，但编大型程序就不行了。微软开发Windows XP时有500名工程师奋斗了2年，编写了5000万行编码。软件开发需要协调不同类型、不同性格的人员共同奋斗，缺乏领军型的人才，缺乏合作精神是难以成功的。"

一位人力资源专家指出："现在的年轻人在职场中普遍表现出来的自负，使他们在融入工作环境方面显得缓慢和困难，他们缺乏团队合作精神，项目都是自己做，不愿和同事一起想办法，每个人都会做出不同的结果，最后对公司一点儿用也没有。"

一个人是否具有团队合作的精神，也直接关系到他的工作业绩。

从前，有两个饥饿的人得到了上帝的恩赐——一根渔竿和一篓鲜活的鱼。其中一个人要了一篓鱼，另一个人则要了渔竿。带着得到的赐品，他们分开了。

得到鱼的人走了没几步，便用干树枝点起篝火，煮了鱼。他狼吞虎咽，没有好好品尝鲜鱼的香味，就连鱼带汤一扫而光。没过几天，他再也得不到新的食物，终于饿死在空鱼篓的旁边。

另一个选择渔竿的人只能继续忍饥挨饿，他一步步地向海边走去，准备钓鱼充饥。可是，当他看见不远处那蔚蓝的海水时，他最后一点力气也使完了，他也只能带着无尽的遗憾撒手人寰。

上帝摇了摇头，决心再发一回慈悲。于是，又有两个饥饿的人得到了上帝恩赐的一根渔竿和一篓鲜活的鱼。这次，两个人并没有各奔东西，而是商定互相协作，一起去寻找有鱼的大海。

一路上，他们每次只煮一条鱼充饥。终于，经过艰苦的跋涉，在吃完了最后一条鱼的时候，他们到达了海边。从此，两人开始了以捕鱼为生的日子，他们有了各自的家庭、子女，有了自己建造的渔船，过上了幸福安康的生活。

几十年过去了，他们居住的海边已经发展成为一个渔村。村里人都继承了两位创业者留下的传统，互相协作，取长补短，共同发展，渔村呈现出一片欣欣向荣的景象。

前面两个人因为不知道合作，所以两人都失败了；而后面两个人因为懂得合作，最终双双取得了成功。

这个小故事告诉我们：要学会与他人合作，取长补短，相携共进，才能实现双赢。毕竟，团队的力量远远大于个人的力量。

无私奉献，把团队当作家

奉献是一种真诚自愿的付出行为，具有奉献精神的员工都能树立起与公司同命运的观念，把自己当成公司的主人，把公司当成自己的家。他在任何时候都会把公司的利益放在第一位，忠于职守，自觉主动，绝不出卖公司的机密，为公司奉献最大的力量。这样的员工将得到荣誉和报酬，将会受到所有公司的欢迎。让我们来看看下面这个感人的故事，感受一下一个普通员工具有的自我奉献的精神。

2002年10月，一个公司的营销部经理带领一支队伍参加某场国际产品展示会。在开展之前，有很多事情要做，包括展位设计和布置、产品组装、资料整理和分装等，需要加班加点地工作。可营销部经理带去的那一帮安装工人中的大多数却和平日在公司时一样，不肯多干一分钟，一到下班时间，就溜回宾馆或者逛大街去了。经理要求他们干活，他们竟然说："没加班费，凭什么干啊？"甚至有人还说："你也是打工仔，不过职位比我们高一点而已，何必那么卖命呢？"

在开展的前一天晚上，公司老板亲自来到展场，检查展场的准备情况。到达展场，已经是凌晨一点，让老板感动的是，营销部经理和一个安装工人正挥汗如雨地趴在地上，细心地擦着装修时粘在地板上的涂料。而让老板吃惊的是，其他人都不在。见到老板，营销部经理站起来对老总说："我失职了，我没有能够让所有人都来参加工作。"老板拍拍他的肩膀，没有责怪他，而指着那个工人问："他是在你的要求下才留下来工作的吗？"

经理回答说，这个工人是主动留下来工作的，在他留下来时，其他工人还一个劲地嘲笑他是傻瓜："你卖什么命啊，老板不在这里，你累死老板也不会看到啊！还不如回宾馆美美地睡上一觉！"

老板听了，没有作出任何表示，只是招呼他的秘书和其他几名随行人员加入到工作中去。但参展结束，一回到公司，老板就开除了那天晚上没有参加劳动的所有工人和工作人员，同时，将与营销部经理一同打扫卫生的那名普通工人提拔为安装分厂的厂长。那一帮被开除的人很不服气，来找人力资源总监理论。"我们不就是多睡了几个小时的觉吗，凭什么处罚这么重？而他不过是多干了几个小时的活，凭什么当厂长？"他们说的"他"就是那个被提拔的工人。

人力资源总监对他们说："用前途去换取几个小时的懒觉，是你们自己的行为，没有人逼迫你们那么做，怪不得谁。而且，我根据这件事情推断，你们在平时的工作里偷了很多懒。他虽然只是多干了几个小时的活，但据我们考察，他一直都是一个认真负责的人，他在平日里默默地奉献了许多。比你们多干了许多活，提拔他，是对他过去默默工作的回报。"

故事里的主人公体现出了高度的奉献精神，因为有了它，这名员工就会把公司的事当作自己的事，也会树立和公司同命运、共患难的观念。如果他能把这种精神坚持下去，必然能提高他的能力，使他的品格变得更为高尚，帮助他拓展成功的前景。

不论我们是一个出色的经理人，还是一个普通的员工，如果我们奉献的总是比别人多，人们终究会回报我们更多。如果我们能为周围的人提供更多和更好的服务，则顾客必定会记住我们，老板也会视我们为不可或缺的人。

第六章

无法改变工作，可以改变态度

第一节 换工作不如换心态

责任不容推卸

船员常常把自己看作是与船一体的，船上的一切，他都承担着一定的责任。所以，几乎每一个环节，他都会很用心地顾及和照料。在职场中，同样也有这样的人。他们富有责任感，想尽一切办法尽快地完成公司交下来的任务，并且会在公司有困难的时候主动补位，因为他知道，多做一些、多付出一些精力和时间就会收获更多，他们会在不同的岗位上让能力展现出最大的价值，同时也易获得成功。

下面故事中的乔治会用自己的亲身经历告诉你这份责任感让他收获了什么。

乔治到这家钢铁公司工作还不到一个月，就发现很多炼铁的矿石并没有得到完全充分的冶炼。如果这样下去的话，公司岂不是会有很大的损失？

于是，他找到了负责这项工作的工人，跟他说明了问题。这位工人说："如果技术有了问题，工程师一定会跟我说，现在还没有哪一位工程师向我说明这个问题，就证明现在没有问题。"乔治又找到了负责技术的工程师，对工程师说明了他看到的问题。工程师很自信地说，我们的技术是世界上一流的，不可能出现这样的问题。工程师非但不重视他说的话，还暗自认为，一个刚刚毕业的大学生，能明白多少，不过是因为想博得别人的好感而表现自己罢了。

但是乔治认为这是个很大的问题，于是拿着没有冶炼好的矿石找到了公司负责技术的总工程师，他说："先生，我认为这是一块没有冶炼好的矿石，您认为呢？"

总工程师看了一眼，说："没错，年轻人，你说得对，哪里来的矿石？"

乔治说："是我们公司的。"

"怎么会，我们公司的技术是一流的，怎么可能会有这样的问题？"总工程师很诧异。"工程师也这么说，但事实确实如此。"乔治坚持道。

"看来是出问题了。怎么没有人向我反映？"总工程师有些发火了。

总工程师召集负责技术的工程师来到车间，果然发现了一些冶炼并不充分的矿石。经过检查发现，原来是监测机器的某个零件出现了问题，才导致了冶炼的不充分。

公司的总经理知道了这件事之后，不但奖励了乔治，而且还晋升乔治为负责技术监督的工程师。总经理不无感慨地说："我们公司并不缺少工程师，但缺少的是负责任的工程师，这么多工程师就没有一个人发现问题，甚至有人提出了问题，他们还不以为然。对于一个企业来讲，人才是重要的，但是更重要的是真正有责任感的人才。"

乔治从一个刚刚毕业的大学生成为负责技术监督的工程师，可以说实现了一个飞跃，他能获得工作之后的第一步成功就是来自于他的责任感。正如他的总经理所说的那样，公司并不缺少工程师，并不缺少能力出色的人才，但缺乏负责任的员工，从这个意义上说，乔治正是公司最需要的人才。他的责任感让他的领导者认为可以对他委以重任。

如果你的领导让你去执行某一个命令或者指示，而你发现这样做可能会大大影响公司利益，那么你一定要理直气壮地提出来，不必去想你的意见可能会让你的上司大为恼火。大胆地说出你的想法，让你的领导明白，作为员工，你不是在刻板地执行他的命令，你一直都在思考，考虑怎样做才能更好地维护公司的利益。同样，如果你有能力为公司创造更多的效益或避免不必要的损失，你也一定要付诸行动。因为，没有哪一个领导会因为员工的责任感而批评或者责难你；相反，你的领导会因为你的这种责任感而对你青睐有加。

工作中没有"不关我的事"

在工作中，没有"不关我的事"，因为工作无"疆界"，工作不分分内分外。大家一起工作的目标是一样的，只是分工不同罢了。在我们的工作过程中，仅仅做好我们的本职工作是远远不够的，因为在一个企业中，除了每个员工要各自完成的职责外，总是还有一些没有人做或者有些该做而没有做的事情，我们暂且称之为责任的空白地带，空白地带同样事关企业的存亡，老板在分配责任的时候却又容易忽视它。若在一个公司里，人人都抱着"这不是我职责范围里面的事情，我根本就不用操心"这样的想法和态度去工作，那么，公司事务之间的连贯和衔接将如何进行？公司内部的协调合作又该怎样开展？公司的共同目标又该如何得以实现？

李芬担任一家公司的部门经理，有一天晚上，公司有十分紧急的事，要发通告信给所有的营业处，所以需要抽调一些员工协助，李芬安排一个做书记员的下属去帮忙套信封时，那个职员傲慢地说："那有碍我的身份，分外的事我不做，再说我到公司来不是做套信封工作的。"听了这话，李芬一下就愤怒了，但她仍平静地说："既然不是你分内的事就不做，那就请你另谋高就吧！"那个员工就这样失去了工作。

在很多时候，我们也许会接受一些看上去很风光的分外之事，如陪老板出席一个商谈会，替公司接受媒体的采访等，但却对一些麻烦而卑微的分外之事置之不理。其实，这种心态是极其不正确的，一些毫不起眼的小事也同样能磨炼人，小事也同样能改变人的命运。

社会在发展，公司在扩展，个人的职责范围也会跟着扩大，所以不要总以"这不关我的事"为由推脱责任，要知道，抱着"不关我的事"这样想法的员工永远不会提高自己的工作效率，他们只会给公司带来时间以及金钱等资源的浪费，从而给公司带来巨大的损失。

李航是一家IT公司的销售部经理。一天，他到一家销售公司联系一款最新打印设备的销售事宜，因为是一款定位为大众化的新品，并且厂家即将开展大规模的广告宣传，为争取更大的市场份额，对经销商的让利幅度非常大。李航便决定在媒体大量宣传报道之前同一些信誉与关系都比较好的经销商敲定首批的订量。

不巧的是，同他一直保持密切业务关系的那家公司的老板不在。当他提起即将推出的新品时，一位负责接待他的员工冷冷地回绝了他。

李航没有办法，只好走了。

他来到有业务联系的第二家公司。不巧的是，这家公司的老板也不在。虽然很失望，但他还是想试一试，看能否说服接待他的人。

接待他的是一位新来不久的年轻小姐，不仅面容姣好，工作也特别热情。当得知李航是来自一家著名的IT公司的销售经理时，她立即表现出了一个公司员工应有的素质，马上倒了一杯水给李航，还主动介绍了自己的情况。

李航向她说明了来意，她敏锐地感觉到这是一个不错的商机，无论如何不能因为老板不在就让它白白溜走。她主动要求第二天给他们公司送货，其他具体事宜等老板回来以后再由老板定夺。

结果很清楚，第二家公司在老板不在的时候，由于那位女员工的热情接待，为公司促成了一桩生意。这款产品在整个市场上只有该公司一家经营，不到一个月就销售了近3000台，为老板净赚了6万多元。

可见，一句"不关我的事"，一次赚钱的机会就飞到了别人那里。其实，"不关我的事"这种想法不仅会给企业造成损失，同时，也会造成员工消极怠工，工作效率下降，这些都会给公司带来巨大的浪费。如果你只是从事你分内的工作，那么你将无法争取到人们对你的有利评价。

所以，作为公司里的一名职员，事关公司的事务，我们都不要以"这不是我的工作"为由，推卸责任，置身事外，应该抱着公司的事就是自己的事的积极态度，为公司的发展着想。

跟公司一起成长

沃尔玛是全美投资回报率较高的企业之一，其投资回报率为46%，即使在1991年不景气时期也高达32%。它的历史远没有美国零售业百年老店"西尔斯"那么久远。但在短短的40几年时间里，它就发展壮大成为全美乃至全世界最大的零售企业。当前，沃尔玛的经营哲学、管理技能已经成为全世界管理学界的热门话题，当然这也包括其成功的人力资源管理。

在沃尔玛，员工有一个著名的称谓——"合伙人"。一方面，沃尔玛把公司领导称为公仆，而另一方面又把员工称为合伙人，这与许多企业强调管理者的领导地位迥然不同。

为什么会这样呢？这是因为，沃尔玛非常看重员工的责任感和忠诚度，所以，公司以其对员工平等相待的态度来赢得员工对企业的忠诚。沃尔玛员工的工资一直被认为在同行业不是最高的，但是员工却非常忠实于企业，他们以在沃尔玛工作为荣，把沃尔玛公司当成自己的家，因为他们在沃尔玛是合伙人。

在沃尔玛总部，一位女士因加入了公司的"利润分享计划"而感到由衷的庆幸，她名叫玛丽，是一名普通的采购员。玛丽很年轻的时候就进入沃尔玛工作，是沃尔玛的老员工。一开始，她的哥哥试图说服她辞去工作，他认为玛丽在沃尔玛以外的公司工作工资会比这里高。然而，玛丽留了下来，并成了公司"利润分享计划"中的一员。到了1991年，她的利润分享数字变成了228万美元，而她的职位也从原来的普通员工晋升为经理。玛丽很庆幸自己坚持了自己的意见，没有听哥哥的话，也更加对沃尔玛忠心耿耿，尽职尽责。现在她不仅可以拿所挣的钱供她的宝贝女儿上大学，还在沃尔玛公司这个舞台上实现了她的人生目标。

由此看来，员工和企业是一种互惠共生、共同成长、共同进步的共同体，只有企业上下齐心协力，员工负责任地推动企业发展，企业发展了，又带动了员工的发展，最终达到双赢的目的。

易卜生说："青年时种下什么，老年时就收获什么。"由此我们想到的是，你在公司的土壤中种下什么，公司就会回报给你什么。如果你愿意承担成长的责任，那么你就会获得成长的权利；如果你把公司的成长当成自己的责任，那么公司自然会为你创造成长的机会；如果你以积极的热情和全心全意的努力对待公司中的种种事务，那么你的事业、你的精神就会在公司中得到最大的进步。只要你的行为和态度切实推动了公司的成长，那么公司就一定会给予你相应的回报。

所以，作为一名员工，首先要有一个企业属于自己的心态。要把公司的事当成自己的事，不管老板在不在，不管主管在不在，不管公司遇到什么样的挫折，都愿意全力以赴、积极主动地去做任何事情。这样你终究会成为自己工作的最大受益者。

感恩公司，是它给了你发展的平台

职场中，很多人都在抱怨自己的公司，觉得是公司在盘剥他们的劳动价值。其实这样的想法是错误的，公司不但没有对你的价值进行剥削，相反的，它是在为你实现自己的人生价值提供一个发展的平台。公司中的每个人，无论是老板，还是员工，都是在这个平台上履行着自己的职责，发挥着自己的作用。任何人离开了这个平台，就如同演员离开了舞台，无法施展自己的才华。

许多员工认为自己只是一个打工者，与公司只是一种雇佣与被雇佣的关系，把公司仅仅当成是一个完成工作的地方，甚至有意无意地将自己置于与老板对立的位置，这种认识和心态对于一个人的职业发展是十分不利的。

年轻人初入职场时，切记不要过分考虑薪水，而应注重工作带来的隐性报酬，抓住机会发展自己的能力，把公司当成自己生存和发展的平台。

在一个寒冷的冬日，杰克和他的伙伴们正在铁路工地上干活，突然遇见前来视察工作的老朋友韦伯斯，不同的是韦伯斯已经担任了铁路公司总裁。他们进行了愉快交谈然后热情告别，杰克的伙伴对他和总裁居然是朋友表示惊讶。杰克解释他们曾经一同为一条铁路工作。

大家更是好奇，就问杰克："为什么你现在做着和以前一样的辛苦工作，而韦伯斯却成了总裁？"杰克很沮丧地说："当年，我工作只是为了一小时不到两美元的薪水，而韦伯斯却是为了整条铁路而工作。"

职场上有很多人像杰克一样，仅仅把公司当成一个完成工作的地方，工作也只是为了自己的那份薪水，他们总会盘算：我为老板做的工作应该和他支付给我的工资一样多，只有这样才公平。这种短浅的目光不但使他们的工作充满了痛苦，也会使他们丧失前进的动力。而韦伯斯则不同，他在杰克为了一小时不到两美元的薪水而工作时，就把整条铁路当成了自己的奋斗目标，把工作看成一个自身生存和个人发展的平台，这样，原本卑微单调的工作就成了事业发展的一个契机。

公司是员工生存和发展的平台，真正优秀的员工应当把公司看成一个实现自身价值的地方，始终与老板站在同一个立场上，自觉地维护公司的利益，建设和发展公司这个平台。这样，公司越来越大，越来越好，就能为员工创造更多的机会，提供更大的发展空间。

一位著名教授有两个十分优秀的学生，对于他们而言，毕业后找份工作可谓轻而易举。当时，教授有个创办公司的朋友，委托教授为他物色一个适当的人选做助理。

教授推荐两个学生都过去看看，于是他们分别前去应聘。第一个应聘的学生叫墨菲。面谈结束几天后，他打电话给教授说："您的朋友太苛刻了，他居然只肯给月薪600美元，我不能这样为他工作。现在我已经在另外一家公司上班，月薪是800美元。"

后来去的那位学生是约翰，尽管月薪也只有600美元，但是他却欣然接受。教授得知后问他："这么低的工资，你不觉得吃亏了吗？"

约翰说："我当然想挣更多的钱，但我对您朋友印象十分深刻，我觉得只要能从他那里学到一些本领，薪水低一些也是值得的。从长远来看，我在那里工作将更有前途。"

很多年过去了。墨菲的薪水由当年的一年9600美元涨到40000美元，而原先年薪只有7200美元的约翰，现在的年薪却高达200万美元，还有外加的公司股权和分红。

能力锻炼远比薪水重要得多，公司的存在为你能力的提升和事业的发展提供了更多的机会。当你的能力得到老板的认可和赏识时，老板就会付给你更多的薪水。许多杰出的经理人所具有的创造能力、决策能力以及敏锐的洞察力并不是与生俱来，而是在长期的工作中学习和积累得到的。由此可见，公司不但是员工之间互相交流和协作的平台，也是员工学习和展示才华的平台，只有从这个意义上认识公司，你的职业生涯才有意义，你才能将工作视为事业发展的一个契机，而不是痛苦的工作——薪水与劳动力的交换过程。

跳槽时代，不当"背叛的水手"

跳槽是每个职场人士都必须经历的，有些人通过跳槽进入了更好的企业，获得更高的薪水，也获得了职业的提升。所以，也可以说跳槽是获得职业发展的一种手段。然而，对处于职业发展不同阶段的人来说，频繁跳槽是不可取的。虽然每个人都有权利寻求自己最合适的工作以及最佳的工作环境和工作状态，但这的确为企业的发展带来了不少的负面影响。有些人为了某些利益，不仅到竞争对手那里工作，而且带走了原公司大量有价值的资料，这不仅极大地损害了公司的利益，还伤害了公司其他员工的情感，严重地影响了其他员工正常工作的心态。

跳槽，这种高流动率，被一些管理理论家认为是忠诚度下降的一种表现。

一位人力资源部经理说："当我看到申请人员的简历上写着一连串的工作经历，而且是在短短的时间内，我的第一感觉就是他的工作换得太频繁了。这样频繁'跳槽'的人，不能给人一种安全感和信任感。一个什么工作都做不长久的人，让人想到的不会是公司的问题，而是他个人的问题：第一，他的工作能力值得怀疑；第二，他对企业的忠诚度值得怀疑；第三，我不能肯定他会在我的公司做得长久。所以这样的人，我们在录用时顾虑就比较多。" 频繁地换工作并不能代表一个人工作经验不丰富，也不能说明他忠诚度一定低，但是，频繁"跳槽"的确会给人一种不好的感觉。

不要小视忠诚，没有忠诚，人真的寸步难行。忠诚会让一个人得到朋友甚至敌人的尊敬，因为忠诚是人性的亮点。

卡特是一家金属冶炼厂的技术骨干，由于企业改变发展方向，他准备换一份新工作。

凭着先前企业在本行业的影响力和他自身的能力，卡特决定去全美最大的金属冶炼公司应聘。

负责面试卡特的是公司负责技术管理的副总经理，他对卡特的能力没有任何挑剔，却向他提出了一个让卡特失望的问题："我们很高兴你能加入我们公司，你的资历和能力都很出色。我听说你原来的厂家正在研究一个提炼金属的新技术，而你也参与了这项技术的研发。很巧，我们公司也在研究这门新技术，你能够把你原来厂家研究的进展情况和取得的成果告诉我们吗？你知道这对我们公司意味着什么，这也是我们聘请你来我们公司的原因。"那位副总经理说。

"你的问题让我十分失望，我很理解市场竞争需要一些非常手段，但是我不能答应你的要求，因为我有责任忠诚于我的企业，尽管我已经离开了它。"

卡特身边的人都为他的回答感到惋惜，因为这家企业的影响力和实力比他原来的企业要大得多，在这里获得一份工作是无数人梦寐以求的，但卡特放弃了这个绝好的机会。

就在卡特准备寻找另一家公司时，那位副总经理给卡特来了一封信，在信中他这么说："年轻人，你被录取了，做我的助手。不仅是因为你的能力，更因为你的忠诚。"

每个公司都需要卡特这样的员工，你只有成为这样的人，才能受到公司的重用。无论在哪个公司，你都应该保守公司的机密，对公司的各种事情都不随便传播，一定要守口如瓶。

忠诚最大的受益者是你自己，从古至今，没有谁不喜欢忠诚的人。领导需要忠诚的下属，产品需要忠诚的消费者，每个人都希望有忠诚的朋友。员工忠诚于自己的公司，忠诚于自己的老板，与同事们同舟共济、共赴艰难，将获得一种集体的力量，他的人生将变得更加充实，事业也会更有成就，工作就会成为一种人生享受。其实一个人的能力中，知识只占了20%，技能占了40%，态度占了40%，而一个人最重要的工作态度之一就是忠诚。

相反，那些表里不一、言而无信的人，整天陷入尔虞我诈的复杂的人际关系中，在上下级、同事之间玩弄各种权术和阴谋，即使一时得以提升，取得一点成就，但终究不是一种理想的人生，最终受到损害的还是自己。

多问我能做什么，而非能得到什么

在现代职场中，许多人最关心的往往不是工作，而是薪酬的多寡和职位的高低。在他们眼中，这些是自己身价的标志，绝不能低于别人。一旦发现自己的薪酬和职位不如当初的预期，他们就会在工作中敷衍塞责、应付了事，能偷懒就偷懒，能逃避就逃避，并且振振有词地为自己开脱："拿得多干得多，拿得少就干得少，这很公平！"这些人只知向老板和企业索取，只记得自己能够得到什么，却忘了问一下自己能做什么，能够给企业带来什么。

凯琳受聘于一家做玩具出口生意的公司，到公司上班后，她迅速地投入工作中。在几位老同事的指导下，凯琳处理起事情来让老板很满意。但两星期后，凯琳工作起来就没有刚来时那么有激情了，因为她发现，企业里她学历最高，但工资却是最低的，她感觉很不平衡。老板发现凯琳的情绪低落，马上找她谈话，告诉她只要工作做得好，公司绝对不会亏待她。谈话时，凯琳没说什么。但第二天凯琳找到老板，要求老板要么提高她的月薪，要么就当月给她拿提成。而老板认为，凯琳的薪酬是他们经过测算的，不是随便给的，而且凯琳是新人，刚进公司，好多地方需要老员工指导，在凯琳没给企业创造出效益之前，不能提高薪酬。

老板将相关道理和凯琳讲了，凯琳当时表示理解。但凯琳并没因此努力工作，她每天除完成其部门经理分派的任务外，其他什么事情也不做，就坐在那里发短信。一个月之后，老板便将她解雇了。

在一个聪明的员工看来，先问付出，再问回报才是正确的顺序，否则所付出的对不起所拿的薪酬与职位，自己在这个职位上也是干不长久的。员工光盯着自己的薪酬和职位，往往会被短期利益蒙蔽了心智，使自己看不清未来的发展道路。我们要知道，老板是根据我们做了什么才决定给我们发多少工资的，而不是我们看老板给了我们多少工资，才决定自己要做什么。美国的肯尼迪总统说："不要问国家为你做了什么，要问你为国家做了什么。"同样，面对手头的工作，我们也应该不时地问一下自己：你的贡献是什么？

汤姆在一家广告公司工作了一年，由于不满意自己的工作，他愤愤地对朋友说："我在公司里的工资是最低的，老板也不把我放在眼里，如果再这样下去，总有一天我要跟他拍桌子，然后辞职不干。"

"你对那家广告公司的业务都清楚吗？对于公司运营的窍门完全弄懂了吗？"他的朋友问道。

"没有!"

"大丈夫能屈能伸。我建议你先冷静下来,认认真真地对待工作,好好地把他们的一切经营技巧、商业文书和公司组织完全搞通,再一走了之,这样做岂不是既出了气,又有许多收获吗?"

汤姆听从了朋友的建议,一改往日的散漫习惯,开始认认真真地工作起来,甚至下班之后还留在办公室研究商业文书的写法。

一年之后,那位朋友又遇到他。

"你现在大概都学会了,可以准备拍桌子不干了吧?"

"可是我发现近半年来,老板对我刮目相看,最近更是委以重任,又升职又加薪,说实话,现在我已经成为公司的红人了!"

"这是我早就料到的!"他的朋友笑着说,"当初你的老板不重视你,是因为你工作不认真,又不肯努力学习,没问自己能做什么,却总想着自己能够得到什么。你痛下苦功,能力增强了,也给公司带来了效益,当然会令老板刮目相看了。"

我们中的许多人不也像起初的汤姆吗?因为薪酬不高而满腹牢骚,却忘了先问自己能够做什么、给企业带来了什么。一名感恩的员工则恰恰相反,他知道他已经从工作中获益良多,需要尽最大的努力来回报老板的知遇之恩和企业的培养之恩。一个懂得付出的人,自然也会收获更大的成功,这本来就是一个良性循环。

第二节 好的心态,好的未来

老板是让员工赢利的顾客

用最简单的方法来定义,"顾客"就是直接花钱购买东西的人。从商品经济意义上看,当员工把自己作为一个劳动力商品出售时,购买者是谁?是老板。老板出钱购买员工的劳动力价值,员工也一定要把老板当作自己的顾客，并以此开始规划自己的赢利。

若想取得职业生涯的成功，那么，任何一位员工都要从现在开始确立一种观念："自己就是一家公司，自己所从事的职业就是自己用全身心经营的事业。"你既可以把自己看作是一家旭日初升、大有前途的公司，也可以看作是一件产品，你的产品是在你能力的基础上为你的顾客——老板提供的各种服务。

经营者的根本目的都是为了赢利，而要赢利就必须赢得顾客的认可，使你的产品能够畅销。一个企业只有生产高品质的产品，才能赢得顾客的信赖。

作为公司职员，我们的顾客应该包括我们的老板、我们的上司、我们所在的公司和所面对的客户。其实简单地看，顾客就是我们的老板。从自己是一家公司的角度看，作为经营者和领导者，你必须对自己负责，主要是为自己的赢利负责。

我们要为自己这家企业赢利，只有一个办法，那就是为顾客创造价值。要获得就必须首先付出，这是大自然的铁律。在经济领域也一样，任何一家公司要赢利，都只有先让顾客获得了相应的利益，自己才会得到相应的回报。

任何一家企业的产品和服务再好，也必须通过顾客的认可和购买，才能实现其赢利。顾客就是我们服务的对象，也是我们实现利润的真正关键。当顾客购买我们的商品或服务时，我们的资源和能力才能转化为财富。

对于任何一个职员，老板都是顾客。员工要实现赢利，就必须为老板创造出价值。

很多人在为老板工作时，脑子里只有一个想法，那就是赚钱。希望获得一定的经济利益，这是无可厚非的。然而，一心只是想着如何让老板给你加薪水，却从来不重视对公司的贡献，哪个老板会愿意请一名不能为自己创造价值的员工呢？

是的，金钱是我们生存的一种基础，在如今这个商业社会里，没有金钱我们就难以生存。但是,要获得金钱就必须要有用来交换的商品,它可以是产品,也可以是服务。你的产品和服务的价值越大,你的回报才能越大,也就是说你的赢利才能越大。若你的自我经营毫无意义,你的产品和服务毫无价值,那么,赢利只能是一种空想。

对于任何一家经营者而言,追求赢利都是合情合理的,作为自我经营的员工也一样。但是每一位经营者都应该记住,你给顾客创造价值的大小决定了你赢利的多少。老板是让员工赢利的顾客,对老板这位顾客,员工只有更好地提高为其服务的质量,更多地为其创造价值,他才能给你更多的利润。

老板与员工不是对立,而是合作

很多人认为,员工和老板天生是一对冤家。人们最常听到的是相互间的抱怨,即使偶尔彼此关心一下,也让人觉得有点假惺惺。人们常呼吁老板要多为员工着想,是出于有利于企业长远发展的愿望来考虑的,而员工似乎就很少有理由要为老板着想了。

究其根本,老板和员工只不过是两种不同的社会角色,只是社会分工不同而已,这两种角色实际上是一种互惠共生的关系。

自然界中有许多互惠共生的现象。比如说豆科植物的根瘤菌,它本身具有固氮的功能,为豆科植物提供了丰富的营养,同时它又可以借助豆科植物获得生存的空间;再比如非洲热带雨林中的大象、犀牛等,它们身体表面往往会有一些寄生虫,一些鸟类等小动物也栖息在它们身上,以这些小寄生虫为食,同时,大象、犀牛也避免了寄生虫对它们的侵害,可谓是互惠互利。这种现象在自然界中不胜枚举,在生物学中统称为共生现象。

老板与员工的关系也有异曲同工之妙。从社会学的角度讲,老板和员工是互惠共生的关系。没有老板,员工就失去了赖以生存的就业机会;而没有了员工,老板想追求利润最大化也只能是镜中花、水中月。

对于老板而言,公司的生存和发展需要职员的敬业和服从;对于员工来说，他们需要的是丰厚的物质报酬和精神上的成就感。从互惠共生的角度来看，两者是和谐统一的——公司需要忠诚和有能力的员工，业务才能进行，员工必须依赖公司的业务平台才能发挥自己的聪明才智。

为了自己的利益，每个老板只保留那些最佳的职员——那些能够忠于公司、尽职尽责完成工作的人。同样，也是为了自己的利益，每个员工都应该意识到自己与公司的利益是一致的，并且全力以赴去工作。只有这样才能获得老板的信任，才能在自己独立创业时，保持敬业的习惯。

许多公司在招聘员工时，除了能力以外，个人品行是最重要的评估标准。品行不端正的人不能用，也不值得培养。因此，优秀员工应当遵循这样的职业信条：如果你真诚地、负责地为老板工作，他付给你薪水，那么你应该感激他、称赞他，支持他的立场，和他所代表的机构站在一起。

在一个有着卓越企业文化和完善激励机制的企业中，员工在享受着老板提供的优厚待遇的同时，也会为老板着想，积极为企业未来的发展出谋献策，积极工作。即使企业一时遇到困难，员工也会与老板同舟共济，渡过难关。每个人都知道，只有上下齐心协力，才能使企业在激烈的竞争中立于不败之地，在老板赚取利润的同时，员工的利益才能得到持久的保障。助人就是助己，多做一点对你并没有害处，也许这会花掉你一些时间和精力，但是可以使你从竞争者中脱颖而出，你的老板、上司和顾客会关注你、信赖你、需要你，从而给你更多的机会。今天种下的种子，总有一天会结出甜美的果实，最终受益的还是你自己。

有些员工以为老板整天只是打打电话、喝喝咖啡而已，这种认识使他们无意中让自己的立场与老板对立起来，使老板和员工之间原本和谐共赢的关系变得紧张起来。实际上，老板并不像我们想象的那么轻松潇洒，作为公司的经营者，他们承担着巨大的压力和风险，他们只要清醒着，头脑中就会思考公司的行动方向，一天十几个小时的工作时间并不少见。一到下班时间就率先冲出去的员工不会得到老板的喜爱，所以不要吝惜自己的私人时间。即使你的付出得不到什么回报，也不要斤斤计较。

斤斤计较一开始只是为了争取个人的小利益，但久而久之，当它变成一种习惯时，为利益而计较，就会使人变得心胸狭隘、自私自利。它不仅对老板和公司造成损失，也会扼杀员工的创造力和责任心。

老板也在为我们工作

很多员工认为老板对公司而言仅是一个投资者，是一个"最有权力的闲人"，在这种心态的支配下，多数员工（尤其是年轻员工）都有"净赚薪水"的心态，认为"你给多少钱，我就出几分力"是理所当然、各不相欠，有的甚至对老板产生了敌对的情绪。其实，这是一种非常错误的认识。别看有些老板平日里一副轻松潇洒的样子，其实他们大都承担着不为人知的痛苦和责任。创维集团的总裁黄宏生把苏格拉底的"宁做痛苦的人，不做快乐的猪"作为自己的人生格言，这句话大概也是不少老板内心的写照。

那么在工作中，老板主要承担了哪些痛苦和责任呢？

1.风险之痛

企业越大，其经营中所遇到的风险就越大。经营企业是一项风险与收益并存的事情。尤其是当企业发展到一定规模之后，在管理机制和管理职能方面不可避免地会滋生出阻碍企业健康发展的种种潜在危机，这些都为老板管理和领导企业带来了很大的风险和挑战。

2.抉择之痛

老板的角色就好像是一艘船的"船长"，时刻要考虑到企业之舰的航向。企业做到一定规模，老板自然风光，然而随之而来却是对于企业发展方向的抉择，这种抉择的痛苦是员工所不能理解的。企业到底要不要发展壮大？如果企业需要进一步发展，是自己来做还是请职业经理人？自己做，面临着精力和时间上的挑战，请职业经理人，又面临着处理老板与职业经理人间的种种矛盾。矛盾发生时，职业经理人拍拍屁股就可以走了，但是老板却还得捡起烂摊子。只要企业存在，企业抉择的问题就时刻萦绕在老板的心头。

3.责任之痛

老板是一个企业的领航者和组织者,他们要对企业发展战略的制订、各级人员的管理、财务控制等重大环节负责,稍有不慎就会使企业出现重大变故,很多人可能会因此要重新选择岗位,甚至对整个产业产生很大的影响。由此可见,老板身上肩负着企业的、员工的、社会的责任等多重责任,这种责任为他们带来种种荣耀的同时,也给他们带来了巨大的压力和痛苦。

4.身体之痛

很多老板都以牺牲身体健康为代价来换取事业上的成功。老板不仅工作要动脑,而且还要交际应酬,结果,过多的应酬和思虑把身体搞垮了,老板的成功是牺牲了健康作为代价的。例如,知名企业家王均瑶去世有很大一部分原因就是因为过于劳累。

5.感情之痛

处于领导的位置,老板付出的比一般人多得多。算算老板的工作时间:早上8点钟到办公室,中午开会或者陪人吃饭,下午接待各种各样的人,晚上还要应酬。等到回家的时候,家人也睡了,老板与家人之间基本上没有时间沟通,由于缺少沟通,两者间也越来越不可能产生共鸣。

冷落了家人不说,有的人在做了老板以后,由于利益的纷争,兄弟姐妹也反目成仇,老板成了孤家寡人。有的是几个好朋友一起做生意,开始很好,做到一定程度,每个人的想法就不一样了,有的说我的钱赚够了,请退钱给我;有的说我还要继续发展,急需钱投资,不能退钱,矛盾的激化导致好朋友最终分道扬镳。

老板承受着不为人知的痛苦和责任,有人把他们称为企业的家长、教练,其实更多的,老板是员工事业上的伙伴,老板在为公司工作的同时,也为员工的发展搭建了一个很好的平台。

得老板者得前程

"老板"的概念意味着什么呢？有老板就有打工者，老板好像阎王爷，生杀予夺的权力就被他掌控着，任由他差遣。

下属能不能处理好自己和老板的关系，一般来说，有着非常重要的意义。下属如果与老板关系很投缘，老板就可以为下属提供良好的工作环境和晋升机会，下属的工作有一点起色老板就会很快对此做出反应，给予一定的奖励，如果机会一到，老板金口一开，你的"前程"也就伸手可摘了。

例如，在一个单位之中，特别是私营企业之中，下属的升迁和薪水几乎都是掌握在老板的手里。如果你很有能力，你已经做了很多事情，取得了不少成绩，可是老板还是没有对你表示鼓励。究其原因，就是老板对你只是平平淡淡。很显然，你的成绩不容易被老板发现，得不到老板的欣赏，那么你就没有办法得晋升和加薪的机会。

因此，与老板关系处理得如何，往往在很大程度上决定着老板能否理解并支持你的事业。和他们相处得好，有利于你的前程。反之，和他们相处不好，就会给你的发展带来很多不必要的麻烦。

工作的直接目标就是工作绩效。在工作过程中，每个人努力工作的结果几乎都是为了取得工作绩效。而与老板关系相处得如何，在很大程度上直接影响着下属的工作绩效。

我们知道，任何人的发展和成功都是要靠机会恩赐的，也就是说，机会是下属发展和成功的重要条件。机会可以通过自己的创造等来获得，可是得到这种机会需要付出很大的代价，而获得机会的另一个重要途径就是老板为下属提供。

老板可以给下属提供、创造和分配机会，因此，下属与老板搞好关系，就可以获得更多的机会，增加成功的概率。

相反，不同的下属，做同样的工作，花同样的力气，可是，老板不喜欢他们，其评价很多都是否定的。即使没有骨头，也会说什么"工作还是不错，可是自信不足"之类的话。通过这种拐弯抹角的方式，老板嘴轻轻一动就把下属的功劳给抹杀了。对下属来说，这种做法是不好的，至少是有失公正。可是对老板来说，这不是什么了不起的大事，因为作为一个老板，行使权力是他的专利，他需要有人给他干活，而让自己喜欢的人干活更利于交流，这是不言而喻的。并且，老板的手里所掌握的资源是远远超过下属的，最终炒你鱿鱼，你也没话说，所空出来的位置可能还会弄回来一个高手呢？

可是，下属如果不懂得老板有这种偏袒的感情，那就很危险了，自己毁自己的前程。这是因为，作为下属一旦被老板嫌弃，那就不容易混下去了。

如何保住自己的前程呢？下属与老板的关系至关重要。

应该知道，下属与老板之间的缘分十分微妙：

很多时候，下属与老板攀谈几分钟，老板就会对下属产生好感。就好像男女之间的一见钟情就是这种情况，这就是所谓"人结人缘"。还有另外一种情况，那就是所谓的"日久生情"。

与"一见钟情"相比，"日久生情"发生比率更高，这是人与人之间建立良好关系的普遍方式。下属和老板关系大致也是这样的。

所以，下属在工作中不仅要勇于表现自己，还要注意自己的表现要获得领导的认可，这样你的路就会更宽，前途会更光明。

给老板多一些理解和支持

在这个世界上，一切都没有变化，变化的只是每个人观察问题的角度。凡是帮别人打过工的人都有这样一种感觉：似乎总有干不完的事，因而认为老板不近人情；而当有一天角色互换，你也成了老板时，你却会认为员工处处不积极主动。

成功守则中最伟大的一条定律——待人如己，也就是凡事为他人着想，站在他人的立场上思考。当你是一名雇员时，应该多考虑老板的难处，给老板多一些同情和理解；当自己成为一名老板时，则需要多考虑雇员的利益，给员工多一些支持和鼓励。

这不仅仅是一种道德法则，它还是一种动力，能推动整个工作环境的改善。当你试着待人如己，多替老板着想时，你的善意就会在无形之中表达出来，从而感动和影响包括你的老板在内的周围的每一个人。你将因为这份善意而得到应有的回报。任何成功都是有原因的，不管什么事都能悉心替他人考虑，这就是你成功的原因。

每一位老板在经营公司的过程中都会碰到很多出乎意料的事情，老板时刻都面临着公司内外的各种压力，而他在压力大的时候偶尔发泄一下，犯点错误，这是正常的。任何人都不可能达到完美，老板也一样。明白了这些，我们就应该以一种普通人的眼光来看待老板，而不要把他们当作雇主，应该同情那些以全副精力打理公司的人，他们往往下班之后还要工作。

很多年轻人认为，自己之所以得不到重用，在于老板鼠目寸光，没有识别人才的慧眼，而且还嫉贤妒能。他们认为在自己的老板手下做事，不仅不能实现自己的价值，还会使自己变成庸才，远离成功。

而事实上，这些年轻人哪里知道，每一个明智的老板无时无刻不在搜寻有能力的员工，而对于那些只知道抱怨却没有真才实学的人，老板只会解雇他们。任何一个老板重用的都是有才能而且能够为自己分忧解难的员工。

老板为了公司的利益，会对每一个员工进行仔细的观察和多方面的考察。只有发现某些人既无工作能力，又品行恶劣的时候，老板才会解雇他。任何人都不会拿自己的心血开玩笑，老板之所以不重用甚至解雇那些能力不足的人，就是因为他们不想拿自己一手创办的且一直苦心经营的事业当赌注。

在这个竞争激烈的社会，任何竞争说到底都是人才的竞争，只有拥有大批人才，公司才能健康发展，那些既没才能又没品行的人，当然会被老板置之不理。

把问题留给自己，把业绩留给老板

工作中，老板看的是业绩，要的是结果。因此，作为一名优秀的员工应当认清自己的职责，做对公司有益的事，把问题留给自己，把业绩留给老板。然而工作中只有极少数人能够做到这一点。我们总是很容易遇上很多怀才不遇的人，他们身上具备很多优秀的品质，他们也充满激情和梦想，可是他们的境况总是不尽人意，得不到老板的赏识。相反，总有比他们平庸的人获得了成功。他们也常常因此而抱怨：为什么上天不垂青于我？

实际上，这是因为他们只关注"我做了什么"，而不关注"我做到了什么"，他们只懂得统计自己的工作量，而不知道老板和公司真正需要的是什么。当然，他们也无法取得让老板满意的业绩。

员工在工作中会面临很多要求，但最基本的要求就是为什么提供需要的结果。老板安排你做一个工作，实际上是想要你提供这个工作的结果。但是很多人却陷入了一个心理陷阱：因为公司与员工之间，不是采取公司与公司之间那种讨价还价的交换，我们就认为公司与自己之间不是商业交换，而是"一家人"。只要做事，尽力就算是有了业绩，至于是不是达到了公司想要的结果，那就不是自己所关心的了。

事实上，认为在工作中对任务负责，而不是对结果负责，这是对自己工作价值认识上的一个误区。要知道，虽然公司与员工不是在每一件事上都采取直接的讨价还价的关系，但员工应当清楚地知道，自己既然拿了公司的工资，就应当提供相应的价值回报。只有抱着这样的心态去理解自己的工作，才能解决好工作上的问题，完成自己的工作使命。

工作中有很多人只看到一份工作的权限和职责要求，而看不到这个岗位背后所承载的意义和作用，即工作使命。对工作使命认识不清导致了这样的结果：很多员工虽然任务执行的很"出色"，但仍然是将一大堆的问题留给了公司和老板,这也就是"做什么"与"做到什么"之间的矛盾。

　　林克是一家著名的管理咨询公司的业务经理。他有一个习惯,就是每次在接受客户的委托之前,总要先花点时间去拜访该客户组织的高级主管。在问了一些有关业务委托方面的问题之后,林克总要向这些高级主管提些诸如"你们公司现在聘用的员工数量是根据什么得出的"之类的问题。据林克统计,大部分主管的回答是"我负责的是财务",或"我主管的是销售",还有一些人回答是"我掌管的员工是100名",只有很少的一部分人才会说"我的责任是向管理者提供决策所需要的正确信息",或者是"比去年的任务量提升30%是我的责任"。

　　这两种不同的回答反应了人们对待工作价值认识上的差异。正是这种认识上的差异导致了把问题留给老板还是把业绩留给老板这两种行为上的差异。那些清楚自己工作使命、把业绩留给老板的人比较看重贡献,他们会将自己的注意力投向公司及个人的整体业绩,而不是自己的报酬和升迁。他们的视野广阔,在工作中,他们会认真考虑自己现有的技能水平、专业,乃至自己领导的部门与整个组织或组织目标应该是什么关系,进一步,他们还会从客户或消费者的角度出发考虑问题。这是因为,不管生产什么产品,提供什么服务,其目的都是为了帮助消费者或顾客解决问题。

　　那些把业绩留给老板的员工会经常自我反省:"我究竟做到了什么。"这有利于他们提高工作责任感,充分发掘自己具备但还没有被充分利用的潜力。相反,那些把问题留给老板的员工不懂得自我反省,他们不清楚自己的工作使命,只知道将任务完成就可以交差了。这种心态致使他们不但不能充分发挥自己的能力,而且还很有可能把目标搞错,以至于南辕北辙。

学会与老板"换位思考"

　　一位母亲在圣诞节带着5岁的儿子去买礼物。圣诞赞歌响彻整个大街,橱窗里装饰着彩灯,盛装可爱的小精灵载歌载舞,商店里五光十色的玩具琳琅满目。

"一个5岁的男孩将以多么兴奋的目光观赏这绚丽的世界啊！"母亲毫不怀疑地想。然而她绝对没有想到，儿子紧拽着她的大衣衣角，呜呜地哭出声来。

"怎么了？宝贝，要是哭个没完，圣诞精灵可就不到咱们这儿来啦！"

"我……我的鞋带开了……"

母亲不得不在人行道上蹲下身来，为儿子系好鞋带。母亲无意中抬起头来，啊，怎么什么都没有？——没有绚丽的彩灯，没有迷人的橱窗，没有圣诞礼物，也没有装饰丰富的餐桌……原来那些东西都太高了，孩子什么也看不见。在他眼里的只是一双双粗大的脚和妇人低低的裙摆，在那里互相摩擦、碰撞……

真是可怕的情景！这是这位母亲第一次从5岁儿子目光的高度眺望世界。她感到非常震惊，立即把儿子抱了起来……

从此这位母亲牢记，再也不要把自己认为的"快乐"强加给儿子。"站在孩子的立场上看待问题"，母亲通过自己的亲身体会认识到了这一点。

同样，我们在工作和生活中也需要经常去理解自己的老板。理解的最好角度是站在被理解一方即老板的立场去思考，即所谓的"换位思考"。通过换位思考去了解老板，这对于营造自己工作和生活的小环境是极其有用的。

作为公司的员工，从你一开始进入公司那一天起，你就要开始理解公司和公司里面的人，从公司的规章制度、产品特征、市场实力到公司文化都要尽力去理解。进而还要理解你的同事、你的上司、你的老板，理解他们各是什么样的人，有什么样的脾气秉性、工作作风、性格特征。有时候在工作中还需要理解为什么他们要这样处理问题，而不是像你想象的那样。

与老板进行换位思考，也就是要求员工站在老板的角度去思考一些问题，充分理解老板的苦衷。试想如果你是老板，你肯定也希望当自己不在的时候，公司的员工还能够一如既往地勤奋努力，踏实工作，各自做好分内之事，时刻注意维护公司的利益，这样你就可以一心一意处理好外面的事情。如果你是公司老板，当你派出你的员工到各地处理公司事务的时候，也希望他们个个都能够高质高效地完成任务，以保证公司的业务顺利开展，公司的盈利节节上升。

既然你希望你的员工这样去做，那么，当你回到自己的位置上的时候，你就应该想到，自己该做什么、该如何做。

只有与老板进行换位思考，我们才能真正从老板的角度考虑问题。老板也是人，他考虑的问题比一般员工更多，因为他处理的事情多，与他打交道的人多。员工和老板之间是什么关系？直观地，当然是雇用关系，而实际上是共同创造价值、共同分享经营成果的互惠共生关系。在现今的商业环境中，老板和公司员工之间需要建立一种互信的关系。当然并不是说要对那种长期拖欠工资的老板也一味地迁就，而是说当公司真的有困难的时候，只要老板能够跟我们推心置腹地讲清楚，让我们有足够的思想准备，我们也应该体谅老板的艰辛和困难，并且自动自发地站在老板的角度，从公司的利益出发，为老板出谋划策。

老板的立场就是公司的立场，一个从公司的角度看问题的员工，会自觉调整自己与老板的对立情绪，同情和支持自己的老板，时刻与老板站在同一条战线上。

体谅老板，未来才能做好老板

很多时候，我们抱怨老板，因为他总是期望我们做得更多，却给予我们很少。可是，如果换一个角度想，老板整天忙忙碌碌，他是为了什么呢？我们的衣食住行，还不是得益于老板？

老板也在为我们工作。换个角度看老板，我们就能体会到老板为企业经营所付出的辛苦和努力，在工作中给老板更多的理解和支持，只有这样才能把我们的工作做好。

工作中，员工轻视老板主要分为下列两种情形：

第一种情形是，一旦某位职员在公司中起了很大作用，他就会变得自以为是。譬如顺利完成了一个大订单、为公司挽回了重大的损失等，他们就会想："如果没有我，公司不知道会变成什么样。"

第二种情形是，当员工处于事业的低谷，譬如没有完成业务指标，或者因个人工作问题遭到老板的批评责备，他们的内心会充满挫折感和委屈，于是，就会对那些批评他的人心存怨恨："当老板有什么了不起，将我放在那个位置上，我一样能做好。"

无论是哪一种情况，都不是一种正确的心态。他们被私欲蒙住了眼睛，看不到老板所付出的代价和努力，看不到做一名优秀的管理者所必须付出的艰辛。

事实上，作为一名老板，其工作性质与员工有很大不同。他必须思考公司整体的发展战略，他必须对每一个重大的决策进行规划，这些工作表面上看没什么大不了的，但却需要长时间的知识和经验的积累。维持一家公司的正常运行是一个相当复杂的过程，并不是我们所看到的那么简单，他必须具备许多非凡的能力：

——强烈的成就感，这类人追求卓越的成就感的愿望很强烈；

——良好的整合能力，这类人具备不错的逻辑思维能力，能把各种纷繁的信息整合起来，做出准确的判断；

——良好的承受力和持久力，这类人承受压力的能力较强，勇于面临各种打击，不轻言放弃；

——良好的团队组织能力，这类人有天生的领导力，善于调动团队整体积极性。

退一步说，如果你的老板真是很轻松，很悠闲，这也不意味着任何人做了老板都会很轻松，现在的轻松也许是以前辛苦的结果——只是你没有看到老板以前所付出的努力。一旦公司业务进入成熟稳定期，与那些整天疲于奔命的业务员相比，老板的轻松也是理所当然的。

第七章

与其抱怨工作,不如改变心情

第一节 调整情绪,让自己快乐地工作

有一种毒药叫"生气"

常言说:"事从容者有余味,人从容者有余寿。"

人在心情不好的时候会不自觉地把自己封闭起来,常见的形式有关门不跟人说话,嘟着嘴生闷气,锁着眉头胡思乱想,这样做的结果是让心情变得更坏、心里更难过。所以,我们每个人都要学习放下忧郁的心情,拒绝让它折磨自己和关心你的人。

想拥有好心情,就得从原有的坏心情中解脱,从烦恼的死胡同中走出来。只有放下忧郁的包袱,好好审视清楚,看看哪些是事实,然后敢于面对它并设法解决它。哪些是垃圾,是给自己制造困扰的想法,要狠下心来,把它抛开,这就能应付自如,带来好心情和清醒的头脑。相反,那么你只能让心情越来越糟,火气越来越旺,最后,得不偿失。

一位经理一大早起床,发现快要来不及上班了,便急急忙忙地开着车往公司急奔。

一路上，为了赶时间，这位经理连闯了几个红灯，终于在一个路口被警察拦了下来，给他开了罚单。

这样一来，上班更是要迟到了。到了办公室之后，这位经理犹如吃了火药一般，看到桌上放着几封昨天下班前便已交代秘书寄出的信件，经理更是生气，把秘书叫了进来，劈头就是一阵痛骂。

秘书被骂得颇有些莫名其妙，拿着未寄出的信件，走到总机小姐的座位旁，照样是一阵狠批；秘书责怪总机小姐，昨天没有提醒她寄信。

总机小姐被骂得心情恶劣之至，便找来公司内职位最低的清洁工，借题发挥，对清洁工的工作，没头没脑地又是一连串声色俱厉的指责。

清洁工底下，没有人可以再骂下去，她只得憋着一肚子闷气。

这样看来，低落的情绪是一个连锁反应，生气犹如毒药一样可以传染到四面八方。处于情绪低潮当中的人们，容易迁怒周遭所有的人、事、物，这是自然而然的，所以孔子才会称赞颜回："不迁怒，不贰过！"

情绪的控制，有待智慧的提升。很简单的3个字："不迁怒！"几千年来，能做到的又有几人？

其实，人只要肯换个想法，调整一下态度，或者移转一下视角，就能让自己有新的心境。只要我们肯稍作改变，就能抛开坏心情，迎接新的处境。

我们须记住："生气，是一种毒药！"我们不能让自己的情绪只停留在问题的表面，我们必须学习"转念""少点埋怨、多点包容""多洒香水、少吐苦水"，用乐观的正面思绪来迎接人生。

控制自己的愤怒，的确是件非常不容易的事情，因为我们每个人的心中永远存在着理智与感情的斗争。如同所有的习惯一样，控制冲动也是一种经过训练而得到的能力。要具备这种能力，有两个基本方法：第一，你必须不断地分析你的行动可能带来的长期后果；第二，你必须不屈不挠地按照符合你的最大利益的决定而行动。

◇自我提升法则

愤怒使你陷入他人制造的旋涡

一个不会愤怒的人是庸人,一个只会愤怒的人是蠢人,一个能够控制自己情绪、做到尽量不发怒的人是聪明人。

1809年1月,拿破仑从西班牙战事中抽出身来匆忙赶回巴黎。他的间谍告诉他:外交大臣塔里兰密谋造反。一抵达巴黎,他就立刻召集所有大臣开会。他坐立不安,含沙射影地点明塔里兰的密谋,但塔里兰却没有丝毫反应,这时候,拿破仑无法控制自己的情绪,忽然逼近塔里兰说:"有些大臣希望我死掉!"但塔里兰依然不动声色,只是满脸疑惑地看着他,拿破仑终于忍无可忍了。

他对着塔里兰粗鲁地喊道:"我赏赐你无数的财富,给你最高的荣誉,而你竟然如此伤害我,你这个忘恩负义的东西,你什么都不是,只不过是穿着丝袜的一只狗。"说完他转身离去了。其他大臣面面相觑,他们从来没有见过拿破仑如此失态。

塔里兰依然一副泰然自若的样子,他慢慢地站起来,转过身对其他大臣说:"真遗憾,各位绅士,如此伟大的人物竟然这样没礼貌。"

皇帝的失态和塔里兰的镇静自若像瘟疫一样在人们中间传播开来,拿破仑的威望降低了。

伟大的皇帝在压力下失去冷静,人们开始感觉到他已经走下坡路了,如同塔里兰事后预言:"这是结束的开端。"

塔里兰激起了拿破仑的怒气,让他的情绪失控,这正是他的目的。人人都知道拿破仑是一个容易发怒的人,他已经失去了作为一个领导的权威,这种负面效果影响了人民对他的支持。面对大臣企图发动阴谋这样的事,焦躁和不安只能起到相反的作用,这说明他已经失去了主宰大局的绝对权力。

其实,在这种情况下,拿破仑如果采用不同的做法,那结果便会大相径庭。他首先应该思考:他们为什么会反对自己?他也可以私下探听,从手下的兵身上了解自己的缺陷，更可以试着争取他们回心转意支持他，或者甚至干脆除掉他们，将他们下狱或处死，杀一儆百。所有这些策略中，最不应该的就是激烈地攻击和孩子气的愤怒。

愤怒起不到威吓效果，也不能鼓励忠诚，只会引发疑虑和不安，权力也因此摇摇欲坠，暴露出自己的弱点，这种狂风暴雨式的爆发，往往是崩溃的先声。

一个人的弱点总是在发脾气的过程中暴露出来的，它往往成为崩溃的前兆。谋略和战斗力也会在愤怒的情绪中消散，所以永远保持客观与冷静的态度至关重要。

拿破仑的教训告诉我们息怒的精髓在于：不要给对手准备的时间，先机是最重要的。谁抢得了先机，谁将最终取胜。应用这一策略采取的手段就是控制对手的情绪——虚荣、自尊、爱与恨成为影响他的因素。在愤怒的情况下，人很难控制自己的情绪。你制造的旋涡最终会将他淹没。

愤怒容易让人失去理智，他们把一点小事看得像天一样的大，过于认真让他们夸张了自身受到的伤害。他们以为愤怒可以让自己在别人眼中更具有权力，其实不是这样的。他不仅不会被认为拥有权力，反而会被认为缺乏理智，难成大气候。怒气会让你失去别人对你的敬意，他们会认为你缺乏自制力而更加轻视你。

抑制自己的愤怒并不能从根本上解决问题。你的能量会在这个过程中消耗殆尽，你的心理也会严重受挫。要想解决这一问题，最好的办法就是时刻保持冷静和宽容。面对别人的愤怒，不要多想，可能他的愤怒并不是针对你，只是为了让自己的心情轻松一些。

公元3世纪，在三国时期一场重要的战役期间，曹操的谋士发现有几位将领通敌，于是建议把他们处决。但曹操什么也没做，他知道，在战争的关键时刻处决这些将领只能扰乱军心，对自己不利。与拿破仑相比，曹操更懂得保持镇静的重要性。

对待那些容易激动的人最有效的态度就是不理不问。面对别人的情绪圈套，你应该保持头脑冷静，才能够在权力的争夺过程中取得主动权。控制别人的方法关键在于如何把握。

如果愤怒的情绪已经产生，要做的不是控制和压抑，而是转变一个角度去思考，想想发怒的严重后果，这样你就能让自己冷静和宽容了。

克服你的"约拿情结"

职场中的人们，在面对选择的时候总是忧心忡忡、辗转难眠，而且内心矛盾重重，因为他们一样都不想失去，舍不得其中的任何一个，久而久之，这种情绪就会造成对自己内心的干扰，其实，你只有放弃人生际遇中的患得患失，才能走出情绪的低谷。

约拿是《圣经》中的人物。据说上帝要约拿到尼尼微城去传话，这本是一种崇高的使命和很高的荣誉，也是约拿平素所向往的。但一旦理想成为现实，又感到一种畏惧，感到自己不行，想回避即将到来的成功，想推却突然降临的荣誉。这种成功面前的畏惧心理，心理学家们称之为"约拿情结"。

约拿情结是一种普遍的心理现象。我们既想取得成功，但面临成功，总是伴随着一种心理迷茫。我们既自信，但同时又自卑，我们既对杰出人物感到敬仰，但又总是有一种敌意的感情。我们敬佩最终取得成功的人，而对成功者，又有一种不安、焦虑、慌乱和嫉妒。我们既害怕自己最低的可能性，又害怕自己最高的可能性。

"约拿情结"也许有其存在的合理性。不过，从自我实现的角度看，它是一种自我的心理障碍。

你是否曾经毫无理由地对某人大发雷霆，或是为平时不屑一顾的小事而痛哭流涕？这时你要注意了：因为你很可能正处于情绪低潮期、彻底的坏情绪中。首先你不要恐慌，因为不只你一人有过这样的经历。有一项调查表明，日常生活中，人们有3/10的时间会脾气古怪、爱发牢骚、易怒，却不知道原因何在。

脾气古怪与忧郁并不等于抑郁症，坏心情持续几个小时或是几天就会自动消失。如果情况依旧，并且这种情绪已经影响你的工作效率或对孩子的日常照顾，那就转变为抑郁症了。这时候你就该寻求专家的帮助。要知道精神萎靡并不会将你打垮，以下有10个不妨一试的"坏心情清除术"，你只需要用5分钟或更少的时间就能完成。

1.采取直接行动

为一件事烦恼可能会花几天时间，而行动起来解决它只要几分钟就够了。比方说，求职面试后你迟迟得不到通知结果，你为此心神不宁。别烦自己了，马上打电话给面试你的人事主管，不管是福还是祸，你的紧张心情总会有个着落。

2.依靠朋友帮忙

如果你没坐下来，找其他人和你一起检查问题根源，那你的结论难免会有失偏颇。选一个朋友帮你把问题看清楚，给自己5分钟时间，在电话里和他谈一谈。别担心自己会惹人烦，朋友交往就是让你去麻烦的。不过一定别忘了要问问他最近生活得怎么样，这不仅是出于礼貌。同时，转移对自身的注意力也不失为一种迅速摆脱忧虑的好方法。

3.放任自己，顺其自然

是的，有时最明智的摆脱坏心情的做法是别抑制它，而是任其发泄5分钟。抑制情绪的结果往往是使其更加恶化——而感情是需要释放出来的。因此，当你无法查清问题根源，或没找到直接的办法可以排解恶劣情绪时，那就顺其自然吧！你的坏心情会过去的，只不过要设定好自我放纵的界限。

4.装作心情很好，直到心情真的好起来

实际上通过伪装好心情，会让你感觉更愉快些。深呼吸，绽放一个笑容并对自己说："再过5分钟一切都会变好。"然后努力使自己好起来。

5.停止拖拖拉拉

旧金山心理分析学院的心理学专家玛莉·拉米亚博士指出：做事拖延常

常令人们牢骚满腹、心情沮丧。试着催促自己加快步伐。花5分钟时间从小处入手，这会让你离目标更近一点。举个例子，如果你正在找工作这事儿上拖拖拉拉，那就打出简历来，并找出你感兴趣的那家公司的地址。你会在做这些工作的过程中得到成就感，同时，这也会为你提供前进的动力。

6.回忆幸福时光

记住，当邻居羡慕你培养孩子的方式时，你感到多么高兴；当你的老板征求你的意见时，你有多么骄傲。记下别人对你的赞美和你取得的成绩，当你需要肯定自己是多么优秀时，花5分钟时间回忆一下。

7.甩掉包袱

工作过多而感到不胜负荷可能是郁闷心情产生的根源。最好的解决办法就是尽量减少工作表上的内容，到环境幽雅的地方解决晚餐，让家里人自己洗衣服（你只要花上5分钟时间告诉他们怎样操作就够了）。日常杂务如何安排让你为难么？用5分钟时间把该做的事情列个清单，这样你就会感到一切尽在掌握之中。比如每天查看一次电子信箱，丢掉未打开的垃圾信件，或者晚饭时让留言机接听电话。

8.保持充足的水分

每天你的身体需要大约8杯水才能保证你精力充沛、精神旺盛。别等到你感觉口渴时才喝水，因为那意味着你已经脱水了。因此，工作时，应该永远将水杯放在触手可及的地方。

9.唱你最喜欢的歌

很多资料表明，音乐能改变人的情绪。花5分钟时间哼唱你最爱的那首古老而经典的歌儿，感受新的自我。大胆地高声唱出来，这样效果会更好。

10.学会释然

有些问题根本没有解决办法，因此你必须让它按自身的方式发展。试试下面的小窍门：把你关心的事情写在一张纸上，将这张纸揉碎，扔进废纸篓里；或者想象麻烦事就像洗澡时身上的肥皂泡沫顺着身体盘旋流走。

思想控制情感，因此，如果你设想烦恼消失了，实际上你就会感到豁然开朗，坏心情随之一扫而光。

拥有海阔天空的生活

生活经验告诉我们，背向太阳你只会看到自己的阴影，所以要拥有开阔的心情就一定要面朝太阳，直接面对生活中绚丽的阳光。

曾经有这样一个动物纪录片：

在夏日枯旱的非洲大陆上，一群饥饿渴乏的鳄鱼陷身在水源快要断绝的池塘中，鳄鱼已经开始弱肉强食了，眼看"物竞天择，强者生存"的理论将要上演。

这时，一只瘦弱勇敢的小鳄鱼却起身离开了快要干涸的水塘，迈向未知的大地。

干旱持续着，池塘中的水愈来愈混浊、稀少，最强壮的鳄鱼已经吃掉了不少同类，剩下的较强壮鳄鱼并未离开，也许栖身在混水中，等待迟早被吃掉的命运，似乎总比离开、走向完全不知水源在何处还安全些。

池塘终于完全干涸了，唯一剩下的大鳄鱼也不耐饥渴而死去，它到死还守着它残暴的王国。

可是，那只勇敢离开的小鳄鱼呢？在经过多天的跋涉，幸运的它竟然没死在半途上，而在干旱的大地上，找到了一处水草丰美的绿洲。

原来物竞天择，未必强者生存，小鳄鱼有运气，但它懂得选择离开，证明了改变观念便能改变命运的适者生存的哲学。

这则纪录片的寓意，在人类的生活中也得到了诠释。有一个成功的女人原来在工作单位屡受某位资深同事的排挤，使她很难有所表现，最后她毅然决定离开原有的公司，从做自由接案者到成立自己小小的公司，几年下来的她如今已拥有一家颇具规模的公司，年收入是当初薪水的好几十倍。

但当初排挤她的人却因公司经营不善倒闭而失业了，她一直很感激当初大力压制她的人，她说那个人给了她一个机会，让她"到别处去寻找梦想"。

人生就是这样，勇于竞争做强者的人未必一定笑到最后，反而是能够自我调整、改变、开创新生活的人更能适应环境而生存下来。

改变观念便能改变命运！

背向太阳只会看到自己的阴影！

在职场中打拼的"斗士"更要牢牢记住这一点！

笑看人生几多愁

德国哲学家康德说："快乐是我们的需求得到了满足。"是的，我们觉得满足和幸福，我们就快乐。我们的心里灿烂，外面的世界也就处处沐浴着阳光。

有这样一对双胞胎，他们外表酷似，禀性却迥然不同。

若一个觉得太热，另一个会觉得太冷。若一个说电视声音太大，另一个则会说根本听不到。

为了试验双胞胎儿子们的反应，他们的父亲在他们的生日的时候，在其中的一个儿子的房里堆满了各种新奇的玩具及电子游戏机，而另一个儿子的房里则堆满了马粪。

晚上，他们的父亲走过放有玩具的儿子的房间，发现他正坐在一大堆新玩具中间伤心地哭泣。

"儿子呀，你为什么哭呀？"父亲问道。

"因为我的朋友们都会妒忌我拥有这么多玩具，而且我还要读那么多的使用说明才能够玩，还有这些玩具总是不停地要换电池，我想最后它们全都会坏掉的！"

父亲没有说什么就走进堆满马粪的儿子的房间，父亲发现他正在马粪堆里快活地手舞足蹈。

"咦，你高兴什么呀？"父亲问道。

这位儿子答道："我能不高兴吗？附近肯定有一匹小马！"

我们由此可以看出,这两个孩子一个是绝对极端的乐观主义者,而另一个则是不可救药的悲观主义者。

在悲观的人眼里,原来可能的事也能变成不可能;在乐观的人眼里,原来不可能的事也能变成可能。人的心态变得积极,就可以得到快乐,就会改变自己的命运。乐观豁达的人,能把平凡的日子变得富有情趣,能把沉重的生活变得轻松活泼,能把苦难的时光变得甜美珍贵,能把烦琐的事情变得简单可行……那么请相信,这时候快乐已经来临!

正如英国人狄斯累利所说:"境遇不造人,是人造境遇。"

这样我们可以说境由心造,人们很容易将思维编入既存的框架里,或满足或失意或进取,等等。失意的人就会产生"命中注定"或"无法更改"的思维定式,逐渐失去踏出围绕我们的框架的勇气,然后将自己对人生的梦想和野心一个个抛弃掉。而没有追逐梦想、实现野心的热情,人生也将会缺乏激情。

苏东坡和佛印和尚是很好的朋友,但是两人也喜欢彼此打趣。

有一天,两人坐着打禅。

一会儿工夫,苏东坡睁开眼问佛印:"你看我坐禅的样子像什么?"

佛印看了看,频频点头称赞:"嗯!你像一尊高贵的佛。"

苏东坡暗自窃喜。

佛印也反问道:"那你看我像什么呢?"

苏东坡故意气佛印:"我看你简直像一堆牛粪。"

佛印居然微微一笑,没有提出反驳。

回到家中,苏东坡得意地告诉他的妹妹:"今天佛印被我好好地羞辱了一番。"

当苏小妹听了事情原委后,反而笑了出来。

苏东坡好奇地问道:"有什么好笑的?"

"人家佛印和尚心中有佛,所以看你如佛;而你心中有粪,所以看人如粪。其实输的是你呀!"

苏东坡这才恍然大悟。

的确，有什么样的心态，就决定我们会有什么样的生活状态，佛教讲"境随心转"，的确道出了人生的大智慧。但这种大智慧并不高深莫测，是我们每个人都可以随时在生活中捕捉到的，因为拥有什么样的心态，完全取决于我们自己的思维习惯。每个人都是自己心态的主人，也是自己所面临环境的主人。

还有一个故事：

一位老和尚，带着他年轻的徒弟匆匆地赶路。

两人在山路上走着走着，来到一条湍急的小溪旁。他们看到一位衣着端庄、貌美如花的姑娘，正坐在溪畔的石头上，望着河水发呆。

老和尚虽然和徒弟急着要涉水过溪、继续赶路，倒也没忘记出家人慈悲为怀的善念，见到一位姑娘独自呆坐，便念了声佛语，询问那位姑娘为何独自坐在溪旁？

原来这位姑娘到邻家赶亲友的喜宴，打扮妥当来到溪边，本以为可以撩起裙摆涉水而过，却不料溪水因大雨而变得又急又深，使得她受困在溪旁，一筹莫展。

老和尚了解姑娘的困境之后，于是便提议让那位姑娘爬在自己的背上，由他背负渡过这条小溪。这位姑娘想了想，也别无他法，只好同意。

老和尚背着那位姑娘，和年轻徒弟三人顺利过了小溪。姑娘道谢之后，便分头赶路。向前走了一大段路之后，年轻和尚满心疑惑，突然开口问道："师父，我们出家人一向四大皆空，需得守五戒，尤其是这'色'戒……"

老和尚笑道："你认为，我背负那位姑娘过溪，这件事做得不对？"

年轻和尚迟疑地答道："这个……男女授受不亲……"

老和尚悠悠地道："这位姑娘啊，我在溪旁已经将她放下，任她自行离去了。而你啊，直到此际，犹不愿将她从心头放下，硬是拴住她，还不肯放人家走。"

的确心里纠缠的郁闷、挂念与无数爱恨情仇，是让自己停留在原地无法成长、造成苦恼的原因。也因为这样，往往容易使得我们的思考盘绕在许多旁枝末节的纷扰当中，难以打开心扉接受快乐的阳光。

印度有一句谚语："播下一种心态，收获一种性格；播下一种性格，收获一种行为；播下一种行为，收获一种命运。"

心理学家马斯洛也曾讲过类似的话："心若改变，你的态度跟着改变；态度改变，你的习惯跟着改变；习惯改变，你的性格跟着改变；性格改变，你的人生跟着改变。"

由此，可以看出改变从心开始，只要我们敞开自己的心扉，转变自己的心态，那么我们就可以从容面对生活的磨难，微笑面对生活的无限烦愁。

保持快乐七法

人生在世，难免遇到挫折和坎坷，职场之路，更是棘荆密布，走在这条路上的人，要想保持快乐的心情，仿佛成为一种奢求。其实保持快乐并不难，只要你学会保持快乐的七种方法，那么快乐非你莫属。

想一想：换个角度来讲，挫折和失败是对人意志、决心和勇气的锻炼。人是经过了千锤百炼才成熟起来的，重要的是吸取教训，不犯或少犯重复性的错误。

走一走：到野外效游，到深山大川走走，散散心，极目绿野，回归自然，荡涤一下胸中的烦恼，清理一下浑浊的思绪，净化一下心灵尘埃，唤回失去的理智和信心。

比一比：与同事、同乡、同学、好友相比，虽说比上不足，但比下有余。及时调整心态，以保持心理平衡。不因小败而失去信心，不因小挫而伤锐气。

放一放：如果不是急事大事，索性放下，不去管它，过几天再说，或许会有个更清晰的认识，更合理周密的打算。

乐一乐：想想开心的事、可笑的事；或拿本有趣的书，读几段令人开怀大笑或幽默风趣的章节。

唱一唱：唱首优美动听的抒情歌，一曲欢快轻松的舞曲或许会唤起你对美好过去的回忆，引发你对灿烂未来的憧憬。

让一让：人生如狭路行车，该让步时姿态高些，眼光远点，不在一时一事上论短长。让人一步，海阔天空。

如果你将以上七法牢记于心，那么快乐舍你还谁？

第二节 化压力为动力，在工作中寻找快乐

警惕"时间窃贼"

管理学大师彼得·杜拉克曾说过："时间是世界上最短缺的资源，除非严加管理，否则会一事无成。"

时间管理学研究者们发现，人们的时间往往被下述"时间窃贼"偷走：

1.找东西

据对美国200家大公司职员作的调查，公司职员每年都要把6周时间浪费在寻找乱放的东西上面。这意味着，他们每年要损失10%的时间。对付这个"时间窃贼"有一条最好的原则：不用的东西扔掉，不扔掉的东西分门别类保管好。

2.懒惰

对付这个"时间窃贼"的办法是：使用日程安排簿；在家居之外的地方工作；及早开始工作。

3.时断时续

研究发现，造成公司职员浪费时间最多的是干活时断时续的方式。因为重新工作时，这位职员需要花时间调整大脑活动后才能在停顿的地方接着干下去。

4.惋惜不已或白日做梦

老是想着过去犯的错误和失去的机会，唏嘘不已，或者空想未来，这两种心境都是极浪费时间的。

5.拖拖拉拉

这种人花许多时间思考要做的事，担心这个担心那个，找借口推迟行动，又为没有完成任务而悔恨。在这段时间里，其实他们本来能完成任务而且应转入下一个工作了。

6.对问题缺乏理解就匆忙行动

这与拖拉作风正好相反，他们在未获得对一个问题的充分信息之前就匆忙行动，以至于往往需要推倒重来。这种人必须培养自己的自制力。

7.分不清轻重缓急

即使是避免了上述大多数问题的人，如果不懂得分清轻重缓急，也达不到应有的效率。

区分轻重缓急是时间管理中很关键的问题。许多人在处理日常事务时，完全不考虑完成某个任务之后他们会得到什么好处。这些人以为每个任务都是一样的，只要时间被工作填得满满的，他们就会很高兴。或者，他们愿意做表面看来有趣的事情，而不理会不那么有趣的事情。他们完全不知道怎样把人生的任务按重要性排队，确定主次。在确定每一天具体做什么之前，要问自己3个问题：

（1）我需要做什么？——明确那些非做不可又必须亲自做的事情。

（2）什么能给我最高回报？——人们应该把时间和精力集中在能给自己最高回报的事情上。

（3）什么能给我们最大的满足感？——在能给自己带来最高回报的事情中，优先安排能给自己带来满足感和快乐的事情。

随时警惕你的"时间窃贼"，切记珍惜时间就是珍惜生命。时间是生命的本钱，一个人浪费了时间就是断送了自己的生命。时间来得匆匆，去得也匆匆，要想使自己的生活更有意义，就应该珍惜属于自己短暂的时间。

时间对每个人来说都是平等的，珍惜时间的人就会得到无穷无尽的财富，而浪费时间的人将一无所有。

做好你的时间预算

哈伯德先生在他的著作中指出：善于为时间立预算、做规划，是管理时间的重要战略，是时间运筹的第一步。成功目标是管理时间的先导和根据。你应以明确的目标为轴心，对自己的一生作出规划，并排出完成目标的期限。

你若要成为一个卓越的员工或经理人，就需要先安排相关的基础知识的学习时间、社会实践的时间。你得大致计划一下，突破一门课程需要花多长时间，什么时候进入管理实践，向内行学习。你若以搞发明创造为目标，就得在学习科学理论、向他人求教、动手制作、实验等几个领域分配好时间和精力。

立计划，也包括对"预算"的检查督促。你要经常检查某一短期目标是否如期完成。我们可以记工作日志，或将完成每件事花的时间记录下来。

有的人工作起来似乎一天到晚都很忙，并且常常加班，为何非得加班不可呢？那多半是由于工作管理拙劣所致，避免加班的关键在于行程表的拟订。总之，拟订周期行程表是件非常重要的事。

我们可以尝试拟订行程表，让自己的工作行程、同事的活动、上司的预定计划、公司的整体动向等事情一目了然。

由于自己的工作并非完全孤立，所以必须将它定位在所属部门的目标、公司整体的目标乃至外界环境的变动上，才能保证计划的合理性。

只要尝试拟订行程表，原本凌乱不堪的各种预定计划，就会显得条理井然起来。

人们之所以工作忙得不可开交，究其原因是由于总在工作即将终止之时，赶紧手忙脚乱地加班熬夜之故。这种做法，经常导致工作水平下降。总之，及早着手准备才是快速完成工作的保障。

如果能够拟订行程表，设定进修时间、休闲时间、与家人沟通的时间，自己和家人都将因此取得默契，步调一致。此外，通过与家人的沟通，不但可以减轻日常生活的紧张压力，而且能够使你涌现新的活力。

"先忧后乐"乃是时间计划的基本原则。

把这种个人时间管理模式推荐给家人，可有效避免和家人发生冲突。

让我们来看一看一个具体的周末假日行程表。

首先，所谓周末假日究竟是从什么时候开始，到什么时候结束呢？

一般的看法是从周六早上到周日晚间为止。不过如果想要利用周末假日，充分争取时间进行自我启发的话，这样看是不行的。

所谓周末假日是从周五晚间到周一早上为止的时间。如此解释的话，就有将近三天的假期可资运用，无妨将它当作一个整体时段来加以掌握。

倘若这种理念成立的话，周五晚间的度过方法就变得十分重要。

周六和周日，还是应该早起。如果失之严苛的话，恐有难以持续之虞，因此不妨稍微放松，比平日晚起一两个小时也没关系。尽可能和家人共用早餐为宜。

其次，要将周六、周日的上午定为主要进修时间，不足的部分排在周六、周日的晚间。周日晚间不排计划只管就寝，周一早上提早起床也就可以做到。

一般而言，周末假日要将工作暂且付诸脑后，好好地调剂身心才是提高工作效率的良方。不过，有件事情非常重要，就是必须为下周一开始的工作预做心理准备。

如果等到下周一早上再来定下下周的进修行程表，事实上已经太迟了。本周日晚间才是思考并定下下周行程表的绝佳时机。

运用80/20法则

当我们把80/20法则应用到时间管理上时，就会出现以下假设：

一个人大部分的重大成就——包括一个人在专业、知识、艺术、文化或体能上所表现出的大多数价值，都是在他自己的一小段时间里取得的。

如果快乐能测度，则大部分的快乐发生在很少的时间内，而这种现象在多数的情况里都会出现，不论这时间是以天、星期、月、年或一生为单位来度量。

用80/20法则来表述就是：80%的成就，是在20%的时间内取得的；反过来说，剩余的80%时间，只创造了20%的价值。一生中80%的快乐，发生在20%的时间里；也就是说，另外80%的时间，只有20%的快乐。

如果承认上述假设，那么我们将得到四个令人惊讶的结论。

结论一：我们所做的事情中，大部分是低价值的事情。

结论二：我们所有的时间里，有一小部分时间比其余的多数时间更有价值。

结论三：若我们想依此采取行动，我们就应该采取彻底行动。只做小幅度改善，没有意义。

结论四：如果我们好好利用20%的时间，将会发现，这20%是用之不竭的。

花一点时间去印证80/20法则，几分钟也好，几小时也行。找出在时间的分配与所得的成就（或快乐）两者之间，是否真的有一种不平衡现象。看看你最有生产力的20%的时间，是不是创造出80%的价值；你80%的快乐，是不是来自生命中20%的时间。

这是非常重要的问题，不可轻视。也许你该把本书放下，去散个步，一直到你确定了你的时间分配是否平衡，再回来继续读。

我们对于时间的品质及其扮演的角色所知甚少。许多人根据直觉即可明白这个道理，而千百个忙碌的人并不知道学习管理时间，他们只是瞎忙。我们必须改一改我们对待时间的态度。

如果要你把自己最宝贵的20%的时间拿出来，去当一个好士兵，去参加一场别人认为你会参加的会议，或去做同伴都在做的事，或是去观察你所扮演的角色，不论是哪一项，你可能都不愿意。因为对你而言，上述这几件事都不必要。

若你采取传统的行动或解决方式,那么你就逃不出80/20法则的预测,而把80%的时间花在不重要的活动上。

为了避免这种结果,你必须找出一种可行的方法来管理你的时间。问题是,若你不想被排除在世界之外,你能离传统多远?有特色的方法不见得全都能提升效率,想出几种,然后挑一个最适合你的个性的方法来进行时间管理。

运用80/20法则,你可以很快地找到符合自己的时间管理方法。80/20法则对于时间的分析,是与传统看法大异其趣的,而受制于传统看法的人,可从这个分析中得到解放。80/20法则主张:我们目前对于时间的使用方式并不合理,所以也不必试图在现行方法中寻求小小的改善。我们应当回到原点,推翻所有关于时间的假定。

时间不会不够用。事实上,时间多得是,我们只运用了我们20%的时间,对于聪明人来说,通常一点点时间就造成了巨大的不同。依80/20法则的看法,如果我们在重要的20%的活动上多付出一倍时间,便能做到一星期只需要工作两天,收获却可比现在多60%以上。这无疑是对于时间管理的一场革命。

80/20法则认为,应该把重点放在20%的重要时刻上,而应削减不重要的80%的时间。执行一项工作计划时,最后20%的时间最具生产力,因为必须在期限之前完成。因此,只要预计完成的时间减去一半,大部分工作的生产力便能倍增,时间就不会不够用。

下面的例子将告诉你如何提高效率。

这些例子都是关于非传统式时间管理法的例子。当管理顾问的人,通常工作时间很长,还要面临多得令人发狂的事务。让我们看看下面三个管理顾问是如何管理他们的时间的。

第一位是弗莱德,他从事顾问事业赚得千万财富。他并非商学院出身,却有能力设立一个成功的大公司,公司上下除了他以外,几乎每人一星期都要工作70小时以上。弗莱德很少进公司，每月只与股东开一次会，而且是全球股东都得参加的会议，他比较喜欢把时间用来打网球和思考。他以强硬手腕管理公司，但从不大声讲话，他通过五个主要部属来掌握公司的一切。这就是他的管理方法。

第二位顾问叫蓝迪，是位陆军中校。全公司里除了创立者以外，他是唯一的不是工作狂的人。他前往另一个遥远的国家，在那儿有一个快速成长的公司，员工主要来自家乡，工作非常努力。没有人知道蓝迪如何运用时间，也不知道他的工作时间是多少，但他的确逍遥自在。蓝迪只参加重要客户的会议，其他事务则授权给年轻合伙人处理。

蓝迪虽是公司领导者，却不管任何行政事务。他把所有精力拿来思考如何在与重要客户的交易中增加获利，然后再安排用最少人力达到此目的。蓝迪的手上从不曾同时有三件以上的急事，通常一次只有一件，其他的则暂时摆在一旁。为蓝迪工作的人充满挫折感，但他确实效率奇高。

第三位叫吉姆，他的办公室很小，里面还有很多同事，是一个非常拥挤且骚动的办公室，有人打电话，有人正准备着向客户作报告，屋子里到处是声音。但吉姆好比一片平静的绿洲，把注意力全集中在分内的事上，他在运筹帷幄。有时他会带几位同事到安静的房间内，向他们解释他对每一个人的要求，不只是讲一两遍，而是再三说明，务求交代所有细节。然后，吉姆会要求同事重述一遍他们即将进行的工作。吉姆动作慢，看似毫无生气，且半聋，但他是非常棒的领导者。他把所有时间都拿来思索哪件工作最具价值，谁是最合适的执行者，然后，紧盯着事情的进度。

看完这些例子，你也许将开始运用80/20法则来改善你的时间管理。

赢取时间的19个办法

（1）把该做的事依重要性进行排列，这件工作，你可以在周末前一天晚上就安排妥当。俗话说："凡事预则立，不预则废。"

（2）每天早晨比规定时间早15分钟或半个小时开始工作，这样，你不但树立了好榜样，而且有时间在全天工作正式开始前，好好计划一下。

（3）开始做一件工作前，应先把所需要的资料、报告放在桌上，这样将免得你为寻找遗忘的东西浪费时间。

（4）利用电话、电报、信件等，以节省时间。

（5）购买各种书籍，尽可能多地吸收知识，这样可增强你的处事能力，减少时间浪费。

（6）把最困难的事搁在工作效率最高的时候做，例行公事，应在精神较差的时候处理。

（7）养成将构想、概念及资料存放在档案里的习惯，在会议、讨论或重要谈话之后，立即录下要点。这样，虽事过境迁，仍会记忆犹新。

（8）训练速读。想想看，如果你的阅读速度增快2～3倍，那么办事效率该有多高？这并不难做到，书店及外界都有增进你这些能力的指导训练书籍。

（9）不要让闲聊浪费你的时间，让那些上班时间找你东拉西扯的人知道，你很愿意和他们聊天，但应在下班以后。

（10）利用空闲时间。它们应被用来处理例行工作，假如有位访问者失约了，也不要呆坐在那里等下一位，你可以顺手找些工作来做。

（11）充分发挥你手提箱的功用：把文件有条不紊地排好，知道哪些东西在哪个位置上，这样可避免费时去找东西，更不会在与人洽谈时翻箱倒柜去查找。

（12）琐事缠身时，务必果断地摆脱它。尽快地把事做完，以便专心致志地处理较特殊或富有创造性的工作。口述时，只述重点，其余就让秘书或助手来替你做，只要使他们知道你期待他们做什么事就可以了。

（13）管制你的电话。电话虽然不可缺少，但不能完全被他人占用。在拿起电话前，先准备好每件要用的东西，如纸、笔、姓名、号码及预定话题、资料等。

（14）该做的事都放在桌上，以免遗漏。

（15）晚上看报。除了业务上的需要外，尽可能在晚上看报，而将白天的宝贵时光用在读信、看文件或思考业务状况上。

（16）开会时间最好选择在午餐或下班以前，这样你将发现在这段时间，每个人都会很快地做出决定。

（17）当你遇到一个健谈的人来访时，最好站着接待他。这样他就会打开天窗说亮话，很快就道出来意了。

（18）休息片刻，来杯咖啡、茶、冷饮，甚至只要在窗前伸个懒腰，就能够使你精神抖擞了。

（19）沉思。每天花片刻时间思索一下你的工作，可找到各种改进工作的方法，受益匪浅。

从工作中寻找乐趣

视工作为乐趣，人生就是天堂；视工作为痛苦人生就是地狱。生命本没有意义，是人类赋予了它意义，它才变得有意义的。工作亦如是，它本身无所谓有趣与否。我们从事的工作是单调乏味还是充实有趣，往往取决于我们对待它的心境。

许多在大公司工作的员工，他们拥有高学历和过硬的专业知识，也在实践中锻炼了出众的能力，可以说他们是这一领域的精英。他们穿行在高级写字楼里，拿一份让人羡慕的不菲的薪水，在其他人眼中他们是多么快乐和幸福。然而，他们中的许多人却并不快乐，甚至有些人性格孤僻，不喜欢与人交流。他们视工作如紧箍咒；他们把工作仅仅当作为了生存不得已而为之的负累。工作的压力使他们的精神总是处于紧张状态，这样他们的身体就长期处于亚健康状态。

有些工作，如果从局外人的眼光来看待，或者用世俗的标准来衡量，或许是缺少变化、没有挑战、枯躁乏味的，仿佛没有任何意义，也没有任何吸引力和价值可言。但对深入其中的人而言，却并非如此。在他们的眼中每一件事情都可能对人生具有深刻的意义。只要有心，砖石工或泥瓦匠也能从砖块和砂浆中看出诗意；图书管理员辛勤劳动，在整理书籍的缝隙，也能感受获取知识的喜悦；厌倦了按部就班教学的老师，也许一见到自己的学生，就变得非常有耐心，忘记了所有的烦恼。

你对工作的态度决定了你的工作环境和工作状态。

你现在属于哪一种员工？你想做的又是哪种员工？天堂还是地狱，全在于你自己的选择。

任何事情都有两面性，工作也不例外。能不能从你所从事的工作中感受到乐趣，归根到底是一个心态问题。面对压力和挫折，乐观的心态使你在困境中也能发现积极的一面，保持良好的状态，想办法走出困境。悲观的心态使你过分关注不尽如人意的方面，一叶障目，从而看不到工作的乐趣。

无数的事例都验证了这样的真理：积极正面的心态有助于开创工作和人生的新境界，而消极封闭的思维方式只会使工作和生活原地踏步。

不同的思维方式导致不同的工作态度，不同的工作态度必然会产生不同的结果。观念的力量是巨大的，只要我们拥有积极乐观的心态，我们永远不会缺乏向上的动力，我们的生活和工作会永远充满明媚的阳光。

有很多人抱怨自己从事的工作不是自己喜欢的，他们在工作中根本找不到乐趣，从而他们觉得生活和工作都是阴暗的，没有任何意义。

诚然，拥有兴趣，你才会更容易感受到生活的乐趣；拥有兴趣，你才会更自觉地爆发出工作的激情。可是，如果没有健康积极的心态，即使你从事的是自己最喜欢的工作，你依然无法真正地体验工作中的乐趣，并持久地保持对工作的激情。

事实上，很多时候，个人喜好只是一个借口，这个借口掩盖了消极的心态，纵容了散漫的表现。这样做，对自己和社会都是不负责任的。斤斤计较自己的得失，陷入琐事的包围，看不到工作本身的价值和乐趣，怎么可能会从内心深处认同自己的工作，产生向上的动力？怎么可能成就一番事业？

即使你的处境暂时不令人满意，也不应该因此而厌恶自己的工作。这种非常糟糕的态度，非但无助于解决任何问题，反而会使状况更加恶化。即使由于环境所迫你不得不做一些你不喜欢的工作，你也应该想方设法使之充满乐趣。如果用这种积极的态度投入工作，无论做什么，相信都能取得良好的效果。

当你在乐趣中工作，精神愉悦，就爱你所选，别轻言变动。如果你开始觉得压力越来越大，情绪越绷越紧，让自己的心境变得开阔，让工作成为一种乐趣；或者使你思想变得狭隘，庸庸碌碌、俗不可耐。因此，无论从事着什么样的工作，能否从中发现乐趣，要看你对工作所持的态度。

能从工作中找到乐趣，快乐工作的人更容易取得成功。

知之者不如好之者，好之者不如乐之者。每个人要从心里接受自己工作所包含的一切！若仅仅是从理性上被动地认可工作，你或许也可以做得很好；可是如果不能从感情上认同，工作表现再优秀你也不会快乐，你的人生也只是在别人眼中的"成功"，而不是真正意义上属于你自己的成功。

为了解人们对于同一件事情在态度上的差异以及这种差异的影响，一位心理学家到正在修建大教堂的建筑工地作实地调查。他分别问了3个忙碌的敲石工人一个相同的问题："请问你在做什么？"

第一位工人头也不抬地回答："在做什么？你没看到吗？我正在用这个沉得要命的铁锤，敲碎这些该死的石头。这些石头特别硬，我的手都麻了，这真不是人干的活儿。"

第二位工人有气无力地答道："我正在修房子，这可真是件苦差事。如果不是为了一家人的温饱，我可不愿意干这样的粗活？"

第三位工人则一脸愉快的表情："我正参与兴建这座宏伟华丽的大教堂。建成之后，这里可以容纳许多人来做礼拜。虽然敲石头的工作并不轻松，但每当我想到将来会有无数的人来到这儿，在此接受上帝的爱，心中便常为这份工作感恩。"

若干年后，心理学家在整理过去的调查记录时，突然看到了这3个人的回答，3个不同的回答让他产生了强烈的欲望，想去看看这3个工人现在的生活怎么样。

他找到这3个工人的时候，结果让他大吃一惊：当年的第一个建筑工人现在还是一个建筑工人，仍然像从前一样做着敲石头砌墙的体力活；而在施工现场拿着图纸的设计师竟然是当年的第二个工人；至于第三个工人，心理学家没费多少功夫就找到了，因为他现在已经是一家建筑公司的老板，前两个工人正在为他工作。

第一个工人就事论事，低头干活不看路，他看不到工作有什么乐趣，属于"当一天和尚撞一天钟"的人。

第二个工人把干活看作是谋生的手段，工作的意义在于换得工作以外的东西。心理学家把这种工作动机叫作"外在动机"。

第三个工人从一点一滴的工作中透视出未来的远景，从平凡的努力中积累未来的成就。在他的手下矗立起来的宏伟教堂，是他的作品，是他的成就，是他的骄傲。对这样的员工而言，工作本身就是一种意义。心理学家把这种工作动机叫作"内在动机"。心理学家的研究证明：持内在工作动机的人，对工作更执着，更投入，更会享用工作本身的乐趣，也会更有成就。得到乐趣，获得满足感，就得先静下来思考一下是工作的问题还是自己的问题。如果我们不从心理上调整自己，即使换一万份工作，也不会有所改观。

兴趣可以花时间慢慢从无到有地培养，乐趣却是需要你用一颗乐观的心去寻找和感受的。

让过去工作给你带来的乐趣长存心底，把过去让你皱起眉头的事情，换个角度、用乐观的心态重新审视，一定会有不同的感受。能不能从你的工作中感受到乐趣，并非取决于你是否喜欢你的工作，而是取决于你的心态。

工作中不是没有乐趣，而是缺少发现乐趣的眼睛，感受乐趣的心！工作中有很多不如意吗？那么在抱怨之外，为什么不试试改变自己的心态呢？

马斯洛告诉我们：

心若改变——你的态度跟着改变；

态度改变——你的习惯跟着改变；

习惯改变——你的性格跟着改变；

性格改变——你的人生跟着改变。

能从工作中找到乐趣，热爱你的工作就会变成一件容易的事。

化压力为动力

现实生活中，每个人都不能总祈求阳光明媚、暖风习习。因为生活总有变化，随时都有可能狂风大作、乱石横飞，无论你遇见了多少意外飞来的石块儿，你都应有迎接厄运的勇气，在打击和挫折面前做个强者，跌倒了再爬起来，将自己重新整理，以勇者的姿态迎接命运的挑战。

也许你曾经被沙尘暴迷过眼睛，但风沙过后，举目四望，不依然是春花烂漫、阳光和煦吗？"不经历风雨怎么见彩虹？"的确，没有人能够随随便便成功。喋喋不休地诅咒，只能证明自己心胸狭隘和思想不成熟，与其如此，倒不如用微笑去迎接厄运，满怀感激地对待生活挫折和压力，因为是它让我们变得更加坚强。

人生苦短，由此我们不难联想到，云南大理白族的三道茶，就是以一苦二甜三淡，象征了人生的三重境界。苦尽才能甘来，艰难过后才有潇洒的人生，微笑面对生活才不会屈服于压力的折磨，才能开创大业，走向人生的辉煌。

琼斯在威斯康星州经营农场，有限的收入只能勉强维持全家人的生活，他的身体强健，工作认真勤勉，从来不敢妄想拥有巨大的财富。在一次意外事故中，琼斯瘫痪了，躺在床上动弹不得。亲友都认为他这辈子完了，事实却不然。

他决定让自己活得充满希望、乐观，做一个有用的人，继续养家糊口，而不至于成为家人的负担。

他把自己的构想告诉了家人："我的双手不能工作了，我要开始用大脑工作，由你们代替我劳作，我们的农场全部改种玉米，用收成的玉米养猪，趁着乳猪肉质鲜嫩的时候灌成香肠出售，一定会很畅销。"

"琼斯乳猪香肠"果然一炮打响，成为家喻户晓的美食。

天无绝人之路。生活抛给我们一个问题的同时，也一定给了我们解决问题的能力。

人生不总是一帆风顺的，各种各样的挫折都会与我们不期而遇。幸运和噩运，都有其令人难忘的地方，不管我们得到了什么，都没有必要张狂或沉沦。

面对巨大的压力，你更应该保持镇静，理智地面对事实，同时要相信自己有解决任何问题的能力。

也许你的工作压力不小，烦恼也不少，但切忌在自我的忧虑中迷失方向，而要冷静思考，全面评估现状、理清思路，找到策略和行动方案，根据轻重缓急沉稳地应对。记住我们的力量远远要比压力大得多。

我国著名的国际口画艺术家杨杰就是这样一路走来的。农村出身的他6岁玩耍时双手触及高压线而不幸失去双臂，他被送至儿童福利院10年。10年过后回家，周围一切发生了很大变化，他感觉到生疏、艰难，很不适应。

他向人讨来笔墨，每天用牙磨墨临池，用于练习的报纸摞起来高出他身高的几倍。功夫不负有心人，他在世界多个国家表演口画艺术，他的画在国外展出，并出版了个人画册，获得了多项荣誉称号。自强不息，哪怕有一丝希望也绝不放弃，这就是杨杰的人生态度。

人生之旅，乐趣在哪里？远足旅行，为什么要登山？为什么要涉河？因为有险境、有风浪，才有了张扬生命本能的机会。

所以，身在职场，我们一定要勇敢面对生活、工作以及其他一切方面给我们带来的形形色色的压力，因为只有这样，我们才能分析它、解决它，最后转变它。要相信，压力同时也是动力，它能时时鞭策我们向生活的更高、更远处迈进。

让压力的火花点燃你明天的希望

所有成就都是拥有明确理想的结果，而你要想获得这枚果实，那么，就点燃心中的希望之火吧，而你最需要点燃这把火的干柴就是压力。

每个人都存在着各种各样的压力，只不过每个人的社会背景、家庭状况、人生经历、职场境遇和压力的大小不同罢了。然而所有的压力都有一个共同的特性，那就是它惧怕你在它面前有所作为，并保持一颗快乐的心。

工作中最大的压力之一，就是停滞于目前的状态而不能有所突破。很多员工往往被当前这种低迷的状况压抑得近乎窒息。压力在他们的心中就如一座大山横亘在眼前，然后他们便对前程感到渺茫。

那么，有什么办法能够摆脱对现状的不满，能够让自己重新扬起远航的风帆呢？

处在一个低迷状态中的人，意志往往变得消沉，情绪也极易由于长期的压抑而产生出悲观来。

一个人想要工作轻松，让工作中的压力得到有效缓解，让自己在心情舒畅中获得成就，使自己成为职场中的优秀员工，你就必须先使自己的思想得以升华。一个人若是从不树立远大理想，那么他将永远处于怯懦、忧伤失落的境地。而一个理想远大的人，无论身处什么样的境地，都会永远地志存高远，并用美好远大的理想，点燃明天的希望！最为可贵的是，他们坚持不懈地追求，最终会使自己的梦想成真。

20世纪60年代初期，美国纽约的大沙头地区是个声名狼藉的贫民窟。强奸、暴力、吸毒……种种恶行充斥这里的每个角落。这里，是一片令人窒息的地方。

恶劣的精神"环境"，同样腐蚀着那一代青少年，使他们成为"迷惘的一代"，精神压力之大，是可想而知的！他们整日无所事事，无故旷课，经常聚众斗殴，甚至肆无忌惮地毁坏教室中的黑板。

在这帮"疯"孩子中，尤以一个名叫罗杰·罗尔斯的孩子最为厉害，他进教室不但不喊报告，而且不从教室门进，还像只顽劣的猴子似的从外面跃上窗子，然后尖叫着飞进来。

这些事情让所有老师大为恼火，但所有的老师都无可奈何，因为这里的孩子普遍素质低下，难以驯化。

一天，调皮的罗杰·罗尔斯又从窗户"飞"了进来，一边做着鬼脸朝同学们挤眉弄眼，一边还伸着小手，朝讲台走去。

而此时站在讲台上的是刚刚上任的校长皮尔·保罗先生。

保罗校长没有对罗尔斯大发雷霆，也没有怒喝他回到座位上去，而是面目慈祥地望着他，然后友好地握住了他的小手，温和地说："一看你这修长的手指，我就知道，将来你就是纽约州的州长！"

罗尔斯大吃一惊，因为他长这么大，只有奶奶让他振奋过一次，那时奶奶望着身体强壮的罗尔斯说："瞧，我孙子长大后一定能成为重载5吨的小船长。"而这一次，保罗校长竟说他可以成为纽约州的州长。天啊，纽约是一个多大的州啊！

要知道，当时的罗尔斯可是一个蓬头垢面的捣蛋鬼！望着保罗校长那慈祥的目光，罗尔斯很快相信了他的话。因为保罗的目光就像火一样，直暖到了他的心里。从那时起，他开始想象着自己当上州长后的模样。

"可是，罗尔斯，你的学习不好，怎么能当州长呢？本来你是州长的，但如果学习上不去，就很难说了……"校长说。

罗尔斯想了想，道："我很讨厌学习，但是，如果为了州长……那么，如果我能做州长的话，现在应该怎么办？"

校长笑了："你只要听我的话，我想，你当州长的梦想一定会实现的。"

于是，罗尔斯洗净了肮脏的小手和黑乎乎的小脸，他不再让泥土玷污他的衣服。说话时也不再夹着污言秽语，就更别提动手打架了。他开始挺直腰杆走路，认认真真听课，学习成绩直线上升，从一个让老师头痛的孩子而一跃成了班长。

更为难能可贵的是，因为这份美好的想象，在以后的40多年时间里，他始终按照州长的身份要求自己、督促自己。

苦心人，天不负。罗尔斯在51岁那年真的当上了纽约州的州长，而且他也是纽约历史上第一任黑人州长。

所有的辉煌都是以美好的理想为依托的，即使在让人窒息的压力下，能够点燃理想火把的员工，不但能像罗尔斯一样照亮自己人生的锦绣前程，更能让悲观带来的压力望风而逃。此时的你就会将自己的全身心贯注于实现理想之上，并能增强你在工作中的决断力和独立性。

一个人的理想越高尚，他就会更具有勇气、更正直、更坚定，他的成就也会更巨大，他的成功也会更持久。当然，他战胜各种压力的能力也就越强。

所有事物的发展都不会是一帆风顺的。在事业发展顺境时，适当的危机意识可以使事业避免"大意失荆州"的痛楚。适当的危机意识可以促使你对事物的发展处处准备周密，使压力消弭于无形。

而每一个榜样员工都会用一种乐观的心态对待压力，因为压力中同样隐藏着无穷的潜力和机遇，只要能把它们变为动力，那么，迎面而来的将是明媚的曙光！

有了理想，就有信心度过人生的黑暗，所有的压力也就缺乏了张力，在你的坚毅下，随着理想的羽翼越来越丰满，终将所有艰苦的工作压力所带来的悲观永远地抛在身后，在赢得"优秀员工"的荣誉中让它们成为回忆。

第三节 坏情绪不可怕，提高效率是上策

来自"天国"的高效要律：秩序

在美国国会图书馆的正上方，写着这样一句话："天国的第一要律是秩

序！"秩序，是高效的优秀员工要了然于胸的必修课。专家指出：所谓高效工作，在一定意义上来说，也就是选择一个较佳的工作秩序。因为只有这样，才能减少忙乱，增加单位时间的效率。它既有益于工作，也有利于健康。具体可采用如下方法。

1.让条理化的工作节省你的时间和精力

《有效的经理人》一书中写道："我赞美彻底和有条理的工作方式。一旦在某些事情上投下了心血，就可减少重复，开启更大和更佳的工作任务之门。"

有句谚语说得好："喜欢条理吧，它能保护你的时间和精力。"

培根也说过："选择时间就等于节省时间，而不合乎时宜的举动则等于乱打空气。"

工作无序、没有条理，必然浪费时间。试想，如果一个搞文字工作的人资料乱放，本来一天就能写好的材料，找资料就找了半天，岂不费事？

西方一些"支配时间"专家运用电子计算机作了各种测定后，为人们支配时间提出许多合理化建议，其中有一条就是"整齐就是效率"。他们比喻说："木工师傅的箱子里，各种工具排列有序，不同长度的钉子分别放好，使用起来随手可得。每次收工时把工具放回固定的位置同把工具胡乱丢进箱子里所费时间相差无几，而效果却大不一样。"

2.把自己的工作任务清楚地写出来

工作有序性，体现在对时间的支配上，首先要有明确的目的性。很多成功人士指出：如果能把自己的工作内容清楚地写出来，便能很好地进行自我管理，就会使工作条理化，因而使效率得到很大地提高。

只有明确自己的工作是什么，才能认识自己工作的全貌，从全局着眼观察整个工作，防止每天陷于杂乱的事务中。

只有明确办事的目的，才能正确掂量个别工作之间的不同比重，弄清工作的主要目标在哪里，防止眉毛胡子一把抓，既消耗了时间，又办不好事情。

只有明确自己的责任与权限范围，才能摆脱自己的工作和下级的工作、同事的工作及上级的工作中的互相扯皮和打乱仗现象。

填写自己应干工作的清单是使自己工作明确化的最简单的方法之一。其方法是在一张纸上首先试着毫不遗漏地写出你正在做的工作。凡是自己必须干的工作，且不管它的重要性和顺序怎样，一项也不漏地逐项排列起来，然后按这些工作的重要程度重新列表。重新列表时，要试问自己："如果我只能干此表当中的一项工作，首先应该干哪一件呢？"然后再问自己："接着，我该干什么呢？"用这种方式一直问到最后。这样，自然就按着重要性的顺序列出了自己的工作一览表。其后，对你所要做的每一项工作，写上该怎样做，并根据以往的经验，在每项工作上注明你认为是最合理最有效的办法。

为了使工作条理化，不仅要明确你的工作是什么，还要明确每年、每季、每月、每周、每日的工作及工作进度，并通过有条理的连续工作，来保证按正常速度执行任务。在这里，为日常工作和下一步进行的项目编出目录，不但是一种不可估量的时间节约措施，也是提醒人们记住某些事情的手段。特别是制订一个好的工作日程表就更加重要了。计划与工作日程表的不同在于，计划是指对工作的长期打算，而日程表是指怎样处理现在的问题。比如今天的工作、明天的工作，也就是所谓的逐日的计划。有许多人抱怨工作太多、太杂、太乱，实际上是由于许多人不善于制订日程表。他们不善于安排好日常的工作，连最没意义的事也抓住不放，人为地制造忙乱，不但谈不上工作条理化，连自己也被压得喘不过气来。法国作家雨果说过："有些人每天早上预定好一天的工作，然后照此实行。他们是有效地利用时间的人。而那些平时毫无计划、靠遇事现打主意过日子的人，只有'混乱'二字。"

3.进行合理的组织工作

工作目的、工作任务明确后，能不能很好地实现，在于能否进行合理的组织工作。西方一位管理者深有体会地说："总经理的最大困难之一是组织自己的时间。"

组织工作首先要做好选择、区分的工作，剔除那些完全没有什么价值或者只有很小意义的工作，接着再排除那些虽然有价值但由别人干更合适的工作，最后再剔除那些你认为以后再干也不要紧的工作。

4.运用化繁为简的工作方法

化繁为简，善于把复杂的事物简明化，是防止忙乱、获得事半功倍之效的法宝。工作中，我们经常看到有的人善于把复杂的事物简明化，办事又快又好，效率高；而有的人却把简单的事情复杂化，迷惑于复杂纷繁的现象中，结果只能陷在里面走不出来，工作忙乱被动，办事效率极低。

美中贸易全国委员会主席唐纳德在《提高生产率》一书中讲到提高效率的"三原则"，即为了提高效率，每做一件事情时，应该先问3个"能不能"：能不能取消它？能不能把它与别的事情合并起来做？能不能用更简便的方法来取代它？

有序原则是时间管理的重要原则。一位著名科学家说："无头绪地、盲目地工作，往往效率很低。正确地组织安排自己的活动，首先就意味着准确地计算和支配时间。虽然客观条件使我难以这样做到，但我仍然尽力坚持按计划利用自己的时间，每分钟地计算着自己的时间，并经常分析工作计划未按时完成的原因，就此采取相应的改进措施；通常我在晚上制订出翌日的计划，制订出一周或更长时间的计划；即使在不从事科学工作的时候，我也非常珍视一点一滴的时间。"

综上所述，一名高效的员工应该经常记住：明确自己的工作是什么，并使工作组织化、条理化、简明化，这样才能最有效地利用时间，从而拥有一个愉快而高效的工作。

简单安排，成就高效

每个办公室都存在效率低下的现象：诸如：传真机无法正常工作、文件杂乱无章或是丢失、办公室里人来人往使人根本无法高效工作——这并不

◇自我提升法则

奇怪。而令人惊讶的是,许多公司只是被动地适应这些毛病而不是对它们加以改进。

在我们开展工作前,首先应考虑的是如何用最简单、省力的方法去获得最佳的成效。对一个人来说,要的是事半功倍,而非事倍功半。

在工作中,每个人都要认识到作出合理计划的重要性。工作有目标和计划,做起事来才能有条理,你的时间就会变得很充足,不会扰乱自己的神志,办事效率也极高。

正确地处理工作忙乱的问题,需要你做事有计划和有目标。这样你就可以把所要做的事情要排出一个顺序,有助于你实现目标的,你就把它放在前面,依次为之,并把它记在一张纸上,就成了顺序表。养成这样一个良好习惯,会使你每做一件事,就向你的目标靠近一步。

无论你做的事是多是少,都要拟订一个程序表,尽力按着程序表去做。如果你的工作只需一小时做完,便在一小时之内完成它,其余的时间去玩乐放松。

工作过度而吃力的真正原因并不是工作太多,而实在是因为没有计划、没有系统。没有计划,你很可能被一些不在计划之内的事缠身,该做的事就做不完。如果你就是管理者,你就不能管理工厂里的员工,不能训练他们的专业知识,不能叫他们制造出来产品。如果你每天有计划,那么你在每刻钟之内,都应当知道做什么事。

美国总统罗斯福是一个非常注重计划的人。他时时把他所该做的事都记下来,然后拟订一个计划表,规定自己在某时间内做某事。如此,他便按时做各项事。通过他的办公日程表可以看出,从上午9点钟与夫人在白宫草地上散步起,至晚上招待客人吃饭等为止,整整一天他总是有事做的。当该睡觉的时候,因为该做的事都做了,所以他能完全丢弃心中的一切忧虑和思考,放心地去睡觉。

细心计划自己的工作,这是罗斯福之所以办事有效的秘诀。每当一项工作来临时,他便先计划需要多少时间,然后安插在他的日程表里。他既然能够把重要的事很早地安插在他的办事程序表里，所以他每天能够把许多事在预定的时间之内做完。

在制订日计划的时候，必须考虑计划的弹性。不能将计划制订在能力所能达到的100%，而应该制订在能力所能达到的80%。这是工作性质决定的。因为每天都会遇到一些意想不到的情况，以及上司交办的临时任务。如果你每天的计划都是100%，那么，在你完成临时任务时，就必然会挤占你业已制订好的工作计划，原计划就不得不延期了。久而久之，你的计划失去了严谨性，你的上司也会认为你不是一个很能干的员工。

工作中的每一项都很重要，除了工作计划外，也需要将工作分类。分类的原则主要包括轻重缓急的原则、相关性原则、工作属地相同原则。

轻重缓急包括时间与任务两方面的内容。很多时候员工会忽略时间的要求，只看重任务的重要性，这样理解必定是片面的。

员工在接受工作任务的同时，都被要求在规定的时间内完成。将时间与质量两个要求贯穿在完成任务的过程当中，并尽可能提前，是每个员工必须要时刻记住的规则。将任务完成的时间定在提交任务成果的最后一刻是很不明智的，这与上面提到的计划的弹性是一脉相承的。因为，事情总不一味按个人主观设定发展。当应该提交的任务与临时的事项冲突时，就陷入了两者不能兼得的被动状态。一个能每次按期完成工作任务的员工，即使不天天加班加点，即使不显得终日忙忙碌碌，也会让老板觉得你是一个让人放心的人，而不会天天追问你工作的进度如何了。

相关性主要指不要将某一件任务孤立地看待。因为工作有连续性，任务可能是过去某项工作的延续，或者是未来某项工作的基础，还会涉及多个部门或是岗位。所以，任务开始以前，先向后看一看，再往前想一想，以避免前后矛盾造成的返工，或是某些环节影响整体工作进度。

此外，工作有很多中间环节，彼此间需要协调。有的员工在做某项工作时往往只偏重于自己本身所应完成的职责，将工作传递到相关工作部门与工作岗位之后便听之任之了。更有些人缺乏与同事配合的意识，把早已经办好的工作，不是及时地交给下一道工序的人员，使工作尽早完成，而是压在自己手中，迟迟不交，直到最后才慢吞吞地交出来，造成后序人员的工作压力。这样，也会影响工作的按时完成。在检查工作结果的时候，所在的中间环节又各自抱怨给予他的时间太短了，或者是某个中间环节耽误的时间太久了，等等。而工作结果只有一个，那就是没有按期按质量完成工作，你的业绩等级被打了折扣。

同时作为一名优秀员工，要把握工作的完整性。在工作中，要考虑相互协调配合的问题，在自己这个工作环节，尽可能地抓紧时间，及早将完成的工作传交给下一道工序的工作人员，使他们能够有充足的时间去完成后面的工作，以免其中的某个或是某些环节影响整体工作进度。

工作属地相同原则指将工作地点相同的业务尽量归并到一块完成，这样可以减少因为工作地点变化造成的时间浪费。这一点对现场工作员工尤为重要。如果这一点处理得好，可避免在现场、自己的办公室、物资部、监理、业主及其他部门之间频繁接触。既节约了时间，又少走了路程，还提高了工作效率，何乐而不为呢？

有些员工还会遇见下面的情况，那就是每次办事的时候总是好像需要的每一样东西都故意和自己作对，需要它们的时候总是找不到，其实这些都源于办事杂乱无章。即便你总能在满头大汗之后完成工作，但由于不能有条理性地工作，充分地利用资源，也会给上司留下一个拖沓、懒散的印象，以致于不敢委以重任。

文件管理的杂乱无章会造成信息查找的困难，从而造成大量人力和时间浪费。要解决这一问题，就要保证你和你的员工有必要的将文件归档的条件。看看是否需要增加文件柜，使所有的员工都能够容易地将文件归类，以便于查找。最后，可以将不常用的文件搬到储藏室去，使员工更容易找到常用的文件。

有些员工总是喜欢把事情往后放，搁着今天的事不做留待明天。很多事情因为做得不够及时而被耽误，效率也就难以得到保障。

拖延是坏习惯中对人尤其有害的。职场中有许多人都是为这种习惯所累，造成挫败的悲剧。你应该竭力避免拖延的习惯，就像避免一个毒苹果的引诱一样。

人最大的理想、最高的意境、最宏伟的憧憬，往往是在一瞬间从头脑中跃出来的。凡是应该马上做的事，而不立刻去做，却留待将来再做，有这种不良习惯的人总是弱者。凡是有力量、有雄心的人，却总是能够在对一件事情充满兴趣、充满热忱的时候，立刻迎头去做。

我们每天都有新事情需要处理。今天的事是新鲜的，与昨天的事不同，而明天也自有明天的事。所以，今天之事应该就在今天做完，千万不要拖延到明天！拖延的习惯往往会妨碍我们做事，会摧毁我们的创造力。

除此之外，已经决断好了的事情拖延着不去做，还往往会对我们产生极其消极的影响。只有按照既定计划去执行的人，才能修炼自己的品格，才能拥有令他人敬仰的人格。其实，人人都能下决心做大事，但只有少数人能够一以贯之地去执行他的决心，最后也只有少数人才取得成功。

时断时续是效率低下的"罪魁祸首"

处于职场的人大多都有过这样的经历，当你在做一件事时，头脑里都会想着另一件事。这就是不能专注工作，注意力不集中往往会使人产生错位的观念，作出错误的决定，因而无法干好当前的工作。

日常工作中，还可以看到这种现象：某位员工就某件事情汇报了半天，领导却不清楚他在说什么，不知道他想表达的内容；还有的员工就某件事写了一篇文字报告，洋洋洒洒数千言，可领导看了半天也不明白他写的是什么。这就是效率低下的普遍表现。

我们来看一下石匠取石的例子。

石匠是怎么敲开一块大石头的呢？他所拥有的工具只不过是一个小铁锤和一支小凿子，可是大石头却硬得很。当他举起锤子重重地敲下第一击时，没有敲下一块碎片，甚至连一丝凿痕都没有。可是他并不在意，继续

◇自我提升法则

举起锤子一下又一下地敲，一百下、二百下、三百下，大石头上依然没出现任何裂痕。

石匠还是没有懈怠，继续举起锤子重重地敲下去。路过的人看他如此卖力而不见成效，却继续硬干，不免窃窃私语，甚至有些人还笑他傻。可是石匠并未理会，他知道虽然所做的还没看到成效，不过那并非表示没有进展。他又继续敲下去，不知敲了多少下，终于看到了成效，整块大石头裂成了两半。难道说是他最后那一击，才使得这块石头裂开的吗？当然不是。

这个故事告诉我们的道理就是：坚持不懈地做事情，就像石匠的那把小铁锤，敲碎一切横在我们职场路途上的巨大石块，我们就一定会成功。

大多数员工身上会有这样一种不良的工作习惯，即实施一个项目，干了一段时间，就会半途搁置，又重新开始另一件事。这样做的主要原因是因为他在遇到障碍或问题之前努力工作，一旦遇到障碍或问题，不是想办法冲破障碍或者解决问题，而是用逃避的方式去做另一件事。他们只喜欢做简单和熟悉的事情，因为他们害怕失败。

然而，他们最终还是要回到这些项目上，原先所谓的困扰的问题仍然需要解决……时断时续是造成他工作效率低下的最主要原因。这种不良的工作方式不但会消耗掉大量时间，而且重新工作时，你还需要花时间调整大脑及注意力，才能在曾经停止的地方继续做下去。立刻就能找出中断的地方，马上接上原来的思路的人是不多的。

所以我们必须找出方法克服工作中时断时续的低效率现象，以下就介绍几种能够避免或尽量减少停顿的方法：

1.尽可能在较长时段内工作

如果你手头的工作需要高度集中精神，你要学会在长达4～6小时的大段时间内工作，这时你最需要的是避免干扰，你可以和有关人员交换一下意见，在固定的时间里接听一下对方的电话，或者关上你的门和门口贴上"在某一时间后可以联系我"等字样的纸条。

当你做完这一系列举动之后仍然感觉无论怎么样周围总似乎存在着一些干扰，那么你最好在公司以外的地方另找一个工作场所。因为这样可以避免别人打断你的工作，不必把时间耗费在重新集中精神上。

2.雇一名效率高的"秘书"

防止工作时断时续的最佳方法是，在你自己和经常打断你工作的人之间安置一个人。最好是经老板同意并由老板指派的人。逐客或者避而不见，可能会感到很不好意思，但是犹犹豫豫、拖泥带水所带来的却是比浪费时间更坏的结果。当你有了效率高的"秘书"后，这位"秘书"会控制别人在什么时候来找你，解决这些"干扰源"。

3.改变用电话的方式

电话是一个为方便人们生活和工作而发明的科学奇迹。但在追求毫无干扰的工作环境的你看来，却好像专门摆在桌子上控制你……电话铃声一响非接不可，结果思路往往被打断，这样一来一切不得不重新安排。电话捣乱烦人本事之大，有时是我们无法想像的，难怪有人说电话是造成精神紧张、误解、纠纷、效率低下的原因之一。但如果我们换一个思考的角度来处理此一难题，让电话为你提供方便而不是干扰你，电话的积极作用就显而易见了。

千万不要成为电话的奴隶，要把电话作为有用的通信工具来使用。避免方法之一，是电话不直接接入你的办公室（这样做的原因跟你不允许在工作时不停地被打断一样）。请永远明确这一点：电话是为了方便工作而设的。

4.争取在清晨开始工作

时间效率专家们发现清晨工作时较少受干扰，而且效率是一天当中最高的。如果你能安排自己在清晨工作，你会发现你那一天干劲特别足，能用于工作的时间好像也延长了。

5.办公室的设计应能避免干扰

工作最紧张的时候，最让人心烦的莫过于那些来自各个方面的干扰了。

如果你对自己的办公室设计有发言权,你要把它设计成允许来访者进入时他们才能进入的格局。

可能的话,把办公室安排在恰当的位置,以便你在外出或去卫生间时看不见其他人。这样做的原因是,如果你看见别人,你总要表示友好亲切。

如果以上的几种方法你都能领会并且付诸实际,那么你的工作不高效是不可能的。

勤奋造就高效

其实,我们谁都无法否认,人都是有惰性的,只是每个人"惰"的程度不同而已,关键是我们要去有意识地规避惰性,去激发自己的积极性。要想在这个人才辈出的时代走出一条完美的职业轨迹,惟有依靠勤奋的美德——认真地对待自己的工作,在工作中不断进取。

勤奋是保持高效率的前提,只有勤勤恳恳、扎扎实实地工作,才能把自己的才能和潜力全部发挥出来,才能在短时间内创造出更多的价值。缺乏事业至上、勤奋努力的精神就只有观望他人在事业上不断取得成就,而自己却在懒惰中消耗生命,甚至因为工作效率低下失去谋生之本。

一个优秀员工在工作中勤奋追求理想的职业生涯非常重要。享受生活固然没错,但怎样成为老板眼中有价值的员工,这才是最应该考虑的。一位有头脑的、聪明的员工绝不会错过任何一个可以让他们的能力得以提升,让他们的才华得以施展的工作。尽管有时这些工作可能薪水低微,可能繁重而艰巨,但它对员工意志的磨炼,对员工坚忍性格的培养,都是员工一生受益的宝贵财富。所以,正确地认识你的工作,勤勤恳恳地努力去做,才是对自己负责的表现。

日本"保险行销之神"原一平身材瘦小,相貌平平,这些足以影响他在客户心中的形象,所以他起初的推销业绩很不理想。原一平后来想:既然我比别人的确存在一些劣势,那只有靠勤奋来弥补它们。为了实现他争第一的梦想,原一平全力以赴地工作。早晨5点钟睁开眼后,立刻开始一天的活动：6点半钟往客户家中打电话，最后确定访问时间；7点钟吃早饭，与妻子商谈工作；8点钟到公司去上班；9点钟出去行销；下午6点钟下班回家；晚上8点钟开始读书、反省，安排新方案；11点钟准时就寝。这就是他最典型的一天生活，从早到晚一刻不闲地工作，把该做的事及时做完，从而摘取了日本保险史上的"销售之王"的桂冠。

要想在这个时代脱颖而出，你就必须付出比以往任何人更多的勤奋和努力，具有一颗积极进取、奋发向上的心，否则你只能由平凡变为平庸，最后成为一个毫无价值和没有出路的人。

无论你现在所从事的是什么样的一种工作，也不管你是建筑工地上的一名工人，还是办公室里的一名普通职员，只要你勤勤恳恳地努力工作，你总会成功的，并且让老板认可的。

多数人都会有这样的感觉，无论睡眠质量有多么高，食欲有多么旺盛，气色有多么好，只要有人问他感觉怎样，他肯定会带着一个透着压抑与沮丧的神情回答："不怎么样""没有什么两样""感觉很不好"，等等，这种人几乎整天沉浸在健康不佳、情绪不宁之中。其实，这种懒散的态度就是他们自己的敌人，它会在不知不觉中侵蚀人的意志力，使人萎靡不振、得过且过。假如一个员工屈从于这些坏习惯，就不能振作，就无法充分发挥自己的所长，也就不会有所成就。

一个员工如果萎靡不振，那么他脸上必定毫无生气，整个人看起来呆若木鸡、无精打采。那么他做起事来就不可能有朝气、有活力、更不可能出成果。世间最难治也是最常见的病就是"萎靡不振"。萎靡不振往往使人陷于完全绝望的境地，永远没有希望。

有意识、有意志的员工才能让自己拒绝懒散和萎靡不振。方法就是做起工作来，要全身心地投入，即使在自己已经很疲惫的时候。

只有那些勤奋努力、做事敏捷、反应迅速的员工，只有充满热忱、血气如潮、富有思想的员工，才能把自己的事业带入成功的轨道。

要想成为优秀员工你首先要比别人付出更多，一个人获得的任何东西都是他事先付出的回报。你在付出时越是慷慨，你得到的回报就越丰厚，这是公平的游戏规则。

从种植小麦的农夫那里，你也许会明白：如果种植一株小麦只能收成一粒麦子，那根本就是在浪费时间。但实际上从一株小麦上可收成许许多多的麦子。尽管有些小麦不会发芽，但无论农夫面临什么样的困难，他的收成必定多出他所种植的好几倍。所以，在你的工作中到底能回收多少，还要看你是否有付出的心态了。如果你不是心甘情愿的心态付出，那你很可能得不到任何回报，如果你只是从为自己谋取利益的角度出发，则可能连你希望得到的利益也得不到。你只要记住一点，在职场中的每一点付出，都是在累积你的财富，而你的付出终将会帮你赢得你想要的一切。

松下幸之助说："当年创业的时候，我对自己说：'要好好努力，多比别人付出一些。'只是埋怨辛苦是不会出人头地的，现在拼命努力和忍耐，将来一定有出息。因此，在冬季结冰的天气下做抹布清洁工作，虽然很辛苦，转念一想，这就是忍耐，努力干吧，将辛苦化为希望。"松下正是靠这种多吃苦多付出的精神拼出一番事业的，所以在当上老板之后，他告诫他的员工要得到晋升就要有吃苦耐劳、勤付出的精神。

身为下属，工作量大，任务繁重，这都是很正常的事情。要给老板留下比较深刻和完美的印象，那么你工作就要兢兢业业、一丝不苟。要舍得多下功夫，比别人付出更多的辛勤工作，为自己所在的企业或部门，作出成绩，出大成绩，多出能在上司那儿受到称赞的成绩。有些员工通常只会说话，不做实事，同那些"少说多做"的实干家相比，在竞争中当然会失败。

效率比完美更重要

效率是决定事业是否成功的重要条件。许多人总是认为事情要做到百分之百才是高效率的表现，但有些时候事实刚好相反。人往往都是太专注于一个"点"，最后会牺牲掉整个"面"。

某出版社计划出版一本大型统计资料集，由于总编特别重视数据部分的视觉设计效果，所以，除了编辑人员之外，另外还找来了两位设计人员参与编辑工作。

总编认为，所要出版的是新的资料集，所以就算内容烦琐也无所谓，只要能在几个月内完成还是非常不错的。但设计人员为求完美，要求总编给10个月的制作期间。

然而，一年后，书稿才完成了一半多，却出现了夭折的危机，因为，已经有别的出版社将出版发行同类书稿。此时就算继续完成似乎也没什么意义了，结果，所投下的金钱、人力和物力都将付诸东流……

从上面的故事之中，我们看到了时间就是一切。很多完美主义的人常因过度在意无法达到百分之百，反而使得不完美的部分越来越多。在这个瞬息万变的时代中，你必须同时进行下一个计划，或是继续下一个项目。许多必须做的计划和工作就像跨栏一样，你要记住不应该碰倒栅栏，但是你更要清楚少碰倒一个栅栏不会有额外的奖励，所以你只能跳过去。同理，如果你所做的计划是需要在很短的时间内跨过很多栅栏的那种，那么你花费太多精力在第一个栅栏上，接下来你就会筋疲力尽，而没有更多的力气完成剩下的部分，同时，你的总体速度也会减慢。然而，最好的跨栏选手会仅以细微的差距跳过栅栏。

然而，"完美主义"是很多人都容易走入的一个误区，就像"洁癖"一样，明明很干净了，却仍然觉得脏。有些人是因为钻牛角尖、神经质等个性使然而无法摆脱完美主义的束缚，有些人虽然自己能力很强，却不懂得工作方法。假如你处理一件很小的工作，也像处理卢浮宫的收藏品一般谨慎，你注定只有失败。而失败将使你的自信心与名誉受损。

上企业管理课程时，经常需要分组作报告。罗克这组有一个完美主义的信徒兼"工作狂"的成员，从此大家便展开了痛苦的合作过程！

他们组做的东西，他几乎从没有满意过，总要带回家去"加工"一番。开始，大家都对他这种态度颇不理解，每个人对他的评价都是："他

◇ 自我提升法则

以为他是天才还是超人？"久而久之，大家对于自己所写的部分，已经处"变"不惊了；还有些人干脆连写都不想写，全都丢给那个"工作狂"去做。

直到要开始准备口头报告时，大家才发现有点不对劲，怎么我们的报告还没写完呢？问那个"工作狂"，他说："我觉得第一部分还不够好，还需要做一些修改。"全组人员一听到他还徘徊在"第一部分"的时候，吓得当场一致决定下课后一起完成这份报告。虽然按时完成了，却是5个人熬了三天三夜才赶出来的。由于赶工的结果，报告质量当然无法保证。

无论是在什么情况和状态下，在追求完美时都需要牢牢记住：效率比完美更重要！罗克这组后来得出一个结论：假设不巧遇上"工作狂"，一定要耐心地将他从工作的困境中解救出来。这既是作为同事的一种体谅，也是公司的需要。因为这种类型的人，一旦全身心投入到工作上，多数是值得信赖、责任心很强的高效能人士。

所以在卓越企业工作的优秀员工根据自己的工作经验总结出以下提高工作效率的妙计，希望对在职场的人都有一些启迪和帮助。

（1）用标准工作量来衡量工作。

（2）当下属的工作量增加或超出标准时，适时地奖励他们。

（3）工作量落后时，鼓励他们、启发他们。

（4）当某人工作量未达到标准，你的鼓励又不生效时，迅速采取惩戒的行动。

（5）防范惰性和不守纪律风气的发生与蔓延。

（6）预先把该分配的工作计划周详，以使全体人员安于所事，才不致发生劳逸不均的失调情形。

（7）工作方法不断讲求改进。

（8）征求下属改进生产力的意见，给建议者以应得的荣誉。

（9）培养对技能的荣誉感。

（10）让大家打成一片，合作愉快。

第八章

改变自己,赢得主动

第一节 用心才能见微知著

当敬业成为一种习惯

职业是人的使命所在,是人类共同拥有和崇尚的一种精神财富。不要相信什么"君权神授"之类的假说,你要做的只是对你的工作,对你所在的组织负责。

在不断追求完美的过程中,必须始终对工作怀有一种使命感与责任感。

对于一个企业来说,任何一家想以竞争取胜的公司都必须设法使每个员工敬业。没有敬业的员工就无法给顾客提供高质量的服务,就难以生产出高质量的产品。

从世俗的角度来说,敬业就是敬重自己的工作,将工作当成自己的事,当成"天职",其具体表现为忠于职守、尽职尽责、认真负责、一丝不苟、善始善终等职业道德,其中糅合了一种具有道德意义的使命感和责任感。这种使命感和责任感在当今社会得以发扬光大,使敬业精神成为一种最基本的做人之道,它也是成就个人事业的重要条件。

◇自我提升法则

然而，无论我们从事什么行业，无论到什么地方，我们总是能发现许多投机取巧、逃避责任和寻找借口的人，他们不仅缺乏一种神圣的使命感，而且对敬业精神缺乏一种最广泛意义上的理解。他们的理解大多偏执、狭隘。

他们理解不到的是，敬业表面上看起来是有益于公司，有益于老板，但最终的受益者却是自己。

当我们将敬业变成一种习惯时，就能从中学到更多的知识，积累更多的经验，就能从全身心投入工作的过程中找到快乐。这种习惯或许不会有立竿见影的效果，但可以肯定的是，当"不敬业"成为一种习惯时，其结果也就可想而知。工作上投机取巧也许只给你的老板带来一点点的经济损失，却可以毁掉你的一生。

一个视职业为生命的人也许并不能获得老板的赏识，但至少可以获得他人的尊重。那些投机取巧之人即使利用某种手段爬到一个高位，也往往会被人视为人格低下，无形中给自己的成功之路设置了障碍。不劳而获也许非常有诱惑力，但你将很快就会付出代价，他们会失去最宝贵的资产——名誉。

我认识一个颇有才华的年轻人，但是他工作散漫，缺乏敬业精神。一次报社急着要发稿，他却不急不慢，影响了整个报纸的出报时间。这种人永远不会得到尊重和提升，人们宁愿尊敬那些能力中等但尽职尽责的人。

不论你的工资多么低，不论你的老板多么不器重你，只要你能忠于职守，毫不吝惜地投入自己的精力和热情，渐渐地你会为自己的工作成就感到骄傲和自豪，也会赢得他人的尊重。以主人和胜利者的心态去对待工作，工作自然而然就变成很有意义的事情。

一个对工作不负责任的人，往往是一个缺乏自信的人，也是一个无法体会快乐真谛的人。要知道，当你将工作推给他人时，实际上也是将自己的快乐和信心转移给了他人。

珍妮是一家公司新来的秘书，她每天的工作是整理、撰写、打印各类文件材料。在很多人看来，珍妮的工作显得单调而乏味。但珍妮并不这么认为，她觉得自己的工作很有意思，她说："检验工作的唯一标准是你做得好不好，是否已经尽职尽责，而不是别的。"

珍妮每天做着这些工作，久而久之，细心的她发现公司的文件存在很多的问题，甚至公司在经营运作上也有不可忽视的问题。

于是，每天她除了完成必做的工作外，她还认真搜集一些资料，包括那些过期的材料。她把搜集到的资料整理分类，查询了很多经营方面的书籍并进行认真分析，写出建议。

后来，她把做好的分析结果及有关资料一并交给老板。老板起初也没在意。一次偶然的机会，他才读到珍妮的那份建议。这让老板非常吃惊：这个年轻的新秘书，居然有这样缜密的心思，而且分析得细致入微、有理有据。老板决定采纳珍妮所提的多条建议。从此，老板开始对这位秘书另眼相看，并委以重任。但珍妮还是认为，她只是尽心尽职地做好工作，天经地义，没有必要一定要得到奖赏，因为她已经养成了敬业的习惯。

老板都会为有珍妮这样的员工而感到欣慰，而珍妮的敬业也会为她赢得机会。对待敬业，目光短浅的人看到的是为了老板，目光长远的人则深知也是为了自己。敬业的人总能在工作中学到比别人更多的经验，而这些经验是你向上发展的踏脚石，当你以后换到其他地方，从事其他行业时，你的敬业习惯也必会助你一臂之力。敬业的员工是老板最倚重的员工，如果你的能力一般，敬业可以让你走得更好；如果你十分优秀，敬业会将你带向更成功的领域。所以说，养成敬业习惯的人更容易获得成功。

不是所有敬业的人身上的敬业精神都是与生俱来的，对大多数人而言，敬业精神是需要培养和锻炼的，这种培养和锻炼的起点就是迈入职场的那一刻。从你的第一份工作开始，就对工作认真负责，总是能积极主动地工作，这样经过一段时间，敬业便成了一种自然而然的习惯，即使换到其他职位上也会一如既往。可见，在职场上，敬业精神是相通的，它将会使职业人士终身受益。

当我们将敬业当作一种习惯时，在全心投入工作的过程中就会充满快乐。这种习惯或许不会有立竿见影的效果，但可以肯定的一点是，当我们由于长期的程序化惯性工作而懈怠的时候，不敬业有可能会侵蚀我们的职业精神，成为一种令人生厌的不良习惯。

任务的最佳完成期是昨天

歌德曾经说过："把握住现在的瞬间，把你想要完成的事情或理想，从现在开始做起，只有勇敢的人身上才会赋有天才、能力和魅力。因此，只要做下去就好，在做的历程当中，你的心态就会越来越成熟。能够有开始的话，那么，不久之后你的工作就可以顺利完成了。"

有些人在要开始工作时会产生不高兴的情绪，如果能把不高兴的心情压抑下来，心态就会越来越成熟。而当情况好转时，就会认真去做，这时候就已经没有什么好怕的了，而工作完成的日子也就会愈来愈近。简而言之，必须马上开始工作才是最好的方法。

凡是留待明天处理的态度就是拖延和犹豫，这不但阻碍职业上的进步，也会加重生活的压力。对某些人而言，拖延就像一块心病，使人生充满了挫折、不满与失落感。

最初可能只是由于犹豫不决才拖延事情，但等到一个人养成了拖延的习惯，就会有众多借口导致拖延的发生。经常拖延的人总是寻找很多的借口：工作太无聊、太辛苦、工作环境不好、老板脑筋有问题、完成期限太紧，等等。

某公司老板要赴国外公干，且要在一个国际性的商务会议上发表演说。他身边的几名工作人员于是忙得头晕眼花，要把他所需的各种物件都准备妥当，包括演讲稿在内。

在该老板赴洋的那天早晨，各部门主管也来送机。有人问其中一个部门主管："你负责的文件打好了没有？"

对方睁着惺忪睡眼道："今早只睡4小时，我熬不住睡去了。反正我负责的文件是以英文撰写的，老板看不懂英文，在飞机上不可能复读一遍。待他上飞机后，我回公司去把文件打好，再以电信传去就可以了。"

谁知，老板来到后，第一件事就问这位主管："你负责预备的那份文件和数据呢？"这位主管按他的想法回答了老板。老板闻言，脸色大变："怎么会这样？我已计划好利用在飞机上的时间，与同行的外籍顾问研究一下自己的报告和数据，别白白浪费坐飞机的时间呢！"

闻言，这位主管的脸色一片惨白。

作为一名优秀的员工，任何时候都不要自作聪明设计工作，期望工作的完成期限会按照你的计划而后延。优秀的员工都会谨记工作期限，并清楚地明白，在所有老板的心目中，最理想的任务完成日期是：昨天。

这一看似荒谬的要求，是保持恒久竞争力不可或缺的因素，也是唯一不会过时的东西。一个总能在"昨天"完成工作的员工，永远是成功的。其所具有的不可估量的价值，将会征服任何一个时代的所有老板。

特别在新世纪的今天，商业环境的节奏正在以令人眩目的速率运转着。大至企业，小至员工，要想立于不败之地，都必须奉行"把工作完成在昨天"的工作理念。作为一名老板，百分之百是"心急"的人，为了生存，他们恨不能把每一分钟分成八瓣。按他们的速率预算，罗马三日建成也算慢。所以，要老板白花时间等你的工作结果，比浪费金钱更叫他心痛，因为失去一分钟，在那一分钟内能想到的业务计划，可能价值连城。

平心而论，没有哪个不讲效率者能成为老板，也没有哪个老板，能长期容忍办事拖沓的员工。你要想在职场中一路顺风、炙手可热，最实际的方法，就是满足老板的愿望，让手中的工作消化在"昨天"。

也即，在罗马应该于昨天建成的心理状态下，对老板交待的工作，要在第一时间内进行处理，争取让工作早点瓜熟蒂落，让老板放心。

成功存在于"把工作完成在昨天"的速率之中，正如未来的橡树，包含在橡树的果实里一样。如果每次老板的嘱咐都获得尽快处理，必会成为最能惹他开心的人。

千万不要愚蠢地像上例中的那位主管，把昨天就能完成的工作拖延到明天。而如果你已完成，就不要愚蠢地等到老板开口，说那句"你什么时候做完那件事"时，才把成绩呈上，这样必会在印象上大打折扣。

拖延是一种顽疾，如果你要克服它并且养成"今日事今日毕"的习惯，你就要下定决心，准备洗心革面。这里有很多建议，相信会对你很有帮助，你可以把这些建议写下来，贴在显眼的地方，不断地激励自己。

第一，列出你立即可以做的事情。你可以在每天早上工作开始之前就完成这项步骤，通常从最简单和用时最少的事情开始。

第二，保持对一件事情至少5分钟的热度。要求自己针对已经拖延的事项不间断地做5分钟，时间一到就停下来，休息片刻后再次重新开始。当你慢慢变得不需要停顿时，你就可以欣赏自己的成绩了。

第三，切割你的工作任务。吃香肠时就是不要一次吃完整条香肠，而要把它切成一片片，小口小口慢慢品尝。同样的道理也适用在你的工作上，把工作分割成几个小部分，分别详细列在纸上，然后把每一个部分再分成几个步骤，使得每一个步骤都可在一个工作日之内完成。

每次开始一个新的步骤时，不到完成，绝不要离开工作区域。如果你一定中断的话，最好是在工作告一个段落时，使得工作容易衔接。不论你是完成一个步骤还是暂时中断工作，记住要为已经完成的工作给自己一些奖励。

第四，把你的工作情况告诉别人。让关心这份工作的人知道你的工作进度和预定完成的期限，使用"预定"表明你是在有计划能动地工作，就算是失败了，也不要别人为自己沮丧。告诉别人会让你能感受到期限的压力，还能让你听听别人的意见和看法。

第五，在记事本上记下所有的工作日期。把开始日期、预定完成日期还有各阶段的完成期限记下来，不要忘了切香肠的原则：将工作分成多个小步骤完成，不仅能减轻压力，还能保留推动你前进的适当压力。

其实，要保持良好的工作状态，最重要的是要保持清醒的头脑，那些经常在工作中喊累的拖延者却可以在健身房、酒吧或者商场上流连数小时而毫无倦意。他们总是带着"希望明天不要上班"的想法去休闲娱乐，这样只会让他的工作压力越来越大。要克服拖延所带来的疲惫感，不妨试着从工作中寻找努力的意义，或者寻找某个令你信服的价值观。

最彻底也是最理想的方法就是养成"不要让今天事情'过夜'"的习惯，也要记住"任务的最佳完成期是昨天"。还要记住，如果你的老板向你提出了苛刻的工作期限时，不要反驳、不要抱怨。将心比心，如果你是老板，一定会希望员工能像自己一样，将公司当成自己的事业，更加努力、更加勤奋、更加积极主动，以让工作在最短时间内有效完成。因此，假如你渴望成功，那么，就以老板苛刻的工作期限为基础，主动给自己再制订一个新的工作期限吧。

记住，新工作期限一定要比老板提出的还要苛刻。

只有100%才算合格

水温升到99℃，还不是开水，其价值有限；若再添一把火，在99℃的基础上再升高1℃，就会使水沸腾，并产生大量水蒸气来开动机器，从而获得巨大的经济效益。100件事情，如果99件事情做好了，一件事情未做好，而这一件事就有可能对某一单位、某一宿舍、某个人产生100%的影响。

我们工作中出现的问题，的确只是一些细节、小事上做得不完全到位，而恰恰是这些细节的不到位，又常常会造成较大影响。对很多事情来说，执行上的一点点差距，往往会导致结果上出现很大的差别。很多执行者工作没有做到位，甚至相当一部分人做到了99%，就差1%，但就是这点细微的区别使他们在事业上很难取得突破和成功。

一位管理专家一针见血地指出：从手中溜走1%的不合格，到用户手中就是100%的不合格。为此，员工要自觉地由被动管理到主动工作，让规章制度成为每个职工的自觉行为，把事故苗头消灭在萌芽之中。

杰克在国际贸易公司上班，他很不满意自己的工作，生气地对朋友说：

◇自我提升法则

"我的老板一点也不把我放在眼里,改天我要对他拍桌子,然后辞职不干。"

"你对于公司业务完全清楚了吗?对于他们做国际贸易的窍门都搞通了吗?"他的朋友反问。

"没有!"

"君子报仇,三年不晚。我建议你好好地把公司的贸易技巧、商业文书和公司运营完全搞通甚至如何修理复印机的小故障都学会,然后辞职不干。"朋友说,"你用他们的公司,做免费学习的地方,什么东西都会了之后,再一走了之,不是既有收获又出了气吗?"

杰克听从了朋友的建议,从此便默记偷学,下班之后,也留在办公室研究商业文书。

一年后,朋友问他:"你现在许多东西都学会了,可以准备拍桌子不干了吧?"

"可是我发现近半年来,老板对我刮目相看,最近更是不断委以重任,又升职又加薪,我现在是公司的红人了!"

"这是我早就料到的!"他的朋友笑着说,"当初老板不重视你,是因为你的能力不足,却又不努力学习;而后你痛下苦功,能力不断提高,老板当然会对你刮目相看。"

不要只知道抱怨,却不反省自己,任何事情只有做到100%才是合格,99分都是不合格,60分就是次品、半次品。

因此,要想把事情做到最好,老板心目中有一个很高的标准,不是一般的标准。在做事之前,要进行周密的计划,了解自己的实力,尽量把可能发生的情况考虑进去,以尽可能避免出现1%的漏洞,直至达到预期效果。

生命中的大事皆由小事累积而成,没有小事的累积,也就成就不了大事。人们只有了解了这一点,才会开始关注那些以往认为无关紧要的小事,开始培养自己做事一丝不苟的美德,力争成为深具影响力的人。

做事一丝不苟,意味着对待小事和对待大事一样谨慎。生命中的许多小事都蕴含着令人不容忽视的道理，那种认为小事可以被忽略、置之不理的想法，正是我们做事不能善始善终的根源，它不仅使工作不完美，生活也不会快乐。

每一位老板都知道一丝不苟的美德是多么难得，不良的工作作风总是会在公司四处蔓延，要想找到愿意为工作尽心尽力、一丝不苟的员工，是很困难的一件事，因为无论大事、小事都尽心尽力、善始善终的员工十分少见。

一位朋友告诉我，他的父亲告诫每个孩子：

"无论未来从事何种工作，一定要全力以赴、一丝不苟。能做到这一点，就不会为自己的前途操心。世界上到处都有散漫粗心的人，只有那些善始善终者是供不应求的。"

老板多年来费尽心机地在寻找能够胜任工作的人。这些老板所从事的业务并不需要出众的技巧，而是需要谨慎、尽职尽责地工作。他们聘请了一个又一个员工，却因为粗心、懒惰、能力不足，没有做好分内之事而频繁将这些员工解雇。与此同时，社会上众多失业者却在抱怨现行的法律、社会福利和命运对自己的不公。

成功者和失败者的分水岭在于成功者无论做什么，都力求达到最佳境地，丝毫不会放松；成功者无论做什么职业，都不会轻率疏忽。

许多年轻人之所以失败，就是败在做事轻率这一点上。这些人对于自己所做的工作从来不会做到尽善尽美。

很多公司可能一直都在反复强调着这样一句话："在这里一切要求尽善尽美。"

许多人无法培养一丝不苟的工作作风，原因在于贪图享受、好逸恶劳，背弃了对待工作应尽职尽责的原则。

一个人成功与否在于他是不是做什么都力求做到最好。成功者无论从事什么工作，他都绝对不会轻率疏忽。因此，在工作中你应该以最高的规格要求自己。能做到最好，就必须做到最好；能完成百分之百，就绝不只做百分之九十九。只要你把工作做得比别人更完美、更快、更准确、更专注，动用你的全部智能，就能引起他人的关注，实现你心中的愿望。

竭尽你的全力

艾森豪威尔讲过这样一个故事：

我们想要跟一位老农买一头牛，因此过去拜访这位农民，并且问他这头牛的血统，不过他听不懂这是什么意思；我们接着问他这头牛的奶制品产量，他说他完全不知道；最后，我们问他知不知道这头牛每天能够生产多少牛奶，这位农民还是摇了摇头说："我不知道，不过她是个诚实的老奶牛，她有多少牛奶就会给你多少。"

艾森豪威尔被老农的最后一句话深深地打动了。奶牛的这种奉献非常单纯，那就是毫不保留，有多少奶就献出多少奶。听到这样的话，你不会像被针刺了一下，愣一愣，想一想吗？因为有些人，他们因麻木怠惰而平庸，而另一些人则是那样的生气勃勃、热情而快乐。

毫不保留，有多少力出多少力，正是全心全意的表现。这要求我们不能满足于一般的工作表现，要做就做最好的，如此，我们才有可能达到完美，才可能成为公司中不可或缺的人物。

在某大型机构一座雄伟的建筑物上，有句格言："在此，一切都追求尽善尽美。"

"追求尽善尽美"值得作为我们每个人的格言，如果每个人都能用这句格言来要求自己，那么无论做什么事情，相信都会做得更好。

不论你的工作报酬是高是低，你都应该保持这种良好的工作作风。每个人都应该把自己看成是一名杰出的艺术家，而不是一个平庸的工匠，应该带着热情和信心去工作，在工作中享受由专注、创造所带来的深深的喜悦。

虽然人类永远不能做到完美无缺，但是在我们不断增强自己的力量、不断提升自己的时候，我们对自己要求的标准会越来越高，我们也会因此离完美越来越近。这是人类精神的永恒本性。

24岁的海军军官卡特，应召去见海曼·李特弗将军。在谈话中，将军非常特别地让他挑选任何他愿意谈的题目。

当他好好发挥完之后，将军就总问他一些问题，结果每每将他问得直冒冷汗。终于他开始明白：自己自认为懂得很多的那些东西，其实自己懂得很少。

结束谈话时，将军问他在海军学校学习成绩怎样。他立即自豪地说："将军，在820人的一个班中，我名列59名。"

将军皱了皱眉头，问："你竭尽全力了吗？"

"没有。"他坦率地说，"我并不总是竭尽全力的。"

"为什么不竭尽全力呢？"将军大声质问，瞪了他许久。

此话如当头棒喝，给卡特以终生的影响。此后，他事事竭尽全力，后来成为美国总统。

有人问一家餐馆老板成功的秘诀。他说自己得益于在一家欧洲大饭店的厨房工作的经历。在那里，他学到了成功的关键是竭尽全力把一切做得尽善尽美，不管是复杂的主菜，还是简单的附餐。

他说："如果你做法式炸薯条，就把它做成世界上最好的法式炸薯条。"

有这种竭尽全力的工作态度的人，是能创造出最大价值的人，是能够勇攀最高峰的人。因为他们"竭尽全力"。

有人在报纸上刊登了一则招聘广告："工作很轻松，但要全心全意，尽职尽责。"

全心全意、尽职尽责，正是敬业精神的基础。一个人无论从事何种职业，都应该全心全意、尽职尽责，这不仅是工作的原则，也是人生的原则。

一个人如果没有职责和理想，生命就会变得没有意义，而没有意义的人生，是一种被浪费了的人生，等于白到世上走一遭，这是相当可惜的。

所以，只有竭尽全力把工作做到最好，你的人生才会变得更有意义。马丁·路德·金有一篇题为《我有一个梦想》的演讲，那么，你的梦想呢？你这一生有什么样的梦想呢？不要把它遗忘，站起来，去为它奋斗。

常听有些三十多岁、四十多岁乃至五六十岁的人，慨叹着说："唉，我的一生一无所获，事业一无所成。"人生最大的遗憾与折磨，莫过于到了一定的年纪对自己说："我的事业一无所有。"由于疏懒怠惰造成的巨大缺憾，连自己也没法向自己交待，面对心底的真实，坦白承认生命白白地流逝，而明明有十分的力气，却只用了一分。

用心才能见微知著

有人说，一滴水可以折射出整个太阳的光辉，一件小事就可以看出一个人的内心世界。

看一个人是否有责任，不用从什么大的方面来看，就从那些细微的小事，下意识能做的事情就可以得到答案。

一家公司正在招聘新员工。来了不少应聘的人，看起来一个个精明干练。面试的人一个个进去又一个个出来，大家看起来都是胸有成竹。面试只有一道题，就是谈谈你对责任的理解。对于这样的一个问题，很多都认为简单得不能再简单。

然而结果却出人意料一个人都没有被录取。难道这家企业成心不想招人？

"其实，我们也很遗憾，我们很欣赏各位的才华，你们对问题的分析也是层层深入，语言简洁畅达，非常令各位考官满意。但是，我们这次考试不是一道题，而是两道，遗憾的是，另外一道你们都没有回答。"经理说。

大家哗然："还有一道题？""对，还有一道，你们看到了躺在门边的那个笤帚了吗？有人从上面跨过去，有的甚至往旁边踢了一下，但却没有一个人把它扶起来。"

"对责任的深刻理解远不如做一件有责任的小事，后者更能显现出你的责任感。"经理最后说。

看来这位经理的挑剔确实很必要，因为没有哪一位领导者会对如此没有责任意识的员工给予深深的信任，没有多少人可以面临大是大非的抉择，也没有多少人的责任感会有大是大非的考验，那么就从小事来看看你的员工吧，看看他是否真的对企业有责任感？这也是考核员工的一个重要方面。

作为一家书店的营业员，你是否能勤擦拭书架上的灰尘？作为一家公交公司的司机，你是否让你的车时时保持整洁？作为一家商场的服务员，你能否给顾客一个让他再次光临的微笑？

事儿可能很小，知道吗？这正是体现你责任感的地方。

克里·乔尼是一位火车后厢的刹车员，因为他聪明、和善，常常面带微笑而受到乘客们的欢迎。

一天晚上，一场暴风雪不期而至，火车晚点了。克里抱怨着，这场暴风雨不得不使他在寒冷的冬夜里加班。就在他考虑用什么样的办法才能逃掉夜间的加班时，另一个车厢里的列车长和工程师对这场暴风雨警惕了起来。

这时，两个车站间，有一列火车发动机的汽缸盖被风吹掉了，不得不临时停车，而另外一辆快速车又不得不拐道，几分钟后要从这一条铁轨上驶来。列车长赶紧跑过来命令他拿着红灯到后面去。克里心里想，后车厢还有一名工程师和助理刹车员在那儿守着，便笑着对列车长说："不用那么急，后面有人在守着，等我拿上外套就去了。"列车长一脸严肃地说："一分钟也不能等，那列火车马上就要来了。"

"好的！"克里微笑着说，列车长听完了他的答复后又匆匆忙忙向前部的发动机房跑去了。

但是，克里没有立刻就走，他认为后车厢里有一位工程师和一名助理刹车员在那替他扛着这件工作，自己又何必冒着严寒和危险，那么快跑到后车厢去。他停下来喝了几口酒，驱了驱寒气，这才吹着口哨，慢悠悠地向后车厢走去。

他刚走到离车厢十来米的地方，才发现工程师和那位助理刹车员根本不在里面，他们已经被列车长调到前面的车厢去处理另一个问题了。他加快速度向前跑去，但是，一切都晚了，在这可怕的时刻，那辆快速列车的车头，撞到了自己所在的这列火车上，受伤乘客的嘶喊声与蒸汽泄漏的咝咝声混杂在了一起。

后来，当人们去找克里时，他已经消失了。第二天，人们在一个谷仓中发现了他。此时，他已经疯了，在凭空臆想中叫喊着："啊，我本应该……"

他被送回了家，随后又被关进了精神病院。

责任是不分大小的，一丁点儿的不负责，就可以造成车毁人亡的惨剧。任何人在工作中的一丁点儿不负责任，都有可能导致整个企业蒙受巨大损失，甚至更多。

某跨国公司的总经理想重用一位刚从名校毕业的年轻人，准备先让他去欧洲培训两年，回来后再委以重任。原因是此人业务方面的知识掌握得很熟练，工作特别努力，在待人接物方面也彬彬有礼。总经理感觉他很有前途，是个可塑之才，因此决定让他去海外培训。

但即将去培训的某一天，总经理偶然走在该职员的后面，看到他有意将掉在路中间的废纸踢向一边，而不是捡起来扔进废物筒里。这可是举手之劳啊！后来，总经理一连好几天都留意该员工的举动，他发现：午餐后，这名职员没有将用完餐的餐具放在指定的地点……于是总经理很快作出决定，改变了原来去海外培训的员工名单。因为在总经理眼里，这样一个连起码的日常准则都无法自觉遵守，甚至没有公德心的人，又怎么可能成为一名出色的管理者，怎么能对一个企业高度负责呢？

一个人有没有责任感，并不仅仅体现在大是大非面前，而是大多体现于小事当中。一个连小事都不愿负责任的人，又怎能在大事上面担责任呢？

一个对待工作不小心、不留神、马虎、大大咧咧的员工，又怎么能把工作圆满完成呢？

如果一个护士不小心给糖尿病人输葡萄糖液，那会造成什么后果？如果一个水泥工人在操作中因疏忽生产了一批不达标的水泥，而一家建筑公司正准备用这批水泥做建筑材料，谁能知道他的不小心会造成多少灾难？一个财务人员如果在汇款时不小心写错了一个账号，公司又会蒙受多少损失呢？

任何一个老板都是精明的，他们是不会容忍那些只知拿薪水、工作不负责任的员工的，更何况企业与企业之间，公司与公司之间，竞争越来越激烈，只要员工在工作中有一丁点儿不负责任，都有可能导致整个企业蒙受巨大损失。

一家服装厂的一名业务员为单位订购一批羊皮，在合同中写道："每张大于4平方尺、有疤痕的不要。"需要注意的是，其中的顿号本应是句号。结果供货商钻了空子，发来的羊皮都是小于4平方尺的，使订货者哑巴吃黄莲，有苦说不出，损失惨重。

旧金山一位商人给一个萨克拉门托的商人发电报报价："一万吨大麦，每吨90美元。价格高不高？买不买？"而萨克拉门托的那个商人原意是要说"不。太高"，可是电报里却漏了一个句号，就成了"不太高"。结果这一下就使他损失了几十万美元。

"粗心、懒散、草率"等这样一些字眼，正是工作不负责任的一种表现。好多这样的人，比如职员、出纳、编辑、工程技术人员甚至大学教授等，就是因为工作粗心马虎而丢掉了工作。

作为一名员工，自己应该做的事情一定要保质保量完成。不要以为自己不做自会有人来做；也不要以为自己不负责不会被人发现，不会对企业有什么影响；也不要只注意数量而不在意质量，草草地完成数量任务。

"这不是我职责范畴内的事，我瞎操什么心呀？"如果总是抱着这样的想法，不管你的自身条件多好，你想成功的愿望也是非常渺茫的。因为你的这种不负责的态度，随时有可能给单位造成不可估量的损失。

事实上，只要你是企业的一员，你就有责任在任何时候维护企业的利益和形象。

第二次世界大战后的英国，食用油严重匮乏，因此，英国人就难得有油煎鱼和炸土豆。那时，有一位政府官员坐飞机视察了当时英国的非洲殖民地坦噶尼喀，认为那是种花生最理想的地方。政府听到他的建议，便兴冲冲地投资6000万美元，要在那片非洲的灌木丛中开垦出1300万公顷的土地种花生。

可是哪里知道，当地的灌木坚硬无比，大部分的开荒设备一碰就坏。花了很大功夫才开出了原计划十分之一的土地。英国人除掉了一种野草，后来才知道它是能保持土壤养分的，失掉它就破坏了生态平衡。花生种子若稍迟种下，光秃秃的新土就被风刮走，或被烈日灼烤而丧失养分。

原计划在这片新垦地上一年要生产60万吨花生，可是到头来总共只收了9000吨。人们见势不妙，遂改种大豆、烟叶、棉花、向日葵等。可是在那"驯化"的非洲土地上，这些作物竟无一扎得下根。英国于1964年终止了此项计划，损失8000多万美元，每粒花生米的成本达一美元。

准备工作中的疏忽，让英国政府付出了沉重的代价。

所谓"差之毫厘，谬以千里"。学会在小事上下功夫，是一个人责任心的最好体现。

要想工作不流于一般的人，应学会在小事上下功夫。

作为员工，我们应该切实做到用心做事。用心做事，就是指用负责、务实的精神，去做好每一天中的每一件事；用心做事，就是指不放过工作中的每一个细节，并能主动地看透细节背后可能潜在的问题；用心做事，就是要让自己比过去做得更好，比别人做得更好。

任何时候都要牢记：只有用心，我们才能见微知著。

第二节 主动进取，勇于挑战

点燃工作的激情

有一种情绪状态叫激情。这种情绪状态，催人奋进。古往今来的一切成功之士，无不与他们的激情投入有着至关重要的关系，因而可以说，激情与人生成功有着不解之缘。

满怀激情就是对事业的全身心投入，换句话说，就是对事业的"疯狂"追求，内心涌动着一股"疯狂"的激情。

老板若是对工作充满激情，则有助于事业兴旺发达。过去，曾流行过一句口头禅："村看村，户看户，社员看干部。"老板的激情作用是员工们积极行为的巨大动力源。它会激励人们挖掘潜能、克服艰险、攻克难关。

如果我们以充满激情的心态做好自己的工作，结交更多的新朋友，为自己加油打气，学习更多的新知识，离成功就不远了。

第二次世界大战期间，与法西斯主义势不两立的美国女记者汤普森将她的报纸专栏作为打击希特勒政权的武器，她的专栏文章由报业辛迪加向150家报纸发稿，那些富有洞察力又注入了丰富感情的政治评论，使得同行们充满理性的专栏文章黯然失色，1940年，她的读者高达700万人。

满怀激情的工作成就了汤普森。在职场上，这种激情创造成功的范例还有许多许多。正如加缪描写的古希腊神话中的西西弗斯的境遇：他不停地把一块巨石推上山顶，而石头由于自身的重量又滚下山去，再也没有比进行这种无效无望的劳动更严厉的惩罚了。不过，更多的时候，工作的激情，不在于工作本身有趣与否，而在于我们有没有热情投入到工作中去。

我们完全有可能在平凡的工作中点燃自己工作的激情。如果把工作看作是创造力的表现，那么一个教师就会以导演的热情讲好每一堂课；一个记者就会以探索的视角去看待所报道的新闻事实；一个厨师就会以艺术家的执着去配制一流的拼盘。

◇自我提升法则

学会从工作中寻找乐趣,而不是等待未来发生的能给我们带来乐趣的事情;热爱工作,把工作当作事业来做而不过多地去计较得失;不只把工作当作谋生的手段,而把它看作发展自己潜能与天赋的机会,这就是成功人生的秘诀。

兴致勃勃会让人更好地发挥想像力和创造力,在短时间里取得惊人的成绩。我们要善于培养工作的激情,而产生激情,以下几条建议是必须知道的:

第一,保持平衡。这是指认识工作难度与工作能力之间的差距。如果工作太简单无法激起工作热情,大脑必然会很松懈,从而不能取得应有的工作效率;反之,工作难度大,以至负担过重,无法胜任就会打击人的自信心,让人陷入沮丧之中。

第二,价值。如果你从事的是一份你认为无足轻重的职业,那你肯定不会忘我地工作。只有你选择的职业符合你的价值观、能充分发挥你的特长,让你觉得有意义的时候,你才会不断努力、争取成功。因此你可以列出几项自己曾喜爱的职业进行分析,分别找出是什么吸引你,然后找出你觉得最有意义的一项去从事。它将成为激励你克服障碍,锐意进取的动力。

第三,确定目的。我们在做具体工作的时候,很容易仅仅把它作为一项任务来完成,然而,事实上,每项工作都有其明确的目的。我们如果能随时在心里明确这个目标,提醒自己,完成这项任务将有利于推动整个项目的发展,我们也就有了努力的方向,而不至于懈怠。

第四,控制力。不论你从事哪种工作,都应培养良好的控制力,要有信心把工作向好的方向推动,否则,你就很容易产生一种失败感。

第五,对公司进行整体评估。作为公司的一员,应该头脑清醒地对公司进行整体评估。了解它的现状、未来的走向、它的人事变动状况及其原因,只有当公司文化符合你个人的价值观、期望值时,你才会真正融于其中。

第六，构想未来。首先认真构想一下自己的将来，十年、二十年以后，你希望过上怎样的生活，从事什么样的职业，并把它作为最终目标追求。如果你明白现在所做的正是为未来的成功铺平道路，就一定会努力工作，为自己创造出积极进取而不是消极等待的氛围，这种氛围对人的成长是有利的。

同时，为了实现未来的构想，应该好好规划一下现在的生活，问问自己，我现在做的工作是否有利于我更快地达到最终目标。如果不能，那么我选择什么更合适。这种追问应该不断反复，直到找到最佳职业。

第七，以轻松的心情对待工作。削减10%的工作时间，让自己每天早一个小时下班。你就会发现，原来这并不是一件很难的事情，而且，这么做几乎不会影响到你的工作质量，反而会提高你的工作效率。你可以每天拨出一个小时的时间，来应付那些扰人的电话、临时会议、寻找文件和其他会剥夺你时间的杂事，这些杂事在商业社会中是不可避免的，但又是我们很少去留意的麻烦。明确地规划这种时间，可以强迫你去正视那些麻烦的存在，而且，也可以减少伴随而来的烦恼，至少那些麻烦都会在那个小时内被解决掉。

只要，你能做到以上几条，相信必然会为你的工作带来更大的效率。

成功与其说是取决于人的才能，不如说取决于人的激情。激情，使我们的生命更有意义；激情，使我们的意志更坚强！

不要畏惧激情，如果有人愿意以半怜悯半轻视的语调把你称为"狂热分子"，那么就让他这么说吧。源源不断的激情，使你永葆青春，让你的心中永远充满阳光。让我们牢记这样的话："用你的所有，换取你工作上的满腔激情。"

没有热情，你能打动谁

我们大部分人都是半醒半睡地生活着。为什么你不在每天早上对自己说："我爱我的工作，我将要把我的能力完全发挥出来。我很高兴这样活着——我今天将要百分之百地活着。"

为别人服务会产生热情——许多有能力的人选择低薪的社会服务和其他工作，而不去从事比较自我的职业以赚取更多的钱，就是例证。

"我最需要的，"爱默生说，"是有个人使我做我能做的事。"

我们没有办法控制自己的工作环境，但是我们可以尝试培养我们的热情，以刺激自己更有创造力地思考和生活。

如果你希望自己散发出热情，就让你自己生活在对生命机制有活力的他人的影响之中。每一个团体都有这种人，他可能就在自己身边。

要把找出这种人当作你的职责，并且和他们交往，然后注意这种接触，在你身上引起了多少理想的火花。

然而不幸的是，对自己的工作和所从事的事业充满热情的人少之又少。看看我们的生活到底是怎样的吧！早上醒来一想到要去上班就心中不快，磨磨蹭蹭地挪到公司以后，无精打采地开始一天的工作，好不容易熬到下班，立刻就高兴起来，和朋友花天酒地之时总不忘痛陈自己的工作有多乏味，有多无聊。如此周而复始。有人估计美国有82％的人视工作为苦役，而且迫不及待地想要摆脱工作的桎梏。在工作环境相对开放的美国尚且如此，别的国家的情况可见一斑。

当我们在职场中遇到挫折或失败的时候，我们总喜欢从外界找借口为自己开脱——比如说竞争太激烈、大幅度裁员等等——而很少会仔细地审视一下我们自己。我们总认为无精打采地上班，磨磨蹭蹭去工作，并不是什么大事情，然而，实际上正是这些让老板下定决心辞退你的。

热情对于一个职场人士来说就如同生命一样重要。如果你失去了热情，那么你永远也不可能在职场中立足和成长。凭借热情，我们可以释放出潜在的巨大能量，补充身体的潜力，发展出一种坚强的个性；凭借热情，我们可以把枯燥乏味的工作变得生动有趣，使自己充满活力，培养自己对事业的狂热追求；凭借热情，我们可以感染周围的同事，让他们理解你、支持你，拥有良好的人际关系；凭借热情，我们更可以获得老板的提拔和重用，赢得珍贵的成长和发展的机会。

著名人寿保险推销员法兰克·派特正是凭借着热情，创造了一个又一个奇迹。

"当时我刚转入职业棒球界不久，遭到有生以来最大的打击，因为我被开除了。我的动作无力，因此球队的经理有意要我走人。他对我说：'你这样慢吞吞的，哪像是在球场混了20年。法兰克，离开这里之后，无论你到哪里做任何事，若不提起精神来，你将永远不会有出路。'

"本来我的月薪是175美元，离开之后，我参加了亚特兰斯克球队，月薪减为25美元，薪水这么少，我做事当然没有热情，但我决心努力试一试。待了大约10天之后，一位名叫丁尼·密亭的老队员把我介绍到新凡去。在新凡的第一天，我的一生有了一个重大的转变。我想成为英格兰最具热情的球员，并且做到了。

"我一上场，就好像全身带电一样。我强力地击出高球，使接球的人双手都麻木了。记得有一次，我以强烈的气势冲入三垒，那位三垒手吓呆了，球漏接了，我就盗垒成功了。当时气温高达华氏100度，我在球场上奔来跑去，极有可能中暑而倒下去。

"这种热情所带来的结果让我吃惊，我的球技出乎意料地好。同时，由于我的热情，其他的队员也跟着热情起来。另外，我没有中暑，在比赛中和比赛后。我感到自己从来没有如此健康过。第二天早晨我读报的时候兴奋得无以复加。报上说：'那位新加入进来的球员，无异是一个霹雳球手，全队的人受到他的影响，都充满了活力，他们不但赢了，而且是本赛季最精彩的一场比赛。'由于对工作和事业的热情，我的月薪由25美元提高到185美元，多了7倍。在后来的2年里，我一直担任三垒手，薪水加到当初的30倍之多。为什么呢？就是因为一股热情，没有别的原因。"

后来由于手臂受伤，派特不得不放弃打棒球。他来到了菲特列人寿保险公司当保险员，但整整一年都没有成绩，他因此非常苦恼。后来他像当年打棒球一样，又对工作充满热情，很快他就成了人寿保险界的大红人。他说:"我从事推销30年了,见到过许多人,由于对工作抱持的热情的态度,他们的收效成倍地增加,我也见过另一些人,由于缺乏热情而走投无路。我深信热情的态度是成功推销的最重要因素。"

热情是成功和成就的源泉,你的意志力和热情越强,成功的机会也就越大!

一个对工作毫无热情的员工,就会觉得工作辛苦而单调,而一个对工作充满热情的人,即使睡眠时间比平时减少一半,工作量超出平时的两到三倍,都不会觉得疲倦。

热情是一种状态,作为一名公司的员工,只要你拥有对工作的极大热情,即使你不具备超人的才气,都会获得极大的收获——不论是物质还是精神上。

人是很奇妙的,依靠热情就能够创造奇迹。许多优秀员工都能有意识地创造自己的人生,而不是漫无目的虚度每一天。

每个人内心都有热情,能感受强烈的情绪,可是没有几个人能依此情感行动,他们习惯于将热情深深地埋藏起来。

所以,我们必须想一些办法将其挖掘出来,在枯燥的工作中倾注热情,使之成为最有趣的工作,那么先从小事开始。

第一,比别人先行一步。彻底改掉总跟在别人后面,做事总比别人慢一拍的坏习惯,在工作中先行一步。比如,当电话铃响起时,抢先接电话,尽管你知道不是找自己的;当客人或老板来时,最先起身接待,召开会议时,最先发觉该给他人的杯子里添上茶水,等等。反应敏捷、做事勤快、行动力强就是热情工作的最直接体现。

第二,积极主动地做事。做事情时别慢腾腾的,那会给人消极怠工的印象。把热情投入到工作中去,你会发现很多问题,主动想办法解决这些问题,不但会从中学到很多知识,而且还会给老板和同事留下果断和利落的印象,无疑这对于你获得成长的机会大有裨益。

第三,走路时挺胸阔步。慢腾腾地走路给人的感觉就是无精打采,这种消极情绪不但会影响同事的情绪,还会使老板怀疑你的工作积极性,如此怎么能热情地工作呢?昂首阔步地走路,为自己创造良好的心态,鼓励自己把全部热情倾注于工作中,这样工作起来才会意气风发。

工作对每名员工而言,究竟是个乐趣还是枯燥乏味的事情,关键要看你自己怎么去想,而不是工作本身。从工作中获得快乐、成功以及成就感的秘诀并不在于要专挑喜欢的事情做,而在于发自内心地喜欢自己所做的工作,看你是否倾注了你的全部热情。

德克萨斯有句谚语是这么说的:"湿火柴划不着火。"从这句朴素的话语中,我们不难领悟蕴含其中耐人寻味的哲理。

当你觉得工作乏味、无趣时,并不是因为工作本身出了问题,而是因为你的"易燃指数"还不够高。

点燃你心中的热情吧,相信一切都会变得越来越好!

勇于挑战"不可能完成"的工作

职场之中,渴望成功,渴望与老板走得近一些,再近一些,是多数员工的心声。如果你也在其列,那么当一件人人看似"不可能完成"的艰难工作摆在你面前时,不要抱着"避之唯恐不及"的态度,更不要花过多的时间去设想最糟糕的结局,不断重复"根本不能完成"的念头——这等于在预演失败。就像一个高尔夫球员,不停地嘱咐自己"不要把球击入水中"时,他脑子里将出现球掉进水中的映像。试想,在这种心理状态下,打击出的球会往哪里飞呢?

西方有句名言:"一个人的思想决定一个人的命运。"不敢向高难度的工作挑战,是对自己潜能的画地为牢,只能使自己无限的潜能化为有限的成就。与此同时,无知的认识会使你的天赋减弱,因为你的懦夫一样的所作所为,不配拥有这样的能力。

"职场勇士"与"职场懦夫",在老板心目中的地位有天壤之别,根本无法并驾齐驱,相提并论。一位老板描述自己心目中的理想员工时说:

"我们所急需的人才，是有奋斗进取精神，勇于向'不可能完成'的工作挑战的人。"具有讽刺意味的是，世界上到处都是谨小慎微、满足现状、惧怕未知与挑战的人，而勇于向"不可能完成"的工作挑战的员工，犹如稀有动物一样，始终供不应求，是人才市场上的"抢手货"。

在如此失衡的市场环境中，如果你是一个"安全专家"，不敢向"不可能完成"的工作挑战，那么，在与"职场勇士"的竞争中，永远不要奢望得到老板的垂青。当你万分羡慕那些有着杰出表现的同事，羡慕他们深得老板器重并被委以重任时，那么，你一定要明白，他们的成功绝不是偶然的。

在你和老板之间，最大的障碍是什么？不是虎视眈眈的竞争者，也不是嫉贤妒能的昏庸老板，最大的障碍是你自己！是你面对"不可能完成"的高难度工作，是你推诿求安的消极心态。

勇于向"不可能完成"的工作挑战的精神，是获得成功的基础。职场之中，很多人如你一样，虽然颇有才学，具备种种获得老板赏识的能力，但是却有个致命弱点：缺乏挑战的勇气，只愿做职场中谨小慎微的"安全专家"。对不时出现的那些异常困难的工作，不敢主动发起"进攻"，一躲再躲，恨不能避到天涯海角。

你们认为：要想保住工作，就要保持熟悉的一切，对于那些颇有难度的事情，还是躲远一些好，否则，就有可能被撞得头破血流。结果，终其一生，也只能从事一些平庸的工作。

生命是自己的，想活得积极而有意义，就要勇敢地挑起生命中的重大责任。向高难度的工作挑战，这是对自己生命的提升，也是让人生价值最大化的一个快捷途径。

1857年，摩根从德国哥廷根大学毕业，进入邓肯商行工作。一天，他从古巴采购海鲜归来，途经新奥尔良码头，碰到一位陌生人问他："先生，想买咖啡吗？我可以半价。"

"半价？什么咖啡？"摩根疑惑地盯着陌生人问道。

陌生人说:"我是一艘巴西货船的船长,为一位美国商人运来一船咖啡,货到后,那位商人却破产了。假如您能买下这批货,等于帮了我一个大忙,我情愿半价出售。但是,必须现金交易。"

摩根看了咖啡后,心想:成色也不错,价钱又如此便宜。但是自己又身无分文,这该怎么办?

经过一番考虑之后,他决定冒险以邓肯商行的名义买下这船咖啡。但是,电报发回去之后,邓肯商行回电:"不准擅用公司名义!立即撤销交易。"这可怎么办呢?

尽管难度很大,摩根决定继续努力尝试。又经过了一番思考后,他决定向自己的父亲和一帮朋友请求帮助。

结果,他的父亲吉诺斯回电同意用自己伦敦公司的户头偿还挪用邓肯商行的欠款。摩根至此十分兴奋,索性大干一番,在巴西船长的引荐下,他又买下了其他船上的咖啡。

初出茅庐的摩根果断地做下如此一桩大买卖,尽管有一些冒险,却显示了他干事业的魄力。

就在他买下这批咖啡不久,巴西便出现了严寒天气,咖啡大面积减产,咖啡价格大涨。他因此大赚了一笔。

因为咖啡交易,摩根被自己的朋友和父亲刮目相看,大家支持他办起了摩根商行,供他施展自己的才华。这为他以后叱咤华尔街奠定了良好的基础。

在这个社会的日新月异的变化中,没有人能够知道明天会是什么样子,即使你能够对你的明天有所把握,也不能对你的整个环境有更深入和更全面的了解。其实,在你工作的每一个时刻里,都充满着你所"不可能完成"的某些任务。

勇于向"不可能完成"的工作挑战的精神,应该说是每一个公司里的人员所需要具备的。与此相反的是,我们经常看到的是那些缺乏挑战勇气的人,他们只愿意做工作中谨小慎微的"安全专家",对不时出现的新的情况和困难，不敢主动地面对，更不要说是勇于接受了。

在他们看来：要想保住自己的工作，就要保持自己所熟悉的一切，对那些有难度或者是看起来"不可能的任务"绕道而行。

无数的事实已经证明，在现代社会的公司中，对于那些缺乏迎接挑战和不断提升自己意愿的员工是无情的。

另一方面，勇于向"不可能完成"的工作挑战的员工，犹如稀有动物一样，始终是供不应求。在如此失衡的市场环境中，如果你只是或者是安于做一个"安全专家"，不敢向"不可能完成"的工作挑战，那么，在这个激烈的市场竞争中，永远是得不到你的一席之地的，而当你羡慕那些有着杰出表现的同事，羡慕他们被公司委以重任的时候，你应该明白的是：他们的成功绝不是偶然的。

但换言之，如果你对自己的挑战力判断有误，挑战之后让"不可能完成"变成现实，千万不要沮丧失望。聪明、成熟的老板，一定不会只看结果是成功还是失败了，他决定你是否应该受到器重，还会观察你的敢于挑战的工作态度和头脑的运用。他比任何人都明白，没有一种挑战会有马到成功的必然性。

所以，你依然是老板喜爱的"职场勇士"。同时，你所经历的、所得到的，都是胆怯观望者们永远都没有机会知道的——因为他们根本就不敢尝试。

没有最好只有更好

每一个员工都希望把自己的工作做得更好，都希望通过自己的努力来增加收入、提升职位、获得认可。没有人愿意一事无成，也没有人想在自己的工作中找不到实现自己价值的台阶，就退步或者是离开。

追求完美会让我们工作起来疲于奔命，似乎永远看不到最终的目标。可是它对职场中的人来说很重要，自我满足就意味着停滞不前，一旦一个人自以为工作做得很出色了，那么他就会故步自封，难以突破自我，慢慢地他就会逐渐找不到自己的位置。

要想做职场上的常胜将军，秘诀只有一条，那就是随时思考改进自己的工作。我们现在所处的时代已经不是那个只要肯出力就能做好工作的时代了。公司聘用你来做好工作，但更重要的是，聘用你随时去思考，运用你的判断力，以组织利益为前提采取行动。所以，职场人士要时刻提醒自己，任何工作都有"百尺竿头，更进一步"的可能。

那么，一个优秀的员工的工作习惯有哪些呢？或者说，什么样的习惯才能造就一个优秀的员工呢？

他们有将不愉快的工作尽先尽快地处理完的习惯；

他们不会因拘泥于过去，而迟缓了现在的工作；

他们不断地汲取与工作相关的新观念和新知识；

他们有毅然执行计划的素质，从来不找任何的托词和理由；

他们对细小的事情迅速地加以解决，并能不厌其烦、仔细周到地思考下一步要做什么，而不是等着事情找上门来才去做。

优秀员工的最佳表现就是在已经完成的任务中不断改进，站在客观的立场寻找毛病，发掘潜伏的智慧，达到更加完美。

成功的职场人士都喜欢问自己："怎么样才能做得更好？"人具有这样的问题意识，自然能够了解自己周围所欠缺的、不足的还有很多，这些可能正是公司今后的策略和方法。

看起来质疑自己的工作并不难，但大多数员工并没有这样做。

一位老板在他的回忆录上这样写道：

"事实上往往有些员工接到指令后就去执行，他需要老板具体而细致地说明每一个项目，完全不去思考任务本身的意义，以及可以发展到什么程度。

"我认为这种员工是不会有出息的，因为他们不知道思考能力对于人的发展是多么重要。

"不思进取的人由接到指令的那一刻开始，就感到厌倦，他们不愿花半点脑筋，最好是能像计算机一样，输入了程序就不用思考把工作完成。"

所以，不断思考、改进是你必须要做的事。

在你对既有工作流程寻求改变以前，必须先努力了解既有的工作流程，以及这样做的原因。然后质疑既有的工作方法，想一想能不能做进一步改善。

培养自己一丝不苟的工作作风。那种认为小事可以被忽略或置之不理的想法，正是你做事不能善始善终的根源，它直接导致工作中漏洞百出。

一个人成功与否在于他是否做什么都力求最好，成功者无论从事什么工作，他都绝对不会轻率疏忽。因此，在工作中就应该以最高的规格要求自己，能做到最好，就必须做到最好。这样，对于老板来说，你才是最有价值的员工。

追求完美是永无止境的，那么除了上述几条习惯，优秀员工还具有哪些习惯呢？如果你有追求完美的勇气和能力，那么你将不难发现，其实：

他们尽职尽责，在公司和工作的需要中，积极主动地认真做好和完成每一件事情；

他们能对公司的理念和日常工作提出富有建设意义的看法和判断；

他们能为一个团体作出榜样，使其他人从他身上感受到生命的活力和工作的热情；

他们确信自己有能力完成任务，并付诸实际行动；

他们有气概担当起企业经营或者是发展的重任，在任何困难面前从不退缩；

他们不墨守成规而经常出新，并始终保持谦虚学习的习惯；

他们每时每刻为公司着想，拥有强烈和执着的公司意识；

他们把公司当成自己的家，像对待家一样对待他的公司，爱护公司的每一样物品，时刻维护公司的声誉。因为，公司的命运将决定他的命运，如果公司发达了，他也会得到发展；

他们时刻把公司的利益放在第一位，一个优秀的员工首先应该是视公司利益为第一的人。任何时候，他绝不会以公司的名义去谋取私利；任何时候，他都保守公司的商业秘密，绝不出卖公司的利益。他不会为了工资的高低而对工作敷衍了事，也不会对工作任务沉重而有任何怨言。

上述的这些习惯，如果你已经从自己的工作实践中具备了，那就可以说，你已经是一个出色的员工了。我们也可以把上述这些习惯看作是工作中所表现出来的品质，可以想见的是，拥有这些品质的人，他应该是一个拥有巨大财富的人，这个财富是他自己的，也是他所从事的行业和工作的，同时也是他所在的团队的，也是他所效力的企业的。

第三节 天下大事，必作于细

苛求细节的完美

一部名为《细节》的小说，其题记为："大事留给上帝去抓吧，我们只能注意细节。"作者还借小说主人公的话做了注脚："这世界上所有伟大的壮举都不如生活上一个真实的细节来得有意义。"

在平凡琐碎的生活中，往往都含着一些催化剂，假使它起作用了，就会使生活发生剧烈的变化，从而影响一个人一生的命运。

莉莉在一家业绩卓著的金融机构里任经理助理。有一天，她的老板在无意中发现，她告诉部门里其他员工，所有的纸都要两面用完才能扔掉。有的员工认为莉莉很吝啬，并且嘲笑她连一张纸都要做文章，她的解释是："让所有的员工知道这样做可以使公司减少支出，相对地使利润增加，这是极其重要的。"

我们想象得出莉莉今后在老板眼中的地位。也许一张纸是很小，但长年累月累积起来就是一个庞大的数字。

马克曾是美国西里克肥料厂一名速记员，尽管他的上司和同事都有偷懒的恶习，马克仍保持认真做事的良好习惯，重视每一项工作。

一天，上司让马克替自己编一本老板西里克先生前往欧洲用的密码电

◇ 自我提升法则

报书。马克不像同事那样随意地写几张完事，而是将它们编成一本小巧的书，用打字机很清楚地打出来，然后又仔细装订好。做好之后，上司便把这本书交给了西里克先生。

"这大概不是你做的吧？"西里克先生问。

"呃——不……是……"马克的上司紧张地回答，西里克先生沉默了许久。

过了几天后，马克代替了以前上司的职位。

或许大家都有过类似的经历，只是觉得很正常而忽略过去了。殊不知，看起来微不足道的一件小事，却体现着深刻的道理。试想，如果马克没有将细节做到完美的习惯，他能表现得如此尽职尽责吗？

米查尔·安格鲁是一位著名的雕塑家。有一天，安格鲁在他的工作室中向一位参观者解释为什么自这位参观者上次参观以来，他一直忙于一个雕塑的创作。他说："我在这个地方做了润色，使那儿变得更加光彩些，使面部表情更柔和了些，使那块肌肉更显得强健有力；然后，使嘴唇更富有表情，使全身更显得有力度。"

那位参观者听了不禁说道："但这些都是些琐碎之处，不大引人注目啊！"

雕塑家回答道："情形也许如此，但你要知道，正是这些细小之处使整个作品趋于完美，而让一件作品完美的细小之处可不是件小事情啊！"

那些成就非凡的大人物总是于细微之处用心、于细微之处着力，这样日积月累，才能渐入佳境、出神入化。

在荷兰，有一个青年农民来到一个小镇，找到了一份在镇政府看门的工作。他在这个门卫的岗位上一直工作了60多年，他一生没有离开过这个小镇，也没有再换过工作。

也许是工作太清闲，他选择了既费时又费工的打磨镜片当自己的业余爱好。就这样，他一磨就是60年。他是那样的专注和细致，锲而不舍，他的技术已经超过专业技师了，他磨出的复合镜片的放大倍数，比专业技师的都要高。借着他研磨的镜片,他终于发现了当时尚未知晓的另一个广阔的世界——微生物世界。从此,他声名大振,只有初中文化的他,被授予了巴黎科学院院士的头衔。就连英国女王都到小镇拜会过他。

创造这个奇迹的小人物,就是科学史上鼎鼎有名的、活了90岁的荷兰科学家万·列文虎克。他老老实实地把手头上的每一个玻璃片磨好,用尽毕业的心血,致力于每一个平淡无奇的细节的完善,他终于在细节里看到了自己更广阔的前景。

一花一世界,一沙一天堂。如果你能执着地把手上的小事情做到完美的境界,你同样也会成为一个了不起的人物。

如果你能这样想,无论你做什么,品质都很好,都不会自满。因为很少有东西是完美的,即使是最好的产品都有缺陷。然而,无论在公司或组织中,就是因为你设立这样一个完美的目标,可以提升每一个人对品质的意识,使每个人做事都变得非常认真,因为每个人都在研究,要怎样把事情做得更完美。

完美的细节

假如一件事情是对的,那么就大胆而尽职地去完成它吧!假如它是错误的,就干脆别管它。那些技术上"半桶水"的泥瓦工和木匠,把砖石和木料拼凑起来修造房屋,在这些房屋尚未卖掉之前,一部分已经在暴风雨中坍塌了;术业不精的医学院学生不肯花费太多的时间学好医术,结果做起手术来笨手笨脚,使患者面对极大的生命危险;律师在读书时不知道培养能力,办起案件来就抓不住头绪,让当事人白白损失金钱……这些完全是缺乏敬业精神的体现。

无论从事哪一种职业,都有必要精通它。把这句话当作你的座右铭吧!下决心掌握自己职业领域里的所有知识,让自己成为比他人更精通的专家。如果你是一个领域的行家里手,通晓自己的全部业务,便会赢得众多良好的声誉,也就拥有了一种潜在成功的秘诀。

◇自我提升法则

某人针对自身努力与成功之间的关系请教一位伟人："你是怎样完成这么多的工作的？""我在一段时间里只会把所有精力集中做好一件事，并且会彻底做好它。"

假如你对自己的工作没有做好充足的准备，又怎么能把自己的失败责怪到他人身上，甚至社会呢？现在，最应该做到的是"精通"二字。大自然要经历千万年的进化，才生出一朵鲜艳的花朵和一颗饱满的果实。可是在美国，年轻人随便读几本法律书，便想去接手一桩桩棘手的案件，或者上过两三节医学课，就迫不及待地想做外科手术——可知道，那个手术维系着一个人的生命啊！

一个认为没必要认真对待小事情的人，如果他要著书立说，肯定是漏洞百出。有的从来不会精心地整理自己的论文和文稿，所有的文稿和信件凌乱地堆放在写字桌上，工作时他肯定会缺乏条理，不懂得秩序，思维混乱，最后只能是连自己最基本的立场、原则和态度都会丧失掉，也会失去别人对自己的信心。

一位先哲说过："如果必须去做一件事情，就全力以赴地投入去做吧！"另一位哲人则道："不论你手头是什么样的工作，都应该尽职尽责地去做！"

不能让事情善始善终的人，其心灵上也不会具备相同的素质。他不会完善自己的个性，缺乏坚强的意志，无法完成自己追寻的目标。一面贪慕享乐，一面又修行，觉得总可以左右逢源的人，到头来享乐与修道两头落空，才追悔莫及。从某种程度上讲，一心追逐名利比敷衍修道好。

不管做什么事，一定要竭尽所能，因为它决定一个人今后事业的成败。谁一旦领悟到全力以赴地做事能使工作劳苦消除这一秘诀，他也就拿到了打开成功之门的钥匙了。

只要你追求完美，就可以保证你成功。而世界上为人类创立新理想、新标准，扛着进步的大旗、为人类创造幸福的人，就是具有这样追求完美无缺素质的人。无论做什么事，如果只是以做到"还可以"为满意，或是半途而废，那就很难成功。

人类的历史有不少悲剧，都是那些工作不可靠、不认真的人的苟且作风所造成的。有人曾说："无知与轻率所造成的祸害，不相上下。"许多青年人的失败，就在这"轻率"的一点上。他们念念不忘的，是想寻得较高的位置，较大的机会，使自己有"用武之地"。他们常对自己这样说："我们在平凡、渺小的职务下，枯燥、机械地工作，有什么意义呢？那真是不值得去拼搏！"因此，他们的工作往往需要他人的审查、校正。这样的人，难于升到优异的位置上。

但是，凡是出类拔萃的青年，对于寻常、细微的每件事，都能认真思考，不肯安于"还可以"或"差不多"，必求其尽善尽美。他们能在简单、平凡的工作岗位中，看出与造成大机会来。他们比一般人更敏捷、更可靠，自然能吸引上级的注意，博得领导的赏识。他们每做完一件事，都能勇敢地对自己说："对于这份工作，我已尽心尽力，可以问心无愧。我不但做得'还好'，而且在我能力范围内做到了'最好'。对于这份工作，我能够经得起任何人的检查批评。"

巴尔扎克有时用一星期时间只写成一页稿纸，但他的声誉却远非近代的某些不严肃的作家所能企及。

狄更斯不到预备充分时，不肯在公众前读他的作品。

这些都是人们务求尽善尽美的美德。然而不少人对于职务、工作的苟且、潦草，借口于时间不够，这是不对的。因为，时间足够我们把每件事情做得更好。

假使每个人无论做什么事，都能尽至善之努力，以求得完美的结果，那我们的生活一定变得更完善、更快乐，人类幸福真不知能增进多少！

细心有灵感

心细方有灵感，灵感来自于心细，大大咧咧只会与灵感擦肩而过，眼睁睁地看着它逝去。

◇自我提升法则

17世纪法国著名数学家和哲学家笛卡尔，在很长一段时间内，都在思考这样一个有趣的问题：几何图形是形象的，代数方程是抽象的，能不能将这两门数学统一起来，用几何图形来表示代数方程，用代数方程来解决几何问题呢？

果真如此，既可以避免几何学的过分注重证明的方法、技巧，不利于提高想象力；也可以避免代数学过分受法则和公式的束缚，影响思维的灵活性。二者的有机结合，将使几何图形的"点、线、面"同代数方程的"数"联系起来。

为了能够尽快地解决这一问题，他日思夜想，"为伊消得人憔悴"。

有一天早晨，笛卡尔睁开眼发现一只苍蝇正在天花板上爬动，他躺在床上耐心地看着，忽然头脑中冒出这样一个念头：这只来回爬动的苍蝇不正是一个移动的"点"吗？这墙和天花板不就是"面"吗？墙和天花板的连接的角不就是"线"吗？苍蝇这"点"距"线"和"面"的距离显然是可以计算出来的。

笛卡尔想到这里，情不自禁一跃而起，找来笔纸，迅速画出三条相互垂直的线，用它表示两堵墙与天花板相连接的角，又画了一个点表示来回移动的苍蝇，然后用X和Y分别代表苍蝇到两堵墙之间的距离，用Z来代表苍蝇到天花板的距离。

后来笛卡尔对自己设计的这张形象直观的"图"进行反复思考研究，终于形成这样的认识：只要在图上找到任何一点，都可以用一组数据来表示它与另外那三条数轴的数量关系。同时，只要有了任何一组像以上这样的三个数据，也都可以在空间上找到一个点。这样，数和形之间便稳定地建立了一一对应关系。

于是，数学领域中的一个重要分支——解析几何学，在此基础上创立了。他的这套数学理论体系，引发了数学史上的一场深刻革命，有效地解决了生产和科学技术上的许多难题，并为微积分的创立奠定了坚实的基础。

通过天花板上爬动的苍蝇这种常见现象，竟触动笛卡尔产生了创建解析几何的灵感，为整个人类作出了杰出的贡献。我们说笛卡尔的成功始于细心的思考。

魔鬼在细节中

20世纪世界最伟大的建筑师之一，密斯·凡·德罗，在被要求用一句话来描述他成功的原因时，他也是只说了5个字："魔鬼在细节。"他反复地强调，如果对细节的把握不到位，无论你的建筑设计方案如何恢宏大气，都不能称之为成功的作品。老子曾说："天下难事，必做于易；天下大事，必做于细。"它精辟地指出了想成就一番事业，必须从简单的事情做起，从细微之处入手。可见对细节的作用和重要性的认识，古已有之，中外共见。也就是所谓"一树一菩提，一沙一世界"，生活的一切原本都是由细节构成的，如果一切归于有序，决定成败的必将是微若沙砾的细节，细节的竞争才是最终和最高的竞争层面。在今天，随着现代社会分工的越来越细和专业化程度的越来越高，一个要求精细化的管理和生活时代已经到来。

不论什么事，实际上都是由一些细节组成的。我们综观中外许多企业家的成功之道，其之所以能有杰出的成就，往往主要是管理层始终把细节的竞争贯彻于整个产品开发的始终。托尔斯泰曾说过："一个人的价值不是以数量而是以他的深度来衡量的。"成功者的共同特点，就是能做小事情，能够抓住生活中的一些细节。海尔总裁张瑞敏先生曾说："把每一件简单的事做好就是不简单；把每一件平凡的事做好就是不平凡。"海尔集团"严、细、实、恒"的管理风格，把细和实提到了重要的层次上，以追求工作的零缺陷、高灵敏度为目标，把管理问题控制解决在最短时间、最小范围，使经济损失降到最低，逐步实现了管理的精细化，消除了企业管理的所有死角，大大降低了成本材料的消耗，使管理达到了及时、全面、有效的状况，每一个环节都能透出一丝不苟的严谨，真正做到了环环相扣、疏而不漏；而近些年不少公司的大起大落也在于：虽其规章制度不可谓不细、不严、不实，但往往说在口上，定在纸上，订在墙上，就是落实不到行动上。真所谓成为细节，败也细节，一心渴望伟大、追求伟大，伟大却了无踪影；甘于平淡，认真做好每个细节，伟大却不期而至。这也就是细节的魅力。

在当今激烈竞争的市场中，怎样才能自己在职场中始终立于不败之地呢？可以说答案就是：细节决定竞争的成败。这主要也是由两个原因造成：其一，科技发展的今天，现代职场人才已经在学历和本领方面不相上下，角逐者们大都已经非常清楚，很难在这些因素上赢得明显优势；其二，现在很多商业领域已经进入微利时代，大量财力、人力的投入，往往只为了赢取几个百分点的利润，而某一个细节的忽略却足以让有限的利润化为乌有。

而看看今天我们的国人，大而化之、马马虎虎的毛病似乎仍然还是不绝于眼，社会上"差不多"先生比比皆是，好像、几乎、似乎、将近、大约、大体、大致、大概，等等，成了"差不多"先生的常用词。就在这些词汇一再使用的同时，生产线上的次品出来了，矿山上的事故频频发生着，社会上违章犯纪、不讲原则的事情也是屡禁不止。而与"差不多"的观念相应的，是人们都想做大事，而不愿意或者不屑于做小事。但事实上，芸芸众生能做大事的实在太少，多数人的多数情况总还只能做一些具体的事、琐碎的事、单调的事。也许过于平淡，也许鸡毛蒜皮，但这就是工作，是生活，是成就大事的不可缺少的基础。

随着经济的发展，专业化程度越来越高，社会分工越来越细，也要求人们做事认真、精细，否则会影响整个社会体系的正常运转。

在中国，想做大事的人很多，但愿意把小事做细的人很少；其实，我们不缺少雄韬伟略的战略家，而缺少的是精益求精的执行者；决不缺少各类管理规章制度，缺少的是对规章条款不折不扣的执行。

中国有句名言，"细微之处见精神"。细节，微小而细致，在市场竞争中它从来不会咤叱风云，也不像疯狂的促销策略，立竿见影地使销量飙升，但细节的竞争，却如春风化雨润物无声。

今天，大刀阔斧的竞争往往并不能做大市场，而细节上的竞争却将永无止境。一点一滴的关爱、一丝一毫的服务，都将铸就用户对品牌的信念。这就是细节的美，细节的魅力。所以，成大业若烹小鲜，做大事必重细节。这就需要我们在细节处下功夫。

成功思考始于细节

许多人的过失在于：不多思考自己，思考不从细节入手。

曾有这样一个故事：

爱若和布若差不多同时受雇于一家超级市场，开始时大家都一样，从最底层干起。可不久爱若受到总经理青睐，一再被提升，从领班直到部门经理。布若却像被人遗忘了一般，还在最底层混。终于有一天布若忍无可忍，向总经理提出辞呈，并痛斥："总经理狗眼看人低，辛勤工作的人不提拔，倒提升那些吹牛拍马的人。"

总经理耐心地听着，他了解这个小伙子，工作肯吃苦，但似乎缺少了点什么，缺什么呢？三言两语说不清楚，说清楚了他也不服，看来……他忽然有了个主意。

"布若先生，"总经理说："您马上到集市上去，看看今天有什么卖的。"

布若很快从集市上回来说，刚才集市上只有一个农民拉了车土豆卖。

"一车大约有多少袋，多少斤？"总经理问。

布若又跑去，回来说有10袋。

"价格多少？"布若再次跑到集市上。

总经理望着跑得气喘吁吁的他说："请休息一会儿吧，你可以看看爱若是怎么做的。"说完叫来爱若对他说："爱若先生，你马上到集市上去，看看今天有什么卖的。"

◇自我提升法则

爱若很快从集市回来了，汇报说到现在为止只有一个农民在卖土豆，有10袋，价格适中，质量很好，他带回几个让经理看。这个农民过一会儿还将弄几筐西红柿上市，据他看价格还公道，可以进一些货。这种价格的西红柿总经理可能会要，所以他不仅带回了几个西红柿做样品，而且把那个农民也带来了，他现在正在外面等回话呢！

爱若由于比布若多思考了几个细节，于是在工作上取得了一定的成功。请问，你能想到细节吗？在现实生活中，思考细节，即远见卓识将给我们的生活带来极大的价值。

凯瑟琳·罗甘说："远见告诉我们可能会得到什么东西。远见召唤我们去行动。心中有了一幅鸿图，我们就从一个成就走向另一个成就，把身边的物质条件作为跳板，跳向更高、更好、更令人快慰的境界。这样，我们就拥有了无可衡量的永恒价值。"

细节思维带来巨大的利益，会打开不可思议的机会之门。细节思维更容易挖掘一个人的潜力。人越有远见，就越有潜能。

1. 细节思维使工作轻松愉快

成就令人生更有乐趣。当你努力干，把工作做好时，没有任何东西比这种感觉更愉快。它给予你成就感，它是乐趣。当那些小小的成绩为更大的目标服务时——譬如使一个深度思维成为现实，就更令人激动了。每一项任务都成了一幅更大的图画的重要组成部分。

2. 细节思维能增添价值

同样，当我们的工作是实现远见的一部分时，每一项任务都具有价值。哪怕是最单调的任务也会给你满足感，因为你看到更大的目标正在实现。

这个道理，就如同那个在工地上跟3个砌砖工人谈话的人的故事一样。那人问第一个工人："你在干什么？"工人回答："我为拿工资而工作。"他用同样的问题问第二个工人，回答是："我在砌砖。"但当他问到第三个工人时，他热情洋溢地回答："我在建一座教堂！"那3个人在做同一种工作，但只有第三个工人受到远见的指引。他看到了那幅宏图，宏图给他的工作增添了价值。结果大家都知道，第三个人后来成了建筑师。

3.细节思维其实就是预言你的将来

缺乏细节思维的人可能会被等待着他们的未来弄得目瞪口呆。变化之风会把他们刮得满天飞。他们不知道会落在哪个角落，等待他们的又是什么东西。人生是个机会，这些人希望他们的机会不错。

如果你有细节思维的能力，又勤奋努力，你将来就更有可能实现你的目标。诚然，未来是无法保证的，任何人都一样，但你能大大增加成功的机会。

第四节 心态乐观，事业拓宽

钻石就在你家后院

美国演说家鲁塞·康维尔的著名演讲《钻石就在你家后院》曾在全美各个城市引起轰动，激励两代美国人在自己的岗位上勤奋耕耘。是什么让这个小小的故事产生如此巨大的效应，相信每个职场中的一员都会产生一定要读到它的欲望，那么接着读此篇文章，你会有意外的收获。

从前，有位名叫阿里·哈法德的波斯人，住在距离印度河不远的地方，他拥有大片的兰花花园、稻谷良田和繁盛的园林。他是一位知足而富有的人。有一天，一位年老的佛教僧侣前来拜访这位老农夫，他坐在阿里·哈法德的火炉边，向这位老农夫讲述钻石是如何形成的。最后，这位僧侣说：

"如果一个人拥有满满一手的钻石，他就可以买下整个国家的土地。要是他拥有一座钻石矿场，他就可以利用这笔巨额财富，把孩子送至王位。"

那天晚上上床时，阿里·哈法德变成了一个穷人——不是因为他失去了一切，而是因为他开始变得不满足。他想："我要拥有一座钻石矿。"因

◇ 自我提升法则

此，他整夜难以入眠，第二天一大早就跑去询问那位僧侣在什么地方可以找到钻石。

"只要你能在高山之间找到一条河流，而这条河流是流淌在白沙之上的，那么，你就可以在白沙中找到钻石。"僧侣说。

于是他卖掉了农场，将利息收回，把家交给了一位邻居照看，然后就出发去寻找钻石了。

在人们看来，他最初寻找的方向是十分正确的，他先是前往月亮山区寻找，然后来到巴勒斯坦地区，接着又流浪到了欧洲，最后他身上带的钱全部花光了，衣服又脏又破。

在旅途的最后一站，这位历经沧桑、痛苦万分的可怜人站在西班牙巴塞罗那海湾的岸边，怀揣着那位僧侣所激起的得到庞大财富的诱惑，将自己投入了迎面而来的巨浪中，从此永沉海底。

几十年后的一天，当阿里·哈法德的继承人（继承并居住在阿里·哈法德的庄园）牵着他的骆驼到花园里去饮水时，他突然发现，在那浅浅的溪底白沙中闪烁着一道奇异的光芒，他伸手下去，摸起了一块黑石头，石头上有一处闪亮的地方，发出彩虹般的美丽色彩。他把这块怪异的石头拿进屋里，放在壁炉的架子上，继续去忙他的工作，把这件事给完全忘掉了。

几天后，那位曾经告诉阿里·哈法德钻石是如何形成的僧侣，前来拜访阿里·哈法德的继承人。当看到架子上的石头所发出的光芒时，他立即奔上前去，惊奇地叫道："这是一颗钻石！这是一颗钻石！阿里·哈法德已经回来了吗？"

"没有，还没有，阿里·哈法德还没回来。那块石头是在我家的后花园里发现的。"

"我只要看一眼，就知道它是不是钻石，"这位僧侣说，"这确实是一颗钻石。"

然后，他们一起奔向花园，用手捧起河底的白沙，发现了许多比第一颗更漂亮更有价值的钻石。

这就是印度戈尔康达（Golconda）钻石矿被发现的经过。戈尔康达钻石矿是人类历史上最大的钻石矿，其价值远远超过南非的金百利（Kimberley）。英国国王皇冠上的库伊努尔大钻石（Kohinoor，106克拉），以及镶在俄国国王冠上的那颗世界上最大的钻石，都取自那处钻石矿。

故事讲完了，无疑鲁塞·康维尔的演讲获得了成功，而这个故事也将永远的扎根在听到演讲的人的心田以及听者的后代的心田，不是吗？要不在一个世纪后的今天，当我们再次"聆听"戈尔康达钻石矿的发现经过，在抛弃其纯粹的偶然性和传奇色彩后，我们怎么仍然会被故事背后的深刻寓意所惊醒和震撼？

你是不是也经常希望别人的花园就是自己的，却很少去整治自家的花园？你仔细看过自己脚下的土地了吗？你注意自己手头的工作了吗？认真分析过手头工作可能给自己带来的机遇和巨大财富了吗？还是每天都在羡慕朋友的工作，甚至感叹成功者的机遇之可遇不可求？

著名的成功学家奥格森·马登曾忠告职场中的年轻人："如果一个年轻人在他的工作和生活中不能发现任何机会，而他认为自己可以在其他地方做得更好，那么他会感到非常的灰心失望。"

现在很多职场年轻人士凭着自己有一点比别人优越的本领或有一份可以拿得出的高学历，就不可一世了，年少轻狂的他们往往对工作百般挑剔，即使有了一份工作，也经不起考验，于是，这些表面上看起来优秀的青年人，往往会对已有的工作感到不满，稍遇挫折或被老板或主管说了几句，就兴起"拂袖而去"的念头。

大部分年轻人不能清晰地意识到，自己手头的平凡工作就是一座宝贵的钻石矿，只要好好挖掘——全力以赴、尽职尽责地做好目前所做的工作，就能找到属于自己的"钻石"——包括职位的上升和财富的增加。相反，许多人心态浮躁，他们总想："做这份工作，有什么希望可言？""混呗，干这差使能有什么出头之日！"对工作总是心灰意冷的人，不可能踏踏实实地做好本职工作。他们坚信世界上有很多挣钱或者成功的机会，于是他们焦急地等待，等待另外的时间，另外的地点，另外的行业，另外的工作职位，但绝不是现在，绝不是手头上这个日久生厌的工作；他们设想如何在将来提高自己，但却不珍惜眼前的机会。他们会像故事中的阿里·哈法德一样，在漠视自己的工作的过程中抛弃了本应属于自己的宝藏。

还有一些人，他们虽有一定的才华，不懂得珍惜，他们将自己的聪明用在挖苦别人的身上而没有用在自己的手头的工作中，而是将宝贵的青春时间用在评论已经挖到"钻石"的人上。看到别人事业有成，挖到了"钻石"，他们撇撇嘴，一副不屑一顾的样子："那算什么，有他那机会，我会比他更成功。"这些人的可悲之处在于，他们在设想"如果……"的过程中，浪费了青春，磨灭了激情，耗尽了才华。等他们想起要收拾自己荒芜的庭院时，草深已不可除，要想从头再来，也许要付出比别人多几十倍的努力。只是，条件允许他们从头再来吗？而且，他们很有可能因为玩忽职守早就被老板解聘，再也没有机会找到本应属于自己的"钻石"。

无论做什么工作，只要沉下心来，脚踏实地地去做，都能得到收获。一个人把时间花在什么地方，就会在那里看到成绩，只要你的努力是持之以恒的。

看看自己脚下的土地吧！其实，每一份工作都是一座宝贵的钻石矿。年轻人在展望未来的时候，不要浮躁，务必要认识到自己正在拥有的一切。至少在转换工作之前，一定要努力使自己专注于手中的具体工作，哪怕是非常平凡的琐碎工作。

笑傲职场的五个制胜秘诀

许多人认为自己在为老板打工，其实真相是：每个人都在为自己打工，无论他是为了养活自己，还是为了自己的前途做铺垫。

因此，尽管老板和主管有权力分配一位员工的工作，但他与老板和其他同事之间其实是一种工作关联关系。如果我们能够保持好的职场表现，我们就能获得好的绩效评估。这种职场表现和绩效评估，将会对我们的职业生涯造成积极的影响。

勇于负责是受人称道的职场表现之一。许多员工习惯于等候和按照主管的吩咐做事，似乎这样就可以不负责任，即使出了错也不用受到谴责。这样的心态只能让人觉得你目光短浅，而且永远不会将你列为升迁的人选。

勇于负责是职场制胜的第一个秘诀。中国人有句老话"平安是福"，所以，许多人恪守这句保平安的规则，只要平平安安的，就是大功告成了。那些为了出人头地而去冒险的行为，在很多人眼中是不可思议的。所以，勇于负责在很多员工心中是可望而不可及的，他们情愿安于现状，过小桥流水一般的生活，也不想自己的生活出现一点风波，可是这里的"勇于负责"不等于"盲目负责"，也不是没有目标的冒险。

如果你一点信心都没有，谁又敢让你负责呢？从人品上讲，勇于负责的是英雄，盲目负责的是蠢货，不负责的是平庸之辈——你愿意做哪种人呢？

其实答案很简单，没有人愿意做蠢货和不负责任的平庸之辈，但是英雄的勇于负责是表面上勇于为工作负责，实际上是勇于为自己负责——你懂了吗？

善于从工作中发现快乐是第二个需要学习的职场制胜秘诀。不要每天晃着一张苦瓜脸，这样给别人、给自己的影响都很负面。如果你实在无法从工作中找到快乐，那你就得去找一份你觉得快乐的工作，因为快乐是个人职业生涯得以成长的关键因素之一。

当然找一份自己觉得快乐的工作绝非易事，它不像在超市挑选商品那样简单，现在严峻的就业形势使得每一位奔波于生活的人都产生了一种委屈求全的感情，只要能找到一份工作就心满意足了，快乐是很少人才有的奢望。其实每份工作里都藏有快乐，要看你用什么心态去面对了。

其实又能有几个人真正知道自己到底喜欢什么样的工作呢？既然你不知

◇ 自我提升法则

道自己喜欢做怎样的工作，你怎么就知道自己找不到呢？只要你能明确并找到自己喜欢的工作，那么，那份工作就会适合你，也会让你感到快乐。

不可否认，即使是做自己喜欢的工作也会遇到困难。用怎样的态度来面对工作，是衡量一位员工表现是否优秀的首要因素。态度是你的心灵表白，积极的态度表明你勇于接受困难的挑战，消极的态度则表明你没有信心和试图逃避。

第三个值得重视的职场制胜秘诀就是，用积极的态度面对困难。没有一种情绪是平静的，要么是淡淡的喜悦，要么是淡淡的忧伤。同样地，非积极的态度就是消极的态度。作为一种心态的外在表现，积极的态度偏向于希望而不是绝望，偏向于创造性的兴趣而不是枯燥乏味，偏向于努力而不是得过且过，偏向于欢乐而不是悲伤。很显然，在人才竞争如此激烈的时代，只有不断成长的人才能够一路欢歌、笑到最后。我们必须经常寻找一些更新及创新的方法去做事，抱着"还可以做些什么"的态度去面对工作，质疑自己的方法、步骤，并加以改善，积极态度因此就显得至关重要。

第四个职场制胜秘诀是强烈的团队意识。在市场鏖战日益激烈的时代背景下，团队的作用也越来越重要。假如你在工作中显得离经叛道、形孤影单，就会影响整个团队的协作。但是，如果你能够忠诚于团队，并且愿意为此作出必要的奉献，那么，你就能成为深受欢迎的团队成员。我们可以引"桃园三兄弟"为证，也许你还记得关羽那英雄的形象，但你是否知道英雄之所以称为英雄，他心中必须有团队精神，比如关羽，哪怕是千里走单骑，哪怕是过五关斩六将，也要回到团队中来。

这么多年来，"桃园三兄弟"早已成了兄弟情深的象征，成了一个"内可以聚，外可以召"的文化作品，在这个作品中，蕴含着一股强大的精神力量，将有力地推动事业的持续成长。

当然，随时代发展，"桃园三兄弟"可以接纳新的成员成为"桃园四兄弟""桃园五兄弟"，甚至可以成为"桃园系列兄弟"，这也正体现了现代职场团队精神的重要性。

养成终身学习的习惯是第五个职场制胜秘诀。近来，一些集团公司非常重视人力资源重组，企业高层向员工发出了"不换脑袋就换人"的警告。于是，"换脑袋，求生存"成了员工们面临的严峻现实。

有一位留学博士，回国担任了一家网络产品的行销总监，肩负公司决胜未来的重任。她虽然新婚不久，但却没有度蜜月。最近生病了，脖子僵硬得直不起来，也只请了一天假。她从不抱怨，始终保持着神采奕奕的职业形象。她说："因为我在一刻不得放松地追求梦想，所以必须这么做。"

国内一位著名的医师，几年前被聘请担任某医疗器械公司的产品总监。作为一名专家型的员工，也在时时提醒自己换脑袋。他说："在竞争日益激烈的年代，不断创新的企业需要不断创新的员工。市场会淘汰落后的企业，企业也会淘汰落后的员工。"

如果你是一位初涉职场的新人，在刚刚进入公司的时候，你不仅要学会如何工作，还要学会与人相处，直到你能够得到同事们的认同。办公室政治，是每一位员工在职业生涯管理中所必须面对的问题。

所以，学会成功的职场处世技巧至关重要，它能让你避免空洞的夸夸其谈和尔虞我诈的内耗，营造和谐、融洽、友爱、互助的同事关系。

永远选择那把橙色的伞

职场中的你，是否做过这样一道测试题：

由于雨伞具有遮风挡雨的功用，在心理学上是男性和父亲的象征。此外，雨伞的不同颜色也有着不同的象征性格。所以，当你问你的同事："如果你逛街时突然下雨，你会买什么颜色的雨伞呢？"他可以选择：①红色；②橙色；③黄色；④绿色；⑤蓝色；⑥紫色；⑦白色；⑧黑色。

根据他选择的答案，即可知道他的个性。

选择橙色的人属于阳光型。橙色是阳光的色彩，没有红色那么刺眼，充满了温暖和随和的味道。拥有这种特质的人，秀外慧中、性情温顺、贤惠体贴，对家人永远是呵护备至，和他在一起的生活也就充满了阳光和温暖。

单单把阳光型拿出来，其实用意非常明显，那就是希望无论你是职场新人，还是纵横职场几十年的"老兵"，都望你能保持一个乐观的心态，拥抱一个愉快的心情。

西方有句谚语："只要向着阳光，阴影就在你背后。"

回忆一下，在你的职场经验中，同事跟同事相处，最常聊起、也最容易产生共鸣的话题是什么？是不是抱怨共事的公司？那个老板不公平？那些制度不合理？别人多么会算计，自己多么任劳任怨，然后结论就是：真想辞职不干了！但是抱怨最多的人往往也最下不了决心，老是一边骂又一边做，于是，就陷入永无止境的工作心病轮回中。

当然，从另一个角度看来，抱怨也是一种发泄和减压的方式，就如同咖啡广告中的女职员，在工作中受了挫折，含着泪水到茶水间冲杯即溶咖啡，啜完香苦的咖啡，深深吸口气，抹去泪水又可以面对工作了。有人喝咖啡，也有人唱歌做运动，凡此种种，都是个人缓解压力的方式，但其中最不好也最达不到效果的，就是抱怨个不停。

抱怨多，成习惯，不仅搞坏了心情，甚至有可能言多必败，平常跟你一起抱怨的好同事哪天到上面打了一小报告或无心之言，都会让你的前途跟心情雪上加霜。所以，化抱怨为开朗，随时在工作中保持快乐吧！就算欺骗自己也好，骗久成真。

柏拉图说："决定一个人心情的，不是在于环境，而在于心境。"

性格决定命运，心态决定未来！这句话说得很对，在工作、生活中我们要懂得心态的调节。舍弃那些与生活无关的东西，不管在别人看来是多么的有价值！只需追求力所能及的自己的精彩。

人的生命是有限的，在这有限的生命中我们应该尽力做自己愿意做的事情。我们需要在逆境中调节自己的心态，时刻保持积极向上的心态，乐观地面对生活工作中的不顺利，只有这样，在我们老的时候回忆自己的一生，才能感到无憾。

心态成就事业

习惯于抱怨工作的人，常常不会获得真正的成功。其实，要看一个人做事的好坏，只要看他工作时的精神和态度。如果某人做事的时候感到所做的工作困难重重，劳碌辛苦，没有任何趣味可言，那么他绝不会取得伟大的成就。

一个人对工作所具有的态度和他本人的性情、做事的才能，有着密切的关系。一个人所做的工作就是他人生的部分表现。所以，了解一个人的工作，在一定程度上就是了解那个人。

如果一个人轻视他自己的工作，而且做得很粗陋，那么他绝不会尊敬自己。如果一个人认为他的工作辛苦，那么他的工作绝不会做好，他也无法发挥特长。在社会上，有许多人不尊重自己的工作，认为工作是生活的代价，是不可避免的劳碌。这是一种错误的观念。

人往往就是在克服困难的过程中产生了勇敢、坚毅等高尚的品格。常常抱怨工作的人，终其一生，绝不会有真正的成功。抱怨和推诿，其实是懦弱的自白。

厌恶自己的工作，这是最坏的事情。如果你为环境所迫，而做着一些乏味的工作，你也应当设法从这乏味的工作中找出乐趣来。要懂得，凡是必须做的事情，总要找出事情的乐趣，这是我们对于工作应抱的态度。有了这种态度，无论做什么工作，都能有很好的成绩。

如果一个人鄙视、厌恶自己的工作，那么他必遭失败。引导成功者的磁石，不是对工作的鄙视与厌恶，而是真挚、乐观的精神和百折不挠的勇气。

不管你的工作岗位是怎样卑微，你都应当有艺术家的精神，当有十二分的热忱。这样，你就可以从平庸卑微的境况中解脱出来，不再有劳碌辛苦的感觉，你就能使你的工作充满乐趣，而厌恶的感觉也自然会烟消云散。

一个人工作时，如果能以火焰般的热忱，充分发挥自己的特长，那么不论所做的工作怎样，都不会觉得工作辛苦。如果我们能以充分的热情去做最平凡的工作，也能成为最精巧的工人；如果以冷淡的态度去做最重要的工作，也不过是个平庸的工匠。所以，在各行各业都有发展才能、提高地位的机会。在整个社会中，实在没有哪一个工作是可以藐视的。

一个人的终身职业，就是他亲手制成的雕像，是美丽还是丑恶，可爱还是可惜，都是由他一手造成的。而人的一举一动，无论是写一封信，或是一次谈话，一个思想，都在说明雕像的或美或丑，可爱或可憎。

不论做何事，务须竭尽全力，这种精神的有无可以决定一个人日后事业上的成功或失败。如果一个人领悟了通过全力工作来去除工作中的辛苦的秘诀，他也就掌握了达到成功的原理。倘若能处处以主动、动力的精神来工作，那么即使在最平庸的职业中，也能增加他的权威和财富。

不要使生活太呆板，做事也不要太机械，要把生活艺术化，这样，在工作上自然会感到有兴趣，自然会尽力去工作。

任何人都应该抱这样一种心态：做一件事，不论遇到什么困难，总要做到尽善尽美的地步。在工作中，要表现自己的特长，发展自己的潜能，不可因工作的卑微而自轻自贱。

学会给自己颁奖

你在工作中做了很多的努力，取得了一定成绩的时候，不妨为自己庆贺一番，这样做，就会建立起更多的自信。

许多每天从事推销的业务员都有这样的经验：如果早上起来，心情不佳，自己无法应付即将面对的难缠的客户时，便会将做成率高的客户作为首先拜访的对象，待做成几笔交易，自信心培养充分以后，再去拜访其他较难缠的客户。这种方式不但可使心情由阴郁变开朗，还可以确保一天的业绩。

实际上，他们所需要的，正是一种能充实自信心的成就感。成功者善于培育自信心，他们懂得如何"给自己颁奖"。

一个不信任自己的人，一个悲观处世的人，不可能成为成功者。成功者同他们的态度是截然不同的。

成功者在找到了自己的目标后，总是以强烈的进取精神千方百计地去创造条件，去实现目标，从而大大增加了自己成功的机会。即使遇到挫折，他们也会积极进行分析，调整自己的心态，去进行新一轮的努力。而当事情有了进展，他们往往能充分肯定自己的已有成就，并以此来增强自己前进的勇气。

人生来就需要得到鼓励和赞扬。许多人做出了成绩，往往期待着别人来赞许。其实光靠别人的赞许还是不够的，何况别人的赞许会受到各种外在条件的制约，难以符合你的实际情况或满足你真正的需要。要保护自己的自信心和成功信念，不妨花些时间，恰当地给自己一些奖励。

有一位美国作家，他是靠着为报社写稿维持生活的。他给自己定了一个目标，每周必须完成两万字。达到了这一目标，就去附近的中国餐馆饱餐一顿作为奖赏；超过了这一目标，还可以安排自己去海滨度周末。于是，在唐人街和海滨的沙滩上，常常可以见到他自得其乐的身影。

英国畅销书作家劳伦斯·彼德曾经这样地评价一些著名歌手：

为什么许多名噪一时的歌手最后以悲剧结束一生？究其原因，就是因为在舞台上他们永远需要观众的掌声来肯定自己。但是由于他们从来不曾听到过来自自己的掌声，所以一旦下台，进入自己的卧室时，便会倍感凄凉，觉得听众把自己抛弃了。

他的这一剖析，确实非常深刻，发人深省。

给自己颁奖，绝不同于自我陶醉，而是为了强化自己的信念和自信心，更正确地评估自己的能力和人格。

你在工作中取得了成就的时候，千万别忘了给自己颁奖。当你对自己说"你干得好极了"或"那真是一个好主意"时，你的内心一定会被这种内在的诠释激励。而这种成功途中的欢乐，确实是很值得你去细细品味的。成功的信念需要有成就感来充实，请记住：别忘了给自己颁奖！

培养积极心态的秘方

人生所追求的,大多都和心态有一定的关系。好工作、自尊、自信、快乐、成功、金钱,等等,都和你的心态有关。

既然心态可以控制和引导,那么,如何培养我们的积极心态呢?要让言谈举止像你希望成为的人那样。积极的行动会导致积极的思维,而积极的思维会导致积极的人生心态。心态是紧跟行动的,如果一个人从一种消极的心态开始,等待着感觉把自己带向行动,那他就永远成不了他想做的积极心态者。

你不妨从以下几个方面做起:

(1)要心怀必胜、积极的想法。当我们开始运用积极的心态并把自己看成成功者时,我们就开始成功了。但我们绝不能仅仅因为播下了几粒积极乐观的种子,然后指望不劳而获,我们必须不断给这些种子浇水,给幼苗培土施肥,才会收获成功的人生。

(2)用美好的感觉、信心与目标去影响别人。随着你的行动与心态日渐积极,你就会慢慢获得一种美满人生的感觉,信心日增,人生的目标感也越来越强烈,而别人也会被你吸引,进而被你影响。

(3)每个人都能感觉到自己的重要性,以及别人对他的需要与感激。这是我们普通人的自我意识的核心。如果你能满足别人心中的这一欲望,他们就会对自己,也对你抱一种积极态度。

(4)学会微笑。微笑是上帝赐给人类的专利,微笑是一种令人愉悦的表情。面对一个微笑着的人,你会油然感到他的自信、友好,同时这种自信和友好也会感染你,使你也油然而生出自信和友好来,使你和对方亲切起来。微笑可以鼓舞对方,可以融化人们之间的陌生和隔阂。

(5)到处寻找最佳的新观念。要找到好主意,靠的是态度,而不是能力。一个思想开放、有创造性的人,哪里有好主意,就往哪里去。好主意能增强积极心态者的成功能力。

（6）放弃鸡毛蒜皮的小事。有积极心态的人不把精力放在小事情上，因为小事使他们偏离主要目标和重要事项。如果一个人对一件无足轻重的小事情做出反应——小题大做的反应，这种偏离就产生了。

（7）学会赞美别人。赞美具有一种不可思议的力量。在人与人的交往中，适当地赞美对方，会增强和谐、美好的情感。你存在的价值也就被肯定，使你得到一种成就感。实事求是，而不是夸张的赞美，真诚的而不是虚伪的赞美，会使对方的行为增加一种规范。同时，为了不辜负你的赞美，他会在受到赞美的这些地方全力以赴。

（8）培养一种奉献精神。一个积极心态者所能做的最大贡献是给予别人。给予别人也是一种生活方式，我们永远都无法预测它所带来的积极结果。

（9）永远也不要消极地认为什么事是不可能的。首先你要认为你能，然后去尝试、再尝试，最后你发现你确实能。所以，把"不可能"从你的字典里去掉，把你心中的这个观念铲除掉。谈话中不提它，想法中排除它，不再为它寻找借口，用"可能"代替它。

（10）培养乐观精神。以乐观的精神面对一切，工作就更容易做。

（11）经常使用自我提示语。积极心态的自我提示语不是固定的，只要能激励我们积极思考、积极行动的词语，都可以成为自我提示语。经常使用这种自我激发行动的语句，并融入自己的身心，就可以保持积极心态，抑制消极心态，形成强大的动力，进而达到成功的目的。

这些培养积极心态的方法，你可以都试一试，也许你日后的成功就得益于这其中的某个方法。

第九章
环境无法改变，那就改变自己

第一节 会绕弯子，就不会碰钉子

大事精明，小事尽可装糊涂

吕端，北宋初期幽州人。他幼时聪明好学，成年后风度翩翩，对于家庭琐碎小事毫不在意，心胸豁达，乐善好施。

宋太宗赵光义时代，吕端被任命为协助丞相管理朝政的参知政事。当时老臣赵普推荐吕端时，曾对宋太宗说："吕端不管得到奖赏还是受到挫折，都能够十分冷静地处理政务，是辅佐朝政难得的人才。"

宋太宗听后，便有意提拔吕端做丞相。有的大臣认为吕端"平时没有什么机敏之处"，太宗却认为："吕端大事不糊涂！"

终于，吕端成为宋太宗的宰相。在处理军国大事时，吕端充分体现出机敏、果敢的才能。每当朝廷大臣遇事难以决策时，吕端常常能较圆满地解决问题。

998年，太宗驾崩，李皇后与内侍王继恩等密谋废太子，"端知有变",即将王继恩拘禁起来,辅佐宋真宗即位,挫败李皇后等人阴谋,可见吕端的确"大事不糊涂"。

后来,"大事不糊涂"就成了典故;"大事清楚,小事糊涂",也成了人们处世的一个潜智慧。

其实"大事不糊涂"者怎么可能"小事糊涂"呢?须知大事就是小事积聚起来的啊。所谓小事糊涂,只是装糊涂而已,因为真正的智者不屑在小事上浪费时间和精力。

人的精力有限,如果事必躬亲会活得很累。诸葛亮在中国人的心目中是智慧的象征,但是他治理蜀国事必躬亲,最后活活累死了。而他死后不久,"蜀中无大将,廖化作先锋",在三国中最先灭亡。

在处理大事与小事的关系上,有人提出了一种论点:大事小事都精明——少;大事精明小事糊涂——好;大事糊涂小事精明——糟。在古罗马律法中就有"行政长官不宜过问细节"一条。在现实生活中,不仅仅是领导者,普通人也时时面对自己所谓大事利小事,我们也就没有必要老是在鸡毛蒜皮的事情上耗着了。

何为大事?影响全局的事为大事,决定整体的事为大事,范围内的工作之重为大事,也就是说以结果来评价事之大小,而不是以事之大小决定。对于一个企业管理者来讲,不管其工作性质如何,内容多寡,其工作程序和本质是不变的。工作的关键环节和关键行为应视为大,在这些问题上,思路必须清楚,不能糊涂。

"嘻哈"风格,掩藏真实观点

"不得不说"然又"不能说之"的状况在生活中经常遇到,这时就要学会和对方打"语言太极",嘻嘻哈哈,含含糊糊,让对方不知道你究竟在想什么。

某校某班在一次高考中,数学和外语成绩突出,名列前茅。校长在评功总结会上这样说:"数学考得好,是老师教得好;外语考得好,是学生基础好。"

在座教师听罢沸沸扬扬，都认为校长的说法有失公正。刘老师起身反驳："同一个班，师生条件基本相同。相同的条件产生了相同的结果，原是很自然的事，不公平的对待，实在令人费解。原有的基础与而后的提高，有相互联系，不能设想学生某一学科基础差而能提高得快，也不能设想学生某一学科基础好而不需要良好的教学就能提高。校长对待教师的劳动不一视同仁，将不利于团结，不能调动广大教师的积极性。"

刘老师的这一席话说到大家心里去了，可是刘老师毕竟挑战了校长的尊严，大家都很担心，会场一时陷入了沉默，这时校长"嘿嘿"地笑起来，他说："大家都看到了吧，刘老师能言善辩，真是好口才。很好，很好!言者无罪，言者无罪。"

老师们看校长没有恼怒，都松了一口气，会场的尴尬气氛缓解了。

尽管别人猜不透校长说这话的真实意思，然而却不得不佩服他的应变能力。他为自己铺了台阶，而且下得又快又好。听了校长对刘老师质问的回答后，没有人再就此问题对校长跟踪追击了。

遇到别人的质疑或者追问时，走"嘻哈路线"是一种很有效的策略。轻轻一闪，就会把对方千斤的力量化于无形，同时还为自己争取到思考对策的宝贵时间。另外，"嘻哈"风格的姿态会给对方制造一种高深莫测的感觉，使其对自己的行为产生怀疑。

会避世，不如会避事

世事纷扰，即使图清静不去惹事，事也会来惹你。对那些找上门来的"事"，惹不起却躲得起，然而避事也是要讲方法的。

三国时，魏国的大将司马懿，出身大士族。曹操刚刚掌权的时候，曾经征召司马懿出来做官。那时候，司马懿嫌曹操出身低微，不愿意应召，但是又不敢得罪曹操，就托词说自己得了风瘫病。曹操怀疑司马懿有意推托，派了一个刺客深夜闯进司马懿的卧室去察看，果然看到司马懿直挺挺地躺在床上。刺客还不相信，拔出佩刀，架在司马懿的身上，装出要劈下去的样子。司马懿只瞪着眼睛望着刺客，身体纹丝不动。刺客这才相信他是真瘫，收起刀向曹操回报去了。

司马懿知道曹操不会就此放过他。过了一段时期，让人传出消息，说风瘫病已经好了。等曹操再一次召他的时候，他就不拒绝了。

司马懿先后在曹操和魏文帝曹丕手下担任了重要职位，到了魏明帝即位时，魏国兵权已大部分落在他手里。后来，魏明帝将死之即，把司马懿和皇族大臣曹爽叫到床边，嘱咐他们共同辅助太子曹芳。

魏明帝死后，太子曹芳即了位，就是魏少帝。司马懿和宗室曹爽同为顾命大臣，一同执政。曹爽对司马懿这个外人不大放心，便用魏少帝的名义提升司马懿为太傅，实际上是夺去他的兵权。自兵权落到曹爽手里之后，司马懿就托病在家休养。

恰在这时，李胜升任青州刺史，前来辞行。曹爽觉得这是个好机会，就让他借出任荆州刺史之机，以向司马懿辞行为由，前去探听虚实。

司马懿知道李胜来访的真实意图，于是做了一番精心安排，李胜来到司马懿的居室，只见司马懿正在两个丫鬟服侍下更衣，他浑身颤抖，久久地穿不上衣服。他又称口渴，待丫鬟捧上粥来，他以口去接，将粥弄翻，流了一身，样子十分狼狈。

李胜看着欣喜，说："听说您风痹旧病复发，没想到病情竟这样严重，我受皇帝恩典，委为荆州刺史，今天是特来向您告辞的。"

司马懿故意装作气力不济的样子说："我年老体衰活不了多久，你调任并州，并州临近胡邦，要多加防范，以免给胡人制造进犯的机会啊！恐怕我们再难相见，拜托你今后替我照顾两个儿子司马师和司马昭。"

李胜说："我是出任荆州，不是并州啊！"

司马懿说："我精神恍惚，没有听清楚你的话。以你的才能，可以大建一番功业。"

李胜回去后，将所见所闻的详情告诉了上司，曹爽听后大喜，从此对司

◇自我提升法则

马懿消除戒心，不加防范。

公元249年新年，魏少帝曹芳到城外去祭扫祖先的陵墓，曹爽和他的兄弟、亲信大臣全跟了去。司马懿既然"病"得厉害，当然也没有人请他去。

等曹爽一帮人一出皇城，太傅司马懿的"病"全好了，他披戴起盔甲，抖擞精神，带着他两个儿子司马师、司马昭，率领兵马占领了城门和兵库，并且假传皇太后的诏令，把曹爽的大将军职务撤了。

既然"避"事，就一避到底，环环相扣，否则任何小破绽都有可能被人认定是大心机。

又过了几天，就有人告发曹爽一伙谋反，司马懿派人把曹爽一伙人全下了监狱处死。这样一来，魏国的政权名义上还是曹氏的，实际上已经转到司马懿手里。

聪明反被聪明误，枉送了卿卿性命

为人处事不可"逞能"，须知"聪明反被聪明误"的事例屡见不鲜。因为"逞能"之时就是感觉最良好之时，感觉最良好之时即是精神最松懈之时，因得意而无防备，危险就来临了。

三国时代，有个绝顶聪明的人叫杨修，在曹操手下为官。

有一次，曹操建造了一座花园，造成后他去观看，未置可否，只是在门上写了一个"活"字就离开了。众人都不解其意，杨修说："'门'内添'活'字，乃'阔'字也。丞相是嫌门太宽了。"监工立即命令工匠们重建，曹操再去看时，大喜，问："谁知吾意？"左右告之："杨修也。"曹操虽喜，心甚忌之。

还有一件事，平时曹操担心被人暗害，便对左右的人说："吾梦中好杀人，凡吾睡着汝等切勿靠近。"一日，他午睡时被子落在地下，一近侍给他拾起复盖在身。曹操拔剑杀之，然后又倒头入睡。起床后，假意问道："是谁杀了我的近侍？"众人以实相告，曹操痛哭，命人厚葬。众人都以为曹操是梦中误杀，今见曹操又是痛哭，又是厚葬，不但不怪曹操，还多有称赞之辞。临葬时，杨修指着死者说："丞相非在梦中，君乃在梦中耳。"曹操听后，愈加嫉恨，便想找机会惩治这位"能人"。

后来曹操的军队与刘备在汉水作战，两军对峙，久战不胜，曹操是进是退心中犹豫，适逢厨子送进鸡汤，见碗中有鸡肋，因而有感于怀。正沉吟间，夏侯惇入帐问夜间口令。曹操随口说道："鸡肋!"行军主簿杨修一听夜间口令为"鸡肋"，便立即让士兵收拾行装，准备归程。夏侯惇忙问其故。杨修曰："鸡肋者，食之无肉，弃之可惜。丞相的意思是如今进不能胜，退恐人笑，在此无益，不如早归。来日魏王必班师矣。"本来曹操在进退两难之际，真有班师北归之意，但见杨修又说破他的心思，非常气恼，便大声呵斥道："汝怎敢造言，乱我军心。"喝令刀斧手推出斩之。

隔岸观火，远离派系纷争

派系争斗，古往今来都不能避免，站在哪个"队伍"很重要，但若能永远"一荣俱荣"倒也罢了，有朝一日"一损俱损"了，岂不死得太冤枉!

王圆在一家文化传播公司工作，和其他四名员工一起，在频道主编的带领下，他们负责的频道眼看着日益完善。

一个周末，轮到王圆这一组值班，一位同事前一天加班，早上晚到了一会儿。王圆因为生病，也是下午才过去。不料这些都被"顺带路过"的总编看在眼里。第二天，公司里开始盛传"某某频道的员工不肯值班"，好在频道主编挺身而出，替他们作了澄清。事情很快平息，但总编和他们的关系从此急转直下。

当别的频道还在建设中时，王圆这一组已完成了所有的准备。可在例会上，总编却要求他们加班，当时遭到了频道主编的反驳。看得出来，分站总编脸上有点挂不住。

两个月后，总编钻到了"空子"：频道主编怀孕开始休假。第二天，总编立马就给某某频道"穿小鞋"——每天召开三刻钟会议，一开就是一星期，会议的主题只有一个：反复强调剩下的四个人要对他直接负责，某某频道的内容需要全面调整。

以后，总编的小动作不断：试用期过了，王圆的工资却明增暗减，公司里更在盛传：某某频道已经被判了"死刑"。

谣言很快变成了现实，一个月后，总编直截了当地对王圆说："公司里要调整职位，你的文笔不错，应该可以找到新的工作。"很快，另外3个人也遭厄运：一个同样被辞，总编找人传个话，就把他打发了；一个调到市场部；最后一个"独木难成林"，请了长病假。

出头的椽子先烂

大家都在观望局势之时，千万不可做那冒死直谏的人，因为极有可能被拿下以作杀鸡吓猴之用。

市场部换了新经理。这个经理作风和之前的完全不同，李明和他的同事们有些不习惯。而且新经理对待下属极其严格，动辄高声批评，弄得人很没面子。但是他对上司满脸堆笑，极尽阿谀谄媚之事。更为可气的是他自己明明水平有限，却总是摆出一副内行专家的样子。

李明他们最害怕的是新经理把自己关在屋里若干个时辰，然后很兴奋地拿出一份计划表，要求下属们在几天内完成。李明他们照计划去做时，又很难行得通。

李明本来就是个习惯仗义执言的人，他实在忍受不住了。有一天，他敲开经理室的房门，直截了当地告诉他大家的意见。没想到经理的脸由白变红再恢复正常之后，很虚心地接受了李明提出的意见。

从此之后，新经理果然变了：对待下属温和多了，构想新的计划时也找来大家一起商议。同事们都很感激李明，可李明还是感觉到经理对自己日渐冷淡，偶尔在办公楼里碰见也很尴尬。

时间久了，李明觉得特别别扭，只好找了个理由主动辞职，离开了这家他工作多年的单位。

糊涂下面掩藏清醒

人的一生精力有限，若对什么事都斤斤计较，那就太累了，不如"抓大放小"，小事糊涂而大事清醒，既显得宽容大度，又能保全自己。

在一次宴会上，楚庄王命令他所宠爱的美人给群臣和武士们敬酒。傍晚时分，一阵狂风把灯烛吹灭了，大厅里一片漆黑，黑暗中不知是谁用手拽住了美人的衣袖。美人急中生智把那人系帽子的带子扯断，然后来到楚庄王的身边，向他哭诉了被人调戏的经过，并说那个人的帽带被扯断，只要点上灯烛就可以查出此人是谁。

楚庄王安慰了美人几句，便向大家高声说："今天喝酒定要尽兴，谁的冠缨不断，就是没喝足酒。"群臣众将为讨好楚庄王，纷纷扯断冠缨，喝得烂醉如泥。等点灯时，大家的冠缨都断了，就是美人自己想查出调戏她的那个人，也无从下手了。

三年后，楚国与晋国开战，楚军有一位勇士一马当先，总是冲在前头。

楚庄王很奇怪，问他为什么如此拼命？勇士回答说："末将该死，三年前我在宴会上酒醉失礼，大王不但不治我的罪，还为我掩盖过失，我只有奋勇杀敌才能报答大王。"

在这事件中，楚庄王听说有人调戏美人，而且他系帽子的带子已被扯断，是可以查出谁犯了错的。但楚庄王在这件事上采取"糊涂"的态度，因为他认为酒醉失礼是难免的，所以不想追究下属的过错，故意让大家扯断冠缨。楚庄王的宽容大度后来得到了应有的报偿。他的这种"糊涂"其实是一种富有远见的"精明"。

有些看似糊涂的人，做的却是聪明的事。那些笑他糊涂的人，不知道自己才是真糊涂。

有一则有趣的小故事就说明了这个道理。

美国第九任总统威廉·亨利·哈里森出生在一个小镇上。小时候，他是一个很文静又怕羞的孩子，人们都把他看作傻瓜。镇上的人常常喜欢捉弄

◇自我提升法则

他。他们经常把一枚5分的硬币和一枚1角的硬币扔在他面前，让他任意选一个。威廉总是捡那个5分的，于是大家都嘲笑他"傻"。

有一天，一位妇人看到他可怜，便对他说："威廉，难道你不知道一角钱要比5分钱多吗？"

"当然知道！"威廉慢条斯理地说，"不过，如果我捡了那个一角的，恐怕他们就再也没有兴趣扔钱给我了。"

乐于成全别人

当有些东西对别人来说性命攸关，而对自己来说可有可无时，就成全别人好了，否则，"兔子急了也咬人"，惹急了别人，对自己也没有好处。

汉文帝时，袁盎曾经做过吴王刘濞的丞相，他的从使与他的侍妾私通。那个从使怕袁盎开罪于他，就畏罪逃跑了。袁盎知道消息后，亲自带人将他追了回来，将侍妾给了他，对他仍像过去那样倚重。

汉景帝时，袁盎入朝担任太常，奉命出使吴国。吴王当时正在谋划反叛朝廷，想将袁盎杀掉。他派500人包围了袁盎的住所，袁盎对此事毫无察觉。恰好那个从使在围守袁盎的军队中担任校尉司马，就买来200石好酒请这500个兵卒开怀畅饮。围兵们一个个喝得酩酊大醉，瘫倒在地。当晚，从使悄悄溜进了袁盎的卧室，将他唤醒，对他说："你赶快逃走吧，天一亮吴王就会将你斩首。"袁盎问："你为什么要救我呢？"从使对他说："我就是以前那个偷了你的侍妾的从使呀！"袁盎大惊，赶快逃离吴国，脱了险。

秦桧担任宰相的时候，有一个自视清高的书生，因为想在仕途上有良好的发展，但却自知没什么背景，心想如果不用上一些手段，恐怕一辈子别想有什么希望。

这个胆大包天的书生居然把脑筋动到当朝红人秦桧的身上，不但精心伪造了一封秦桧的推荐信，还大摇大摆地拿着前去拜访扬州太守。

书生认为太守一定会慑于秦桧的权势，对他另眼相看，同时，也吃定太守应该不会也不敢去查对推荐信的真伪。

不料，这个太守并不是一个糊涂虫，书生两下子就被看穿了虚实。所以，除了伪信被收缴之外，还将他押送到京师，交由秦桧亲自去处置。

意外的是，秦桧知道这件事后，居然没有动气，反而给这位吃了熊心豹子胆的书生一个重要的官职。

秦桧的左右都觉得很奇怪，就问他为什么这样做？

秦桧说："有胆量假冒我的书信之人，必然不是平常人。杀了他，未免太可惜；但如果不用官职来给他一条路走、一口饭吃，除非一辈子将他关在牢里，否则这个人就很可能转而投靠其他势力，后患必定无穷！"

与人方便就是与己方便，把别人渴望的东西送上门去，能免愤恨、招感激，投资少而见效快。圆融处世者莫不深谙此道。

大度能防天下人

"大度能忍，方为智者本色。"在人际交往当中，如果没有海纳百川的容人肚量，是很难容忍别人的缺点及对自己某些利益的损伤的。若是对于这些问题处理不当，就会对自己造成许多损失，轻则失去朋友，重则成众矢之的，将自己陷入孤立无援的境地之中。

为人处世应遵循的一条基本原则就是要与人为善，只有习惯与人为善的人，方能不为小节而气愤填胸，方能"容天下难容之事"。

宽容是人类最高美德之一。宽容待人，表现在能容纳不同的生活方式，不同的价值观，不同的意见，不强把自己的意见加给别人；待人不斤斤计较；与人发生矛盾时，不结怨，得饶人处且饶人，和善待人。宽容待人，才能在复杂的社会中建立良好的人际关系，使自己生活在一个和睦的环境之中，这样一方面使与自己结怨的小人减少，另一方面也不给小人以可趁之机。

能够容忍别人的过失，以宽容为怀，是一个人非常优秀的品质。很多成功者就是凭借着对他人的宽容走上了成功之路的。宽容能帮助人们减少仇

◇自我提升法则

恨、暴力和偏见。

相传春秋时代秦穆公巡游时一匹马走失了，穆公追到岐山之南，发现一些人正杀了这匹马煮着吃了。穆公见状后就说："吃肉不喝酒，我担心伤害你们的身体。"于是拿来酒一一为之劝饮，尽欢而去。

一年后，晋秦交兵，穆公被围，眼看就要被俘时，有三百多人过来死战晋军，保住穆公，并生擒了晋惠公，原来，这些人正是当年吃马肉者。

所谓"大人不计小人过"，宽容的对待曾经冒犯你的人，是智者的行为。

刘项争锋，天下已定，进行封赏。

有一天，刘邦在洛阳南宫边散心，放眼望去，只见一群人在宫内不远的水池边，有的坐着，有的站着，一个个看上去都是武将打扮，在交头接耳，好像发生了什么事，在议论着什么。刘邦心生疑惑，便把张良找了过来，问道："那群人在干什么？"

张良答道："他们准备聚众谋反呢！"

刘邦一惊，问："为什么呢？"

张良回答："皇上从一个市家百姓开始，与各位将士一道夺取了天下。但现在所封的都是您以前的老朋友及自家的家族，杀的都是您最恨的人，这怎么不使大家害怕呢？今天没有所封，以后肯定难逃一死。这么一想，他们当然头脑发热，要聚众闹事了。"

刘邦赶忙征求张良意见。"怎么才能平息呢？"

张良问刘邦："皇上平时将士中对谁最厌恶，憎恨呢？"

刘邦说："我最恨的是雍齿。在我起事时，他无缘无故投降了魏，后来又从魏投向赵，再从赵投降张耳。当张耳投降我时，我才收容了他。现在因为刚灭楚不久，我不方便无缘无故杀他。想起他来我就恨得牙齿'咯咯'作响。"

张良一听，说："好!您立即把他封为侯，这样，就可化解眼下的人心浮动。"

刘邦对张良很信任，他相信张良的话很有道理。

过了不久，刘邦在南宫设酒招待群臣。在宴席快要结束时，他宣布："封雍齿任什邡侯。"

将士们见刘邦能宽容的对待他最讨厌的人，知道不用再担心自己的性命便都忠心的拥护刘邦。

容忍不仅仅是为了要统驭，或是倾向于某一方面，而是凭着智慧与善意，去发掘真理，使我们免于专横、盲目，最重要的是免于心胸狭窄。

第二节 容人所不能容，忍人所不能忍

傻与不傻，要看你会不会"装傻"

聪明的人从来不会让人看出他的聪明，他会利用自己的那股"傻气"让别人低估他的实力，从而获得最大的利益。

在生活中，表面上看起来很傻的人，往往是最精明的，因为他们懂得装傻，懂得在危难处保护自己，懂得在选择中让自己获得最大利益。而那些看起来精明、事事为自己算计的人，常常得不偿失。所以，真正看一个人是傻还是不傻，不能只限于眼前的利益，而要以长远的发展眼光来评断。

日本某公司与美国某公司进行一次重要的技术协作谈判。谈判伊始，美方首席代表便拿出各种技术数据、谈判项目、开销费用等，滔滔不绝地发表本公司的意见，完全没有顾及到日本公司代表的反应。实际上，日本公司代表一言不发，只是在仔细地听、认真地记。

美方讲了几个小时之后，终于想起要征询一下日本公司代表的意见。不料，日本公司的代表似乎已被美方咄咄逼人的气势所慑服，显得迷迷糊糊、混沌无知，只会反反复复地说"我们不明白""我们没做好准备""我们事先也未搞技术数据""请给我们一些时间回去准备一下"。第一轮谈判就在这不明不白中结束了。

◇自我提升法则

几个月以后，第二轮谈判开始。日本公司似乎认为上次的谈判团不称职，所以予以全部更换。新的谈判团来到美国，美方只得重述第一轮谈判的内容。不料结果竟与第一轮谈判一模一样，日本公司又以再研究为名，毫无成效地结束了谈判。

经过两轮谈判后，日本公司又如法炮制了第三轮谈判。在第三轮谈判不明不白地结束时，美国公司的老板不禁大为恼火，认为日本人在这个项目上没有诚意，轻视本公司的技术和基础，于是下了最后通牒：如果半年后日本公司依然如此，两公司间的协定将被迫取消。随后，美国公司解散了谈判团，封闭了所有资料，坐等半年以后的最终谈判。

出人意料的是，仅仅过了8天，日本公司即派出由前几批谈判团的首要人物组成的谈判团队飞抵美国。美国公司在惊愕之中只好仓促上阵，匆忙将原来的谈判成员从各地找回来，再一次坐到谈判桌前。

这次谈判，日本人一反常态，他们带来了大量可靠的资料、数据，对技术、合作分配、人员、物品等一切有关事项甚至所有细节，都做了精细策划，并将精美的协议书拟定稿交给美方代表签字。

美国人立马傻眼了，一时又找不出任何漏洞，最后只得勉强签字。不用说，由日本人拟定的协议对日方公司极为有利。

在美日的谈判较量中，日本人巧妙装傻，用智慧获得了最终的胜利。其实作为一种谋略，装傻不仅能在商场上取得出奇制胜的效果，还能在关键时刻让人逢凶化吉、转危为安。可是在我们身边，很多人都害怕自己被人看低，怕自己表现不好被人看不起，所以即使自己不是很明白，也装作很精明的样子。其实，这样的人常常会因为自作聪明而吃大亏。

聪明的人从来不会让人看出他的聪明，他会利用自己的那股"傻气"让别人低估他的实力，从而获得最大的利益。所以，傻与不傻，并不在于我们表现得是不是精明，而在于我们会不会装傻。

糊涂是聪明人的百变战术

糊涂是一门处世艺术，假装愚钝，让人以为自己浅薄无能，从而忽视自己的存在。

建安十三年（公元208年），曹操亲率大军攻打江南。当时东吴的孙权对于是战是和还举棋不定。踌躇万分的孙权，按照母亲吴太夫人的指示，遵照哥哥孙策"内事不决问张昭，外事不决问周瑜"的遗言，把周瑜叫来共商国是。

周瑜是吴军的大都督，掌握着吴国的军事大权。诸葛亮非常明白，要想说服孙权奋起联合抗曹，必须先说服周瑜，可是当时诸葛亮不太了解周瑜的个性和态度，于是，就想试投"一石"以观效果。

一天晚上，诸葛亮由鲁肃引见去会周瑜。鲁肃问周瑜："如今曹操驻兵南侵，是战是和，将军欲如何？"周瑜说道："操挟天子以令诸侯，难以抗命。而且兵力强大，不可轻敌。战则必败，和则易安。我们意见和为上策。"鲁肃大惊道："将军之言错矣！江东三世基业，岂可一朝白白送给他人？"周瑜说道："江东六郡，千百万生命财产，如遭到战祸之毁，大家都会责备我的。因此，我决心讲和为好。"诸葛亮听完，觉得周瑜若不是抗曹的决心未定，便是一种有意试探。此时如果不另辟蹊径，而只是讲一通孙刘联合抗曹的意义，夸周瑜为盖世英雄，或是说明东吴地形险要，战则必胜的道理，那肯定难以奏效。

于是，他采用迂回战术旁敲侧击，激怒了周瑜，让他下了联合抗曹的决心。诸葛亮说道："我有一条妙计，只需差一名特使，驾一叶扁舟，送两个人过江，曹操得到那两个人，百万大军必然卷旗而撤。"周瑜急问是哪两个人。诸葛亮说道："曹操本是一名好色之徒，自从听到江东乔公有两位千金，大乔和小乔，长得美丽动人，便发誓说：'我有两个志向：一是要扫平四海，创立帝业，流芳百世；二是要得到江东二乔，以娱晚年。'曹操目前领兵百万，进逼江南，其实就是为乔家的两位千金而来的。将军何不找到乔公，花上千两黄金买到那两名女子，差人送给曹操？江东失去这两个人，就像大树飘落一两片黄叶，如同大海减少一两滴水珠，丝毫无损大局；而曹操得到这两人必然心满意足，欢欢喜喜地班师北返。"

周瑜问："曹操想得二乔，有什么证据可说明这一点？"

诸葛亮答曰："有诗为证。曹操的儿子曹植，十分会写文章，曹操在漳河岸上建造了一座铜雀台，雕梁画栋，十分壮丽，并挑选许多美女安置其中，又令曹植作了一篇《铜雀台赋》，文中之意就是说他会做天子，立誓要娶'二乔'。"

周瑜问："那篇赋是怎么写的，你可记得？"

诸葛亮说道："因为我十分喜爱赋中华丽文笔，曾偷偷地背熟了。赋略云：'从明后以嬉游兮，登层台以娱情……临漳水之长流兮，望园果之滋荣。立双台于左右兮，有玉龙与金凤。揽二乔于东南兮，乐朝夕之与共……'"

周瑜听罢，勃然大怒，霍地站立起来指着北方大骂道："曹操老贼欺我太甚！"诸葛亮急忙阻止，说道："都督忘了，古时候单于多次侵犯边境，汉天子许配公主和亲，你又何必可惜民间的两名女子呢？"周瑜说道："你有所不知，大乔是孙伯符将军夫人，小乔就是我的爱妻！"诸葛亮佯作失言，请罪道："真没想到这回事，我真是该死该死！"周瑜怒道："我与曹操老贼势不两立！"诸葛亮却故作姿态地劝道："请都督不可意气用事，望三思而后行，世上绝无卖后悔药的！"周瑜说道："承蒙伯符重托，岂有屈服曹操之理？我早有北伐之心，就是刀剑架在脖子上，也不会变卦的。劳驾先生助我一臂之力，同心合力共破曹操。"于是，在周瑜等人推动下，孙、刘结成抗曹联盟，赢得了赤壁之战的重大胜利，奠定了三国鼎立的基础。

诸葛亮用不知二乔的身份这个"糊涂"来掩饰一个巨大的骗局，掩盖真正的目的和意图，从而收到以静制动、以暗处明、以柔克刚、以反处正的功效。其实，在生活中，聪明的人总是能够巧妙地利用糊涂，以掩盖自己的身份、意图、感情，让别人在不知不觉中掉入自己的圈套之中。

糊涂是聪明人的百变战术，所以在深陷危机时，我们也可以利用"糊涂"来掩饰自己的聪明，让别人对我们失去戒心。

不给别人留余地，自己就可能没有立足之地

如果想让自己以后的路越走越宽，就要多给别人留出余地，别人有了落脚和行走的空间，才会有你的发展之地。

韩非子的《说林·下篇》中有这样一段话："桓赫曰：'刻削之道，鼻莫如大，目莫如小。鼻大可小，小不可大也；目小可大，大不可小也。'举事亦然，为其不可复也，则事寡败也。"

这段话的大意是说，工艺木雕的要领，首先在于鼻子要大，眼睛要小。鼻子雕刻大了，还可以改小，如果一开始便把鼻子给刻小了，就没有办法补救了。同样道理，初刻时眼睛要小，小了还可加大。如果刚开始雕刻时，就把眼睛弄得很大，后面就无法缩小了。为人处世，也是一个道理，凡事要留有余地，留有后路，只有这样，才不至于遭遇失败。

范雎是魏国人，早年有意效力于魏王，由于出身贫贱，无缘直达魏王，便投靠在中大夫须贾的门下。

有一年，他随须贾出使齐国，齐襄王知范雎之贤，馈以重金及牛、酒等物，范雎辞谢没有接受。须贾得知此事后，以为范雎一定向齐国泄露了魏国的秘密，便将此事报告了魏的相国魏齐。魏齐不问青红皂白，令人将范雎一阵毒打，直打得范雎肋断齿落。范雎装死，被用破席卷裹，丢弃在茅厕中。须贾目睹了这一幕，不置一词，还往范雎的身上撒尿。

范雎强忍着一时之气。他待众人走后，从破席中伸出头对看守茅厕的人说："公公若能将我救出，以后定当重谢。"守厕人便去请求魏齐，允许让他将厕中的"尸体"运出。

范雎历经千辛万苦来到了秦国都城咸阳，并改名换姓为张禄。范雎看出秦国是最具实力的国家，秦昭王也不是一个无所作为的国君。几经周折，

◇自我提升法则

范雎终于见到了秦昭王。他以其出色的辩才向秦昭王指出秦国政策的失误，并提出了自己内政外交等一系列主张。

秦昭王立即采取果断措施，废太后，驱逐穰侯、高陵、华阳、径阳四人于关外，将大权收归己有，并拜范雎为相。范雎所提出的外交政策，便是闻名于后世的"远交近攻"，而他所要进攻的第一个目标，便是他的故国魏国。魏国大恐，派使臣须贾来向秦国求和。不过，须贾只知道秦的相国叫张禄，而不知他就是范雎。范雎得知须贾到来，便换了一身破旧衣服，也不带随从，独自一人来到须贾的住处。须贾一见大惊，问道："范叔别后还好吗？"范雎道："勉强活着吧！"须贾又问："范叔想游说于秦国吗？"范雎道："没有。我自得罪魏的相国以后，逃亡至此，哪里还敢游说。"须贾问："你现在干什么呢？"范雎道："给别人帮工。"须贾不由得起了一丝怜悯之情，便留范雎吃饭，说道："没想到范叔贫寒至此！"同时送给他一件丝袍。席间，须贾问："秦的相国张禄，你认识吗？我听说如今天下之事，皆取决于这位张相国，我此行的成败也取决于他，你有什么朋友与这位相国认识吗？"范雎道："我的主人同他很熟，我倒也见过他，我可以设法让你见到相国。"第二天，范雎赶来一辆驷马大车，将须贾送往相国府。到了相府大堂前，范雎说："你等一下，我先进去替你通报一声。"须贾在门外等了好久，也不见有人出来，便向守门人问道："这位范先生怎么这么半天也不出来？"这时才明白刚才拉他进来的"范先生"就是他要找的相国。

须贾大惊失色，于是脱衣袒背，一副罪人的打扮，请守门人带他进去请罪。范雎雄踞堂上，身旁侍从如云。须贾膝行至范雎座前，叩头道："小人有必死之罪，请将我放逐到荒远之地，是死是活都由大人安排！"范雎道："本来我是要处死你的，但我今天之所以不处死你，是因为你昨天送了我一件丝袍，看来你还没忘旧情，我可以放你回去，不过你替我转告魏王，赶快将魏齐的脑袋送来！要不然，我就要发兵血洗魏都大梁城！"

魏齐吓得仓皇出逃，可赵、楚等国畏于秦国的兵威，谁也不敢收留他，魏齐终于被迫自杀。

凡事要留有余地，给别人留余地的同时也是给自己余地。任何事情都不要做绝。故事里的须贾当初没有帮范雎，还往他"尸体"上撒尿。这也就直接导致范雎的报复，然而须贾仁慈尚存，再遇到范雎时以为他落魄，还送他丝袍、留他吃饭。这点怜悯恰恰挽救了须贾的性命。试想如果须贾看到范叔的"落魄"而嘲笑和加害于他，那他的性命也就丢掉了。

可见，如果想让自己以后的路越走越宽，就要多给别人留出余地，别人有了落脚和行走的空间，才会有你的发展之地。倘若仗势欺人或者得理不饶人，非要把对方逼到绝路上，那自己离绝路也就不远了。

做不到的，先后退

如果前方的横栏已经超过了你的极限，那么不妨先后退一步，等到蓄积了更多的力量，再来挑战。

"没有做不到的事情，只有想不到的事情。"教育工作者为了鼓励学生敢作敢为，经常用上这句话。所以经常看到有些人不顾一切地向前冲，即使已经撞到南墙了，也以为自己一定可以把南墙撞出个洞来。

可是在生活中，很多事情并不是我们努力了就一定能做好的，也不是你一路向前冲就一定能够到达理想的目的地。如果环境和其他的外在条件不允许，或者说我们的坚持有可能给自己带来灾难的时候，不如先往后退一步，保存实力，以备来日之需。

汉惠帝六年（公元前189年），相国曹参去世。陈平升任左丞相，安国侯王陵做了右丞相，位在陈平之上。

王陵、陈平并相的第二年，汉惠帝死，太子刘恭即位。少帝刘恭还是个婴儿，不能处理政事，吕太后名正言顺地替他临朝，主持朝政。

吕太后为了巩固自己的统治，打算封自己娘家侄儿为诸侯王，首先征询右丞相王陵的意见。王陵性情耿直，直截了当地说："高帝(刘邦的庙号)在世时，杀白马和大臣们立下盟约，非刘氏而王，天下共击之。现在立姓吕的人为王，违背高帝的盟约。"

吕后听了很不高兴，转而询问左丞相陈平的看法。陈平说："高帝平定天下，分封刘姓子弟为王，现在太后临朝，分封吕姓子弟为王也没什么不可以。"吕后点了点头，十分高兴。退朝以后，王陵责备陈平为奉承太后愧对高帝。听了王陵的责备，陈平一点儿也没生气，而是真诚地劝了王陵一番。

陈平看得很清楚，在当时的情况下，根本不可能阻止吕后封诸吕为王，只有保住自己的官职，才能和诸吕进行长期的斗争。因此，眼前不宜触怒吕后，暂且迎合她，以后再伺机而动，方为上策。

事实证明，陈平采取的斗争策略是高明的。吕后恨直言进谏的王陵不顺她的旨意，假意提拔王陵做少帝的老师，实际上夺去了他的相权。王陵被罢相之后，吕后提升陈平为右丞相，同时任命自己的亲信辟阳侯审食其为左丞相。陈平知道，吕后狡诈阴毒，生性多疑，栋梁干臣如果锋芒毕露，就会因为震主之威而遭到疑忌，导致不测之祸，必须韬光养晦，使吕后放松警觉，才能保住自己的地位。

吕后的妹妹吕须恨陈平当初替刘邦谋划擒拿她的丈夫樊哙，多次在吕后面前进谗言："陈平做丞相不理政事，每天老是喝酒，和妇女游乐。"

吕后听人报告陈平的行为，喜在心头，认为陈平贪图享受，不过是个酒色之徒。一次，她竟然当着吕须的面，和陈平套交情说："俗话说，妇女和小孩子的话，万万不可听信。您和我是什么关系，用不着怕吕须的谗言。"

陈平将计就计，假意顺从吕后。吕后封诸吕为王，陈平无不从命。他费尽心机固守相位，暗中保护刘氏子弟，等待时机恢复刘氏政权。

公元前180年，吕后一死，陈平就和太尉周勃合谋，诛灭吕氏家族，拥立代王为孝文皇帝，恢复了刘氏天下。

压力面前后退一步，可为自己赢得生存和发展的机会。千万不可为了一时意气盲目向前，那样既于事无补，又让自己反受其害。

第三节 灵活做人，变通处世

糊涂是洞明人生的智慧

郑板桥乃"扬州八怪"之首，一生为人一尘不染，正直率性，为官两袖清风，为民谋益，清名可谓家喻户晓。"聪明难，糊涂难，由聪明而转入糊涂更难；放一着，退一步，当下心安，非图后来福报也。"他的这副对联实为千古绝唱，只言片语间便道出了人生的大智慧。

大凡立身处世，无人不需要聪明和智慧，但聪明与智慧在许多时候却要依赖糊涂才得以体现。这乍听起来似乎有些不得其解，实际上这里说的糊涂不是痴愚懵懂，不是与生俱来，装不来，求不到的真糊涂，而是一种明明是非黑白了然于心，偏偏装作良莠不分，装出来的假糊涂，既由"聪明转入糊涂"。这种糊涂就是要审时度势、有所吐纳，不要一味地聪明到底，可以有所保留、有所退让，虽不计一时的得失却能聪明一世，却能"心安""心宁"。

郑板桥在潍县做县令时，勤政爱民，使潍县富了起来。京城大官们都想到这块肥肉上咬一口，可都被郑板桥的"不识时务"给挡了回去。有个绰号叫"三拐子"的钦差不以为然，他想："凭我'雁过拔根毛'的手段，何愁他郑板桥不就范呢？"于是他就想出个"计策"——先派人给郑板桥送去了个礼盒。郑板桥接到礼盒打开一看，不由一惊，心想："这家伙真是老谋深算，诡计多端，他先送给我百两纹银，按理我该十倍回赠才是啊！"郑板桥思来想去，最后还是把礼收了下来，然后送回一个同样的礼盒。三拐子一见大喜过望，急忙打开，却差点把他气疯了。原来盒子里并无半两银子，只有郑板桥的一首诗：芝麻郑燮拜尊翁，馈赠恩深却不恭。金银有数终须尽，无限情怀空盒中。

三拐子见此实在是哭笑不得，他决定要好好整治一下郑板桥，可是怎么也想不出整治的理由，找不出毛病来。无奈也只好回京城去了。然而他这个占惯了别人便宜的人，却总是念念不忘这件事。他自己很是感慨：自己打了一辈子的雁，却叫雁给啄瞎了眼。于是也诌了一首所谓的诗，来表达自己的心情：潍县挺富都想啃，啃来啃去赔了本。百两银子白搭上，疼得我觉无法困。

郑板桥的糊涂实在不是"痴"和"愚"，更不是圆滑世故，而是对于为人之道、为官之道的大彻大悟，是洞明人生的大智慧。

"由聪明转入糊涂"是一种自我保护，是为了求得"当下安心"，是为了实现心理平衡，是一种心理防御机制，是更为聪明之举。正如有人说过"事可为而不为是懦夫，事不可为而强为是蠢汉"。聪明的人应该做聪明的事，而不是强为不可为之事，而"难得糊涂"却以不强为达到"为"的目的，达到了超凡入圣的心理境界。

"难得糊涂"之"难"在于，当需要你糊涂的时候却装不来糊涂，所以大智慧尚需大悟道。这样看来板桥先生的"难得糊涂"中的"糊涂"就是一门学问了，不仅高雅，隐含的哲理也很深。尤其是这"难得"二字大有学问，不是让人时时刻刻装糊涂，而是在必要的时候装回糊涂。

人应该学会聪明，学会生存之道，但却不是学小聪明。爱耍小聪明的人能聪明一时而不能聪明一世。而大智若愚，表面上糊涂的人，虽不计一时的得失却能聪明一世，明哲保身，始终立于不败之地。

吃糊涂亏，积无量福

从表面上来看，吃亏，意味着舍弃与牺牲。如果以同样的方式来理解"吃亏是福"，那么从中便很容易看出这样做似有犯傻之嫌疑。常言道：人不为己，天诛地灭。宁愿吃亏，而且还认为吃亏是福，或许只有精神不正常的人或者傻到极点的糊涂人才会这么认为。吃了亏不发怒，不伺机报复已是不错了，还要让人认定这是一种福气，乍一听，实在说不过去。其实，强调"吃亏是福"，是寄托长远的清醒，也是心安理得，心境平和的自在，是吃小亏避大亏的智慧。

路径窄处，留一步与人行；滋味浓处，减三分让人尝。特别当残酷的现实需要我们做出舍弃与牺牲时，如果我们能够坦然处之，吃"眼前亏"，能舍弃和牺牲某些利益，学会"糊涂"不去计较这些，失去的大多是物质的和暂时的。吃这样的亏会让我们的生活静好，来去自如，逍遥自在，让人生进入极乐境界。

常言道："人吃亏，人常在。"吃亏不是不求索取，不是没有追求，不是无所作为，而是一种坦然，坦然面对理性中的得失和追求；是一种豁然，豁然面对悟性中的索取和作为；是一种超越，超越于别人忙于追名逐利而仍然保持的宁静和明智。如果在得失面前，保持一种超然的心态、淡泊的情怀，就会有一分清醒、一分思考、一分期待、一分追求。因此，吃亏也是一种修养，一种气质，一种境界。

反之，一点亏也吃不得，处处想占便宜的人，虽然处处争得自身利益，争得高高在上，最终则必将众叛亲离，孤立无援，为众人所遗弃。当然，我们并不主张做浑浑噩噩、不知所为的庸者，但我们要在收获与付出、得与失的理性中去赢取团结合作的氛围。因此只有不怕吃亏的人，才能与人和谐共处，才能赢得众心归，才能有权威，才能有所作为。

在实际生活中，越是不肯吃亏的人，越是可能吃亏，而且往往还会多吃亏，吃大亏。这是不以人的意志为转移的规律。那些贪官不甘心吃亏，面对金钱的诱惑，他们无法克制自己，为了满足自己的欲望，自以为聪明，他们把人民给予的权力，用来牟取私利，权钱交易，用来当作自己的生财之道。到头来为了一个"贪"字丢官罢职掉脑袋，葬送了自己的一切。

所以说，天底下没有免费的午餐，同样也没有白吃的亏。吃亏就是耕耘，为了希望种子的撒播；吃亏就是播种，为了夏季艳丽的花朵；吃亏就是浇灌，为了秋天丰硕的收获！

"吃亏是福"，是人生的一种达观大度，内中蕴含着丰富无穷的人生哲理，不仅仅需要细细咀嚼，更要努力实践。如此果真做到，人生定会有一道色彩斑斓、醉人迷眼的亮丽风景，身在其中，其乐融融、其福无穷。

花半开，酒半醉

《菜根谭》里说：笙歌正浓处，便自拂衣常往，羡达人撒手悬崖；更漏已残时，犹然夜行不休，笑俗士沉身苦海。意为，当歌舞盛宴达到最高潮的时候，就自行整理衣衫毫不留恋地离开，很羡慕那些胸怀广阔的人，他们就是能在这种紧要时候猛然回头；夜深人静仍然在忙着应酬，目光如豆的俗人坠入无边痛苦中而不能自拔，说来真是可笑。

"花要半开，酒要半醉"是一种大智若愚的表现，能够练得这种修为的人，往往能够对事情、对自己适度把持，不肆意放纵，而这种状态也才能享受到人生的真正乐趣。反之，鲜花盛开过于娇艳、过于张扬的时候，就很容易被人采摘，其香、色必不会长远，也就到了衰败的开始；酒喝到烂醉如泥，不但不能享其甘醇，反而让身心受罪。人生也是一个道理，凡事都要有所节制。

在《三国演义》中可以看到，刘备死后，诸葛亮似乎是没有大的作为了，他不像刘备在世时那样运筹帷幄，满腹经纶，锋芒毕露了。这是什么原因呢？那就是，在刘备这样的明君手下，诸葛亮是不用担心受猜忌的，况且刘备也离不开他，因此他可以尽力发挥自己的才华，辅助刘备打下一份江山，三分天下而有其一。刘备死后，阿斗继位。刘备生前当着群臣的面说："如果这小子可以辅助，就好好扶助他；如果他不是当君主的材料，你就自立为君算了。"诸葛亮顿时冒了虚汗，手足无措，哭着跪拜于地说："臣怎么能不竭尽全力、尽忠贞之节、一直到死而不松懈呢？"说完，叩头流血。实际上，刘备再仁义，再英明，也不至于把国家让给诸葛亮，他让诸葛亮为君，怎么知道他就没有试探诸葛亮的心思呢？

因此，诸葛亮一方面行事谨慎，鞠躬尽瘁，一方面则常年征战在外，以防授人"挟天子"的把柄。所以他锋芒大有收敛，时常故意显示自己老而无用，以免祸及自身。这显然是韬晦之计，收敛锋芒是诸葛亮的大聪明。

作为一个人，尤其是作为一个有才华的人，更要做到不露锋芒，这样才能既有效地保护自我，又能充分发挥自己的才华。当你志得意满时，且不可趾高气扬，目空一切，不可一世，否则你很容易被别人当靶子！所以，无论你有怎样出众的才智，但一定要谨记：不要把自己看得太了不起，不要把自己看得太重要，不要把自己看成是救国济民的圣人君子，收敛起自己的锋芒，夹起尾巴，是为上策。

因此，不但做人"花要半开"，做事也"酒要半醉"。勿待兴尽，用力勿至极限，适可而止，恰到好处最为理想。

心存忧患意识

忧患意识，居安思危，自古以来就是立身、持家、兴国的一条重要的经验。早在先秦时期，《左传·襄公十一年》中便提出了"居安思危，思则有备，有备无患"的观点；孔子主张"安而不忘危，存而不忘亡，治而不忘乱"；孟子也说"生于忧患，死于安乐"。说的都是这种忧患意识。居安思危者，则昌、则盛；反之则衰、则败、则亡。

每一个人的生活不可能永远一帆风顺，坦途与荆棘，顺境与逆境，常常交替出现。所以我们要增强忧患意识，居安思危，在事业成功的时候，要想到失败和挫折；在生活富裕的时候，要想到贫穷和困苦；在身体健康的时候，要想到疾病和伤亡；在青春年少、风华正茂的时候，要想到老年的衰朽和辛酸。居安思危是我们人生的格言。

唐朝有位才华出众的宰相魏徵，他为辅佐唐太宗李世民治理国家立下了汗马功劳。他常常以隋朝的灭亡作为反面教材，规劝太宗要"居安思危，善始克终"。他认为自古失国之主、亡国之君，皆因居安忘危，处治忘乱，所以不能长久。唐太宗作为一代明君，欣然采纳了魏徵"居安思危，戒奢以俭"的建议，励精图治，从而为后来的"贞观之治"奠定了基础。

如果没有忧患意识，是成就不了伟大业绩的，比如，清朝末年，慈禧夜郎自大，只坐享安宁之梦，却无危急之准备，以"天朝大国"自居，闭关自守、因循守旧，最终使中国陷入了半封建半殖民地社会的深渊。历史证明，增强忧患意识，做到居安思危，未雨绸缪，是国家安定，社会进步的一个重要的条件。

对于个人来说，能居安而思者，才能永远走在时代前列，永远成为生活的强者，才是对生活有着深刻认识的智者。

"居安思危"的好处就在于可以未雨绸缪，防患于未然。老子在《道德经》中说道："其安易持，其未兆易谋；其脆易泮，其微易散。"意思就是：局面安定的时候易于把握，事变尚未昭然的时候容易掌控；事物在脆弱的时候不难消解，事端在细微的时候容易遣散。所以做事应该未雨绸缪，对于结果无益之事要防微杜渐，这样在危险突然降临时，才不至于手忙脚乱。如果忘我地陶醉于偶然的成功，沉湎于过去的辉煌，满足于当前的状况；或粉饰现实，掩盖矛盾，或讳疾忌医，漠视当下存在的问题，那么，其后果定将不堪设想。

当然，"居安思危"并不是杞人忧天、不懂得安享太平，而是一种获得更稳妥成功的智慧。老子有言：豫兮若冬涉川。说的是修道有成的人在安闲的时候也十分的小心。而对于我们获得的一些小成功，就更不应该沉迷到忘乎所以，安乐时也要如履薄冰地前进。

取舍要有道

《史记》中有一句名言，一直为世人所传颂，即"人弃我取，人取我予"。意为，别人抛弃不要的，我捡拾起来；别人需要来拿时，我就给他。乍看起来，这似乎是一种不符合常人思维的大糊涂，实际上它则是一种能够出奇制胜的逆向思维法。它是一种对时事准确的洞察，和对未来正确的估计，往往可以带给人机会。

我国古代商贾很早就在经商中总结出"人弃我取，人取我予"的道理。越国的上将军范蠡，正是因为能够敢冒天之大不韪，其财富才能从"居无几何"到"致产千万"。从史书记载中可以看出，范蠡十分有理财头脑，是个有经济思想的人。广泛流传的"夏则资皮,冬则资绨,旱则资舟,水则资车,以待乏也"就是他的主要理财思想之一,其思想行动无非就是逆天下人之所想而为之。

"人弃我取,人取我予!"这个做法说起来也很简单,那就是别人不要的我要下来,别人要的我就给予,就是在一时做别人眼中的糊涂人,却在以后让世人看到其聪明之所在。在历史上,有很多的成功人士正是得益于这句话。

有一次,魏文侯遇见白圭,问他道:"听说你这些年经商发了大财,用的是什么招数啊?"白圭说:"我经商和别人不同,是从大处着眼的,就像伊尹、管仲治国,又像孙膑、吴起用兵,无处不是循道而行。"魏文侯说:"还能说得更具体些吗?"白圭说:"在收割庄稼的时候,我以平价大量地收购粮食,同时把蚕丝和织品高价卖出去;当蚕丝上市的时候,我以平价大量地收购蚕丝和织品,同时把粮食以高价卖出去。这叫人弃我取,人取我予啊。"

人们往往为惯常的思维方式所限,重视正面的论证和顺向思考,而反向求异和逆向思考则常常被忽略。在错综复杂的现实生活中,多数人只能看到此刻,看到表象,却看不到未来,看不到实质。"人弃我捡",这种剑走偏锋的"糊涂险招"往往能出奇制胜。

"人弃我取,人取我予"不仅在经商方面大行其道,而且大到治国安邦,用兵谋略,小到个人发展和接人待物上都通行不悖,它是一种独辟蹊径的思维。只是人们往往惯于沿袭已久的常规陋习,要是能勇于把对事物的"当然"的认识倒过来思考,分清形势,必定能在静观中做出正确决策。

所以做一个拥有大智慧的人,就不要怕在别人面前露出糊涂的一面,也不要因为别人说你糊涂,便陷入真正的糊涂。这种大智慧说来容易,却要做到以"众人皆醉我独醒"的姿态看待一切。

不争，就是争

不争是圣人的为人之道，也是"难得糊涂"的做人策略，以"不争"之心，糊涂之态，无为之治，人才能成其伟大，天地才能为之宽，宇宙才能真正地与之相融。

那些拥有"糊涂策略"的人，总是以不争而达到无所不争，以无为而达到无所不为。

在电视剧《雍正王朝》中，四阿哥胤禛的谋士邬先生告诉胤禛：争，就是不争；不争，就是争。这一句话，让忧心于国家当时的困境、苦恼于处在皇太子和八阿哥的政治旋涡之中的胤禛顿时觉悟。

政治从来都是与险恶相生相伴的，康熙皇帝英明一世，然而在选择继承人上却是愁眉不展。皇太子本来是钦定的皇位继承人，但由于其自身不努力，还做出一些违禁之事，于是屡次被废。另一方面，八阿哥自恃聪明，广结党羽，收买人心，不断打击皇太子，也逐渐增强了自己的力量，成为有实力问鼎皇位继承人宝座的人。

然而，历史却和这些明白人开了一个大玩笑，最后的皇位继承人爆了一个大大的冷门，没有任何理由和资本的四阿哥却坐上了皇帝的宝座。因为胤禛采纳了邬先生的意见：扎扎实实做好自己的工作，对皇上和黎民负责就足够了。

这其间的奥妙，其实就是邬先生所说的"争与不争"的辩证法。老子还说："天下莫柔弱于水，而攻坚强者莫之能胜，以其无以易之。""天之道，不争而善胜，不言而善应，不召而自来，繟然而善谋。"都是告诉人们，越是那些不与人争、不与事争的糊涂人，越是能够善于取胜的聪明人，因为他们善取自然之法，明白"糊涂至上"之道。

"争"，需要对手；而"不争"，是想别人没想过的问题，做别人没做过的事情。"善胜敌者，不争。"不争最终是为了更好地去争，不是和对手争，而是和自己争，战胜自我，顺应天然。这样做的天之道，在于以"不争"泯绝那些形名之争，而得潜在的大势态，"故天下莫能与之争"。

然而，司马迁说：天下熙熙皆为利来，天下攘攘皆为利往。很多人明明白白地看到了名、利，他们难以让自己装糊涂，为了名、利和各种难以告人的欲望，拼命地排挤别人，以达到抬高自己的目的。

世界上最强大的人，不是争名夺利者，而是那些不争而有为的人。这些人不喜欢"出类拔萃""独占鳌头"的字眼，也不会为了这些虚表的外物而蒙蔽自己的心智，因此，他们能够保持最纯真的本性，但是他们的真才实学，却最终会把他们推向"出类拔萃"的巅峰。

糊涂是智者最好的外衣

李白有一句耐人寻味的诗，曰"大贤虎变愚不测，当年颇似寻常人"，揭示了糊涂学意义上的处世法，是指在一些特殊的场合中，人要有猛虎伏林、蛟龙沉潭那样的伸屈变化之胸怀，让人难以预测，而自己则可在此期间从容行事，这正是"揣着明白装糊涂"。"揣着明白装糊涂"是一种达观，一种洒脱，一分人生的成熟，一分人情的练达。当然做到"明知故昧"绝非易事，如果没有高度的涵养是断然不行的。

"装糊涂"是一门高深莫测的大学问，古代的庄子就是一个极其推崇"装傻哲学"的人。《庄子》里讲过"望之似木鸡"的故事，就是"呆若木鸡"的成语来源。那斗鸡不骄不躁，甚至带着呆气，却能百战而百胜，决不含糊。可见，看着"呆"的未必是真"呆"！

所以，我们所谓的糊涂不是真正的糊涂，不是昏庸，也不是没有是非观念的好好先生，更不是卑下的和稀泥、扯皮，而恰恰相反，它是一种藏巧卖拙的智慧。

历史上有名的大青天海瑞在浙江淳安县当知县的时候，有一天，驿站的差人来告状，说有一个人自称是总督胡宗宪的儿子，嫌驿站的马匹不好，把驿吏捆起来倒挂在树上。

海瑞听后马上带人赶到驿站。他看到穿着华丽衣服的胡公子正在指手画脚地骂人，他身边还放着大大小小的箱子，箱子上还贴着总督衙门的封条，心里立刻明白了，这肯定是胡宗宪的儿子，并且又收了不少赃礼。

海瑞查看打量之后，心里马上有了主意，于是叫人把箱子打开，原来里面装着好几千两银子。海瑞立刻变了脸色，指着胡公子，对围观的群众说："这恶徒真可恶，竟敢假冒总督家里的人，败坏总督名声！那次胡总督出来巡查时，再三布告，叫地方不要铺张，不要浪费。你们看这恶徒带了这么多行李和银子，怎么会是胡总督的儿子呢。他一定是假冒的，要严办才是。"

于是，海瑞把胡公子的几千两银子没收充公，交给国库。又写了一封信，连人一起送给总督胡宗宪发落。胡宗宪看了来信，又看看被捆绑着的儿子，气得说不出话来。他怕海瑞把事情闹大，只得忍气吞声，为了不失颜面，也不敢向海瑞说明他所捉的人就是自己的儿子。银子的事情更是不敢再提了。

从这个故事里，我们可以看到海瑞这个青天装糊涂的高明，给对方一副不谙世事的愣头青的假象，然而正是这种策略，不但坚持了自己正直清廉的本色，还省却了他人的嫉恨。

其实，真正的聪明人都懂得装糊涂，这样的人其实心知肚明，却表现得痴傻，正因为这种表现，才让他人消除了应有的防备。糊涂其实是大智慧、大哲学，更是一种幸福。但是有个前提，你必须是理智聪明的人，你必须清楚装糊涂是大智慧。把复杂的事想简单，是傻；把清楚的事想糊涂，也不聪明。复杂的事不去想它，清楚的事装糊涂，不计较，才是真聪明。

所以，要学会做一个会装糊涂的人，这样别人才不会去费尽心思地去揣度你的心思，你才可以去安心做自己要做的事。当你被别人"监视"的时候，装糊涂更为重要，只有这样，你才可以逃避他人对你的敌意。

在漫漫人生中，人们必定会遇到许许多多令自己"难堪"的情境，对此，人们可以借助于佯装糊涂，忍让一下，不过于斤斤计较，暂时吃点小亏，作点退却姿态。这种糊涂，不但具有保护自己的功能，而且会让你更加放开眼量。

梨虽无主，尔心有主

失去是一种获得，拒绝是一种赢取。有所失才能有所得，有所拒才能有所取，这是一种生存的智慧。懂得无常，就会舍得；能够舍得，才不会被物欲驱使，进而能够抛开得失，看清一切，悟得生命快乐的源泉。不懂孰重孰轻，就不会拒绝；不会拒绝就不会有真正的收获。

人间事，不过是得与失而已！在得失两者之间，或许失就是得，得就是失。有小失才能有所大得，旁观者经常会这样提到；有局部之失，才能有整体之得。

宋元之际，世道纷乱。一天，学者许衡外出，因为天气炎热，口渴难耐。正好路边有一棵梨树，行人纷纷前去摘梨解渴，只有许衡不为所动。有人就问许衡："你为什么不去摘梨吃呢？"许衡说："不是自己的梨，怎么可以随便乱摘呢？"那人就笑他迂腐："现在兵荒马乱的，管它是谁的呢，说不定这梨树已经没有主人了。"许衡说："梨虽无主，我心有主。"

主动地"失去"为舍得，只因"舍小利，图大益"，主动地"拒绝"为坚守，只因"我心有主"。动乱的年代，口渴难忍的人面对着的是结满果实的梨树，而这梨树又极有可能因为战乱而失去了主人，行人自然是不会拒绝这眼前的诱惑。许衡义正辞严地拒绝了眼前的好事，然而他却坚守做人的准则，使他能够成为我国杰出的思想家、教育家和天文历法学家，获得更大的"取"和"得"。

大千世界，什么情况都有可能发生。人的一生，面临着诸多的诱惑和选择，只有身不被物役、心不被金迷，勇于舍弃拒绝者，才能获得对自己真正有价值的东西。失去了金钱、资本，会有再来的时候；失去人格、道德,却不容易恢复。得失之间,富含人生哲理。

患得患失的人,一生总是很苦恼的。他们对取舍疑虑不决,本来拥有一些自己并不需要而多余的东西,却又费尽脑汁想使这些东西不减反增。为这些终日烦恼,长此下去有损身心健康。与其担忧会失去,倒不如主动放手,换来了心情的轻松和愉快,不是更好吗?

人的欲望往往是无止境的,总想得到而不想失去。得到是应该的,失去就是不正常的。所以,每每失去,就不免感到委屈。所失去的越多,委屈就越大。好像人生来就是为得而生,为得而存。在佛教里有布施一说,本义是教人去除贪欲之心,不执着于财,不执着于一切身外之物,乃至于尘世的生命。佛教的最高境界是主张无我,既然"我"都不存在,那"我的"又有什么存在的价值呢?明乎此理,我们就不会有什么得失之患了!

人不能总是习惯于"得"而不习惯于"失",习惯于"取"而不习惯于拒。岂不知相反的两面总是相辅相成的。所以我们不妨做个糊涂人,对待得与失,从而保持一种对"失"的坦然,对"拒"的审慎,这样才能有大"得"、大"取"!

诚心不可无,诈心不可有

"人无信不立。"诚信,是做人的根本,它与狡诈、欺骗、虚伪是天生的冤家对头。为人诚实就是对人要以诚相待,说实话,办实事,做老实人,不可虚情假意,也不可口是心非,耍小聪明。耍小心眼儿的人,自以为做得天衣无缝,殊不知是在掩耳盗铃,终会败露。

诚心不可无,诈心不可有。一个人精明,不是坏事,但把精明用错了地方,虚伪巧诈,处处给人耍心眼,再精明的人也有栽倒在地、被人戳穿的时候。所以,一个人要想获得长远的发展,为人处事应以诚信为先。

古时候,有一位商人,其膝下有两个儿子。大儿子聪明,取名智人。次子老实,取名木星。商人病危,临终前把两个儿子叫到跟前,令智人经管东厢酒店,木星经管西厢酒店,并叮嘱:"商以德行,德以术胜,经商求术忌无德，切莫以术欺人。"

两个儿子各自独立操业一段时间之后，智人觉得谨遵父命赚不了大钱，灵机一动，便在酒中加进了白水。这样一来，一时间智人比木星的确多赚了不少钱，吃穿也阔气了不少。木星则觉得自己就是不如哥哥，依然按照父亲的教诲老老实实做生意。时间一长，木星的生意却好了起来，日用不亚于哥哥。智人便怀疑弟弟也在酒里掺了水，于是自己掺水更多。不料非但怎么也赶不上弟弟的生意，甚至后来连一个顾客也不来了。智人便去质问弟弟："我智术都在你之上，为什么生意却没有你好呢？"弟弟无言以对，旁边有一位顾客碰巧听见了，就告诉智人："你的智术虽然比木星强数倍，但你的德行却远远不及，你在酒里掺水坑客害人，焉有不败之理？"智人这才想起父亲的临终嘱托，尽管他以后不再往酒里掺水了，顾客还是不肯光顾他的酒店。

智人最终失去了别人对自己的信赖，非但没有盈利更多，而且连财路的源泉也断掉了，真可谓赔了夫人又折兵，而这一切又都是因为他施的骗术毁了他自己。

《韩非子》中说："巧诈不如拙诚。""巧诈"，是指心怀鬼胎，有目的、有意图地故意表现出某些能够吸引人迷惑人的假象，是自以为聪明的奸诈之举。这种做法，乍看起来，机动灵活，善于应变，亦容易抓住别人的心，很有好处。而实际上，巧诈之术往往经不起时间的考验，迟早会露出破绽，让人识破，终究只是搬起石头砸自己的脚，弄巧成拙。

相反，拙诚是指诚心地做事，诚心地待人，心中不存留丁点儿恶念，或许有时言行举止略显愚直拙笨，然而"路遥知马力，日久见人心"，时间长了，终会赢得大多数人的爱戴，从而获得长久的好处。

◇自我提升法则

第四节 适时变通，该糊涂时且糊涂

言谈常需"和稀泥"

何谓"和稀泥"？就是遇到难题，包括进谏、争执及纠纷等，不在是非对错上纠结，而是不断调和、折中，"抹平"才算和谐，"搞定"才算稳定。

虽然说"和稀泥"多少有些贬义，但综观当今那些为人处世的高手，几乎都懂得"和稀泥"的艺术。他们尽量不去招惹强势者，或者在强势者之间周旋，察言观色，谨言慎行。这种看似有些狡猾的生存方式，其实是聪明人办事成功至关重要的基本功。

汉元帝登基之后，任用了贤者王吉和贡禹。当时朝廷内的最大问题是外戚和宦官专政，但是当汉元帝问起贡禹对国家大事有什么意见时，贡禹却对皇帝说，请他注意节俭，因为勤俭才能治国。汉元帝天性就吝啬，一听贡禹这么说，正合他意，而又能显现他的功德，立刻将很多节俭措施付诸行动。

不料，贡禹这一提议非但没有得到后世政治家司马光的赞扬，反而遭到了他的严肃批评。司马光在《资治通鉴》中说："忠臣侍候君主，要拣皇帝最严重的错误、最难改正的毛病，第一时间提出来，督促他改正，其他小毛病捎带着就改正了。汉元帝刚登基，有心向上，恰如一张白纸，他虚心向贡禹请教，贡禹就应该抓住机遇，先指出最急的问题，后说那些不着边的事。汉元帝的最大问题是什么呢？'优游不断，谗佞用权'。可贡禹只字不提，而是喋喋不休地讲勤俭。汉元帝天性爱节约，贡禹却说个没完没了，是何居心？如果贡禹不知道国家的问题，怎么能被称为贤良？如果他看出来又不肯说，反而顾左右言他，罪可就大了！"

皇帝刚刚登基，虚心纳谏，大部分都是装装样子，表面功夫，贡禹懂得察言观色，使他深得皇帝之心，如此才能保证他的将来。但司马光却对此不以为然，认为为人臣子，就要努力帮助皇帝整顿朝廷。他本人也是这么做的，面对朝廷内部的新旧党问题、治国问题，他不断地在皇帝面前表现自己的强势，丝毫不理会君王的心情。

结局怎样呢？"伴君如伴虎"，天威难测。当时的皇帝可能无法动摇司马光的权臣地位，但是司马光最后也是急流勇退，郁郁而终。

如果我们在工作中，尤其是面临职场生存的时候，上司是一个能够纳谏的人，可以委婉地说出自己的建议，并不时地察言观色，适时递上一些恭维话，把内心硬邦邦的建议用"和稀泥"的方式进行表达，这才是现代人的进谏方法。

其实，不仅仅是在职场，在任何存在人际交流的社交环境中，"和稀泥"都是一门有必要掌握的艺术。

装糊涂要能够灵活变通

装糊涂没有固定的模式，而是应根据具体的情况灵活变通，使自己的行为能够合乎时宜，不至于弄巧成拙、适得其反。这个道理就跟江中行船一样，逆水行舟不如顺风扬帆，又轻便又快捷。

明朝张峡任滑县县令时，有两名江洋大盗任敬、高章冒充锦衣卫的使者拜见他。于是，他们三人一同进入内室。任敬摸着鬓角胡须笑着说："张公不认识我吧！我是霸上来的朋友，要向张公借用公库里面的金子。"于是两人取出匕首，架在张公的脖子上。

张公强抑心头的慌乱，装出替他们着想的样子说："你们不是为了报仇，我也不会因为财物牺牲性命。你们这样暴露自己的真实身份，如果被别人发现，对你们可相当不利！"

两个强盗觉得有道理。

张公又进一步说："公库的金子有人看管，容易被发觉，对你们不利。有一个办法，我向县里的有钱人借贷，这样你们既可以安然无事，也不至

◇自我提升法则

于连累了我的官职，岂不两全其美。"

两个强盗听了更加赞同张公的办法。就这样，张公不露声色地稳住了强盗，并取得了他们的信任与合作。

于是张公就叫高章传令，要属下刘相前来。

刘相是张公的心腹，两人向来十分默契。

刘相到后，张公依计行事，说：

"我不幸发生意外，如果被抓去，就会很快被处死。现在锦衣卫的两位先生很有手腕，愿意放我一马。我非常感激他们，想拿出五千两黄金当他们的寿礼，以表示我的心意。"

刘相听了目瞪口呆，说："五千两实在不是小数目，到哪里去弄这么多钱？"

张公用手轻轻敲了桌子一下说："我知道县里有的人很有钱，而且急公好义，我请你替我去向他们借。"

说完，张公煞有介事地拿出笔来，写某人最有钱，可以借多少；某人中等，可以借多少。最后一共写了9个人，正好数量符合。他所写的这9个人，实际上都是大力士。

刘相看了以后恍然大悟，便出了屋子。当时天寒地冻，张公借口说暖暖身子，拿出酒菜与他们应酬。他自己先吃先喝，好让两位强盗放心。两位强盗果然吃喝起来。酒刚喝完，名单上列出的9个人便一个个穿着锦衣，手里捧着用纸包着的铁器先后来到门口了。他们假装说："张公要借的金子拿来了，但是因为时间太紧迫，没有办法凑足所要的数目，实在过意不去。"一边说，他们还一边装出哀求的样子。

两位强盗听说金子到了，又看到这些人果然都像有钱的样子，就很高兴地说："张公真的没骗我们。"

而张公则装着要给他们金子的样子，叫人拿来秤和小桌子。这时任敬坐在客位，张公坐在主位，中间隔着长桌子，如此一来，张公和任敬隔着一些距离。可是高章却一直拥着张公的背，彼此贴得很近。

张公必须稍微离开高章，但又不能让他疑心。于是他站起来拿起秤的砝码对高章说："你的长官正和我饮酒行主客之礼，哪有空看砝码。所以看砝码轻重，就只好偏劳你了。"

高章于是稍微靠近桌子，去看砝码。

此时9个人则捧着包裹的铁器一起拥向前去，故意做出打开包裹取出金子的样子。张公趁此脱身，离开高章几步就大喊9人抓贼。看张公向前堂奔跑，任敬起身扑向张公，却赶不及，于是他举刀自杀。高章也准备自杀，但被捕快抓住，拷问之后处死了。

在危难之际，巧妙地装装糊涂，往往能化险为夷，保全自身。

明朝都御史韩永熙在江西为官时，江西地面太平无事，百姓都称赞韩永熙的德政比皇上还要高。而韩永熙却不敢居功自傲，反倒做了几件有辱声名的事情，任人议论。

有人问他："你何必败坏自己的名声呢？这对你有什么好处吗？"韩永熙答道："天子是天下第一，谁超过他，还能活吗？"

一次，手下来报说宁王朱宸濠的弟弟来了。韩永熙大吃一惊，朱宸濠手握重兵，朝廷对他的态度一向是压制与拉拢并施。韩永熙知道，宁王的弟弟无故前来，绝非好事。

果然，朱宸濠的弟弟一见到他便屏退左右，单独对韩永熙说道："宁王要谋反，你要小心啊！他的军队离你这里非常近，他若起兵，最先遭殃的是你！"

韩永熙愣愣地听着，一副百思不得其解的模样，用手指着自己的耳朵，大声问："什么？啊？大声点！"

宁王的弟弟又高声重复了一遍。

韩永熙还是皱着眉，大声说："我的耳朵前些日子被雷击中了，听不太清你说的话。"

宁王的弟弟愕然道："怎么会被雷击中呢？"

"你说什么呢？"韩永熙继续问。

◇自我提升法则

"我说你这个老乌龟！"宁王的弟弟不太相信韩永熙是聋子，故意用话激他。

韩永熙摇摇头道："不行，不行，你说的话我一句也听不见。这样吧，"说着，他搬来一张白木小桌，"你把要说的话写在这上面，我看了就知道了。"

宁王的弟弟只好将宁王想谋反的事全写在那白木小桌上面。

韩永熙边看边故意显出惊讶的神情，大喊可恶。可宁王的弟弟写完便走了。

韩永熙立即把宁王欲谋反之事上奏朝廷。可朝廷派人去调查了很久，一点儿证据也没有找到。当时宁王与弟弟关系非常密切，他们推说根本就没有此事，并说韩永熙有意诬陷王爷，当处斩刑。

朝廷立即逮捕了韩永熙，欲定其罪。

韩永熙将白木小桌拿出来作证，这才免于一死。

装糊涂，如若能灵活应变，不但会给各种繁杂的事情涂上润滑油，使得其顺利运转，还能让生活中充满笑声。当然，装糊涂不是真糊涂，这是一种外在的处世态度。我们在装糊涂的同时也应把握好糊涂与认真的界限，以防弄巧成拙。

把糊涂装得"有意思"

现实生活告诉我们，做事过于精明，只顾眼前利益，往往会因小失大，得不偿失；糊涂一下，也许会有另外一番景象。下面的这个事例就说明了这一点。

在某小区门口的菜市场，有两个豆腐摊，一个摊主是中年妇女，很精明的样子，斤斤计较，不肯吃一点亏，少一分钱也不卖；隔着不远，另一个是个20多岁的小伙子，一副憨厚、朴实的样子，他的豆腐不论斤，1元钱一块，用刀拉一块就得，而且保证比那位女摊主的1元2角一斤的豆腐分量还要足得多，既利索，又实在。更重要的是，这个小伙子憨厚得非常自然，时常说些"赚够吃饭的就得"等一类让人们觉得有道理又轻松的话。

于是，人们都喜欢买小伙子的豆腐，一天能卖好多屉，而那位精明的女摊主一天最多卖一屉，有时还得剩下……

商务谈判有一句经典台词：会买卖的称赞对方，不会买卖的挑剔对方。小伙子憨厚朴实，吃小亏而赢大利，正是摸准了顾客不在乎那一两角钱，需要的是卖主的信任和亲切感的心理，从而赢得了更多的回头客，其总体收益可想而知；而那位精明的女摊主，只顾眼前利益，不懂顾客心理，舍不得、也不会以情感人，如果她不改变方式方法的话，就可能很快从这个市场消失。

人活在世上，谁不愿意活得自然、自由、自在呢？谁不愿意过得潇洒、愉快、轻松呢？谁不愿意事业蓬勃、财运亨通呢？谁不愿意成为别人羡慕的人呢？这就需要我们学会培养自己的"糊涂"意识，把糊涂装得有意思。

真正有意思的糊涂，不仅是一种心态，也是一种做人的智慧。既然世上许多事，分清对错不容易，或者说根本就没有搞清楚的必要，那么还是难得糊涂比较明智。这也成了当今人们为人处世的准则和行动指南。

那么，具体如何培养自己的糊涂意识，把糊涂装得有意思呢？下面两个方面要牢记：

第一，无关大局时，尽量不要插手。一个单位，少则十来人、几十人，多则几百人、上千人、甚至几万人，不可避免地要发生许多不顺心的事情。对这些问题，单位领导如果都认真去处理，是怎么也处理不完的。而且，有些问题，处理后又出现新的问题。本来，有些问题无关大局，不去处理，有的自然就消失了，有的由于社会舆论的压力而被制止了。若不插手，就可以减少许多烦恼，且又不影响工作，何乐而不为呢？所以，时刻提醒自己，无关大局的问题，尽量不要插手，而要装糊涂，不把精力放在那些无谓的芝麻小事上。

第二，人际关系中的是非不要弄得太清楚。某些人人缘不好，主要是

◇自我提升法则

因为他们处理一些小是小非的问题时有错或者不够全面。干脆不去处理，就不会存在这类问题了。所以，与人打交道的时候，能带过的就带过，这样别人会觉得你是一个能理解和容忍别人缺点、错误的人，你就会受到他人的尊重。当然，非追究不可的问题，应当认真追究，以挽回或者减少损失。

糊涂反而难得，似乎不可理解。客观而言，要常保持糊涂意识，把糊涂装得有意思，也不容易！不仅要有一定的修养，还要有一定的雅量和记性。

耍点小糊涂，摆脱尴尬不失风度

当遇到窘境的时候，不一定要采取一些很复杂的摆脱方式，你只需要佯装糊涂，就能轻松下"台阶"了。

实习期间，一位实习老师在黑板上刚写了几个字，学生中突然有人叫起来："老师的字比我们李老师的字好看！"

真是语惊四座，稚幼的学生哪能想到：此时后座的班主任李老师该多么尴尬！对这位实习生来说，初上岗位，就碰到这般让人难堪的场面，的确使人头疼，以后怎样同这位班主任共度实习关呢？怎么办？转过身来谦虚几句，行吗？不行！这位实习生灵机一动，装作没有听到，继续写了几个字，头也不回地说："不安安静静地看课文，是谁在下边大声喧哗！"

此语一出，后座的李老师紧张尴尬的神情，顿时轻松多了——尴尬局面也随之消除。这里的实习老师巧妙地运用了"装作不知道"的技巧，避实就虚，避开"称赞"这一实体，装作没有听清楚，而攻击"喧闹"这一虚象，既巧妙地告诉那位班主任"我根本没有听到"，又敲打了那位学生的称赞兴致，避免了学生误认为老师没有听见而再称赞几句的可能，从而避免了再次造成尴尬的局面。

"装作不知道"，就是指对别人的话装作没有听到或没有听清楚，以便避实就虚、猛然出击的处理问题的方式。也就是故意耍点小糊涂。它的特点是：说辩的锋芒主要不在于传递何种信息，而是通过打击转移对方的说辩兴致使之无法继续设置窘迫局面，化干戈为玉帛，能够寓辩于无形，不战而屈人之兵。当然唯有具有丰富阅历的人方能达到这种效果。

在人际交往中，有许多场合都可以使用耍点小糊涂的办法，躲开别人说话的锋芒，然后避实就虚、猛然出击。其技巧关键在于躲闪避让的机智，虽是"装作"，正如实施"苦肉计"一样，却一定要表演得自然。

耍点小糊涂还有一种情况是装作不理解对方尴尬举动的真实含义，故意给对方找一个善意的行为动机，给对方一个台阶下。

一位老师介绍经验时说：一天中午，我路过学校后操场时，发现前两天帮助搬运实验器材的那几位同学正拿着一枚实验室特有的凸透镜在阳光下做"聚焦"实验。我想：他们哪来的透镜？难道是在搬迁时趁人不备拿了一枚？实验室正丢了一枚。是上去问个究竟，还是视而不见绕道而去？为难之时，同学们发现了我，从他们慌张的神情中我肯定了自己的判断。当时的空气就像凝固了似的，一分一秒也不容拖延。我快速构思，终于想出一条妙方，笑着说："哟，这透镜找到了！谢谢你们！昨天我到实验室准备实验，发现少了一枚透镜，我想大概是搬迁过程中丢失了，我沿途找了好几遍都未能找到，谢谢你们帮我找到了这枚透镜。这样吧，你们继续实验，下午还给我也不迟。"同学们轻松地点了点头，空气依旧是那么温暖，那么清新。这位老师采用了故意曲解的方法，装作不懂学生的真实意图，反误以为他们帮助自己找到了透镜，将责怪化成了感激，自然令学生在摆脱尴尬的同时又羞愧不已。

耍点小糊涂是一个常用而又十分奏效的办法，无论是面对自己还是别人制造的窘境，我们都不妨不动声色，假装不明白事实是怎样，从而抽身而出。

有专家指出，当别人准备伤害你，用刻毒的语言对你说话时，你也可以采取佯装糊涂的方法，装作没听懂他的意思，给对方一个莫名其妙的回答，这样，对方打算伤害你的企图也就告吹了，而且显得你很有风度。

装傻充愣，避开敏感处不得罪人

装傻充愣，避开不想面对的敏感处，模糊应对，是一种大智若愚的态度和情操。

看看下面这对老夫妇如何把话说得字字不靠谱的。

推销员一进门，就迎出来一个白发老头。青年推销员恭恭敬敬鞠了一躬。"喔，喔，可回来了！你毕竟是回来了。"老头脱口而出，"老婆子快出来。儿子回来了，是洋一回来了。很健康，长大了，一表人才！"老太太急急忙忙地出来了，只喊了一声："洋一！"就捂着嘴，眨巴着眼睛，再也说不出话来。推销员慌了手脚，刚要说"我……"时，老头摇头说："有话以后再说。快进来，难为你还记得这个家。你下落不明的时候才小学六年级，我想你一定会回来，所以连这个旧门都不修理，不改原样，一直都在等着你呀。"

推销员实在待不下去了，便从这一家跑了出来，喊他留下来的声音始终留在他的耳边。

"大概是走失了独生子，悲痛之余，老两口都精神失常了吧？怪可怜的。"他想着想着回到了公司，跟前辈谈这件事。老前辈说："早告诉你就好了。那是个小康之家，只有老两口。因为无聊，所以经常这样捉弄推销员。"

"上当了！好，我明天再去，假装是儿子，来个顺水推舟，伤伤他们的脑筋。"

"算了，算了吧，这回又该说是女儿回来了，拿出女人的衣服来给你穿。结果，你还是要逃跑的。"

人际场上，很多人都特别擅长这种模糊迂回的圆融之道。在日本有这样一个故事，很能给人启发：

一位名叫宫一郎的青年去拜访广源先生，想将一块地产卖给他。

广源听完宫一郎的陈述后，并没有做出"买"或者"不买"的直接回答，而是在桌子上拿起一些类似纤维的东西给宫一郎看，并说："你知道这是什么东西吗？"他似乎瞬间忘记了宫一郎上门的目的。

"不知道。"宫一郎回答。

"这是一种新发现的材料，我想用它来做一种汽车的外壳。"广源详详细细地向宫一郎讲述了一遍。广源先生共讲了15分钟之多，谈论了这种新型汽车制造材料的来历和好处，又诚诚恳恳地讲了他明年的汽车生产计划。广源谈的这些内容宫一郎一点也听不懂，但广源的情绪感染了宫一郎，他感到十分愉快。在广源送宫一郎时顺便说了一句："不想买那块地。"

广源的高明之处在于他没有一开始就回拒宫一郎。如果那样，宫一郎就一定会滔滔不绝地劝说他买那块地。而广源采取了回避的态度，装作好像根本没听懂宫一郎的话，没有给他劝说的时间，在结束谈话时轻轻一拒，不失为高明之法。

装傻充愣并不是真傻，而恰恰是一种高明的阴柔之道，它真正体现的是聪明与灵活。它主要有两种形式，一种是沉默不语，装聋作哑；一种是答非所问，模糊应付。

社交应酬是一个非常广泛的领域，我们所接触的人物当然也是形形色色。于是，很多情景或事情的发生都可能不在我们的预料之中。其中，敏感性话题的突然出现，就是一个令很多人都感到棘手的应酬难题。这种情况下，装傻充愣便成了基于传统文化而催生的一种较好的应酬之道，其表现为内细外粗，是生活中为人处世极具实际价值的心术智慧。

棘手的事，模糊表态不犯错

有些时候，明白直露的说话方式不是伤人就是害己，然而默不作声又不免让人认为是胆怯或毫无见解。倘若迫于情势，过于直接表态对自己不利，而又不得不有所表态的话，最好还是模糊表态。这样，就给自己以后的态度留下了回旋的余地。

有两位中级主管近来行为反常，双方感情恶化，公司经理便把他们两

◇自我提升法则

人找来，动之以情："你们两人就如同车子的两只轮子，只要有一方脱离，整个车子就无法动弹了。希望你们同心协力发挥力量，把工作做得更好。"

两位中级主管缺乏作为总经理助手应该怎样做的自觉意识，缺少公司是一盘棋的观念。于是经理便又说道："部门的职能就像一位家庭主妇，主妇如能尽心尽力地把家弄好，这位户主在公司才能安下心来去闯事业。"

之后，这两位主管之间关系出现了缓和。

案例中，经理没有判明谁是谁非，而是模糊表态，干脆给出一个"各自分路而行"的解决方案，让两人都有了充分的理由掉转车头，找到台阶下。这样，两人的争执就"不明不白"地解决了。

所谓模糊表态，指人们运用语言的模糊特征，表达思想、情感并进行交流的一种语言表达方式和表达技巧。这样的表达可以增强语言在交际中的适应性、灵活性和生动性，也有利于传情达意的准确性。

据说，有人问美国天文学家琼斯："地球有多大年龄，你能说清楚吗？"琼斯回答："这也不难。请你想象一下，有一座巍峨的高山，比如说高加索的厄尔布鲁士山吧，再设想有几只小麻雀，它们无忧无虑地跳来跳去，啄着这座山。那么这几只麻雀把山啄完大约需要多少时间，地球就存在了多少时间。"琼斯这种模糊的回答，不仅把一个容易引起争议的难题化解了，而且使人意识到地球存在的岁月异常悠久。

生活中，当我们遇到比较棘手的事情，例如面对他人的质疑或者追问时，模糊表态是一种很有效的策略。模糊表态能把对方千斤的力量化于无形，同时还为自己争取到思考对策的宝贵时间。另外，模糊表态还会给对方制造一种高深莫测的感觉，使其不会对自己的行为产生怀疑。

不过，运用模糊语言进行模糊表态时一定要适度。过之与不及都会影响表达的进行；要防止歧义和误解，模糊语言不是歧义语言，不容许既可这样理解也可那样理解，它有明确的范围性，要力求简洁明快，切忌重复啰唆，绕弯子；运用时要恰当灵活，不能不分背景、场合、对象地滥用，该模糊时模糊，不该模糊时不能模糊。

人生的快乐不是拥有得多而是计较得少

什么都想得到的人，结果什么都得不到，甚至连自己原本拥有的也会失去。一个平淡对待自己生活的人，可能会意外地得到惊喜。

为人处世过程中，不免有形形色色的矛盾、烦恼，如果斤斤计较于每一件事，那生命无疑是一个累赘，且充斥了悲剧色彩。

1945年3月，罗勒·摩尔和其他87位军人在贝雅S.S318号潜艇上。当时雷达发现有一艘驱逐舰正往他们的方向开来，于是他们就向其中的一艘驱逐舰发射了3枚鱼雷，但都没有击中。

这艘驱逐舰也没有发现。但当他们准备攻击另一艘布雷舰的时候，对方突然掉头向潜艇开来，可能是一架日本飞机看见这艘在海面下18米深的潜艇，用无线电告诉了这艘布雷舰。

他们立刻潜到距海面50米深的地方，以免被日方探测到，同时也准备应付深水炸弹。他们在所有的船盖上多加了几层栓子。

3分钟后，突然天崩地裂。6枚深水炸弹在他们的四周爆炸，他们直往水底——深达90米的地方，大家都吓坏了。

按常识，如果潜水艇在不到170米深的地方受到攻击，深水炸弹在离它6米之内爆炸的话，它就会在劫难逃。

罗勒·摩尔吓得不敢呼吸，他在想："这回完蛋了。"在电扇和空调系统关闭之后，潜艇的温度升到近40度，摩尔却全身发冷，牙齿打战，身冒冷汗。15小时之后，攻击停止了，显然那艘布雷舰的炸弹用光以后就离开了。

这15小时的攻击，对摩尔来说，就像有1500年。他过去所有的生活都一一浮现在眼前，他想到了以前所干的坏事，所有他曾担心过的一些很无聊的小事：

他曾经为工作时间长、薪水太少、没有多少机会升迁而发愁；他曾经为没有办法买自己的房子，没有钱买部新车子，没有钱给妻子买好衣服而忧虑；他非常讨厌自己的老板，因为这位老板常给自己制造麻烦；他还记得每晚回家的时候，自己总感到非常疲倦和难过，常常跟妻子为一点小事吵架；他也为自己额头上的一块小疤发愁过。

摩尔说："多年以来，那些令人发愁的事看来都是大事，可是在深水炸弹威胁着要把我送上西天的时候，这些事情又是多么的荒唐和渺小。"

就在那时候，他向自己发誓，如果他还有机会见到太阳和星星的话，就永远不再忧虑。在潜艇里那可怕的15小时中所学到的，比他在大学读了4年书所学到的要多得多。

我们可以相信一句话：人生中总是有很多的琐事纠缠着我们，但是我们不能与它斤斤计较，因为心胸狭窄是幸福的天敌。

生活中，将许多人击垮的有时并不是那些看似灭顶之灾的挑战，而是一些微不足道的小事。人们的大部分时间和精力都浪费在这些"鸡毛蒜皮"之中，最终他们一事无成。生活要求人们不断地清点，看看忙忙碌碌中，哪些是重要的、必要的，哪些是不重要的，或是无须劳神去忙的。

然后，果断地将那些无益的事情抛弃，不去理它。

一个人要顺其自然地、平淡地看待物质享受，得之无喜色，失之无悔色。什么都想得到的人，结果什么都得不到，甚至连自己原本拥有的也会失去。

一个平淡对待自己生活的人，可能会意外地得到惊喜。

糊涂——一剂化解仇恨的良药

《庄子·大宗师》里有句名言："泉涸，鱼相与处于陆，相呴以湿，相濡以沫，不如相忘于江湖。"意思是说，湖泊干涸了，原先在水中嬉戏的鱼儿被搁浅在了陆地上。它们快要干死了，相互之间吹着湿气呵护着，吐出唾沫湿润着对方，多么友爱，多么亲情！可是谁都不愿意这样，在它们看来，与其在干涸的陆地上如此友爱，还不如在湖水中各自游走，相互忘记。

"相濡以沫"，或许令人感动；而"相忘于江湖"则是一种境界，或许更需要坦荡、淡泊的心境吧。能够忘记，能够放弃，又何尝不是一种幸福。

《战国策》上有句名言："事有不可忘者，有不可不忘者。"人生在世，要经历许多事情，要相识相交许多人。而心灵像极了一个筛子，对于智者来说，他们忘记的是追求浮世的"功名利禄"之心，忘记的是他人的过失；而他们记住的却是尘世的恬静自然和他人的善良，并时时充盈着自己的一颗感恩的心。培根说过，一个念念不忘旧仇的人，他的伤口将永远难以愈合。

两个国家发生了一场激烈的战争，一支部队在一个森林里与敌人战斗后只剩下了两名战士，而且和部队失去了联系。

这两名战士在森林中艰难跋涉，他们互相鼓励、互相安慰。十多天过去了，仍然没有与部队取得联系。这一天，他们捉到了一只兔子，依靠兔肉又艰难度过了几天。也许是因为战争的缘故，动物已经四散奔逃了，这以后他们再也没看到过任何动物。他们仅剩下的一点兔肉，背在年轻战士的身上。这一天，他们在森林中又一次与敌人相遇，经过再一次激战，他们巧妙地避开了敌人。

就在自以为已经安全时，只听一声枪响，走在前面的年轻战士中了一枪——幸亏伤在肩膀上！后面的战士惶恐地跑了过来，他害怕得语无伦次，抱着战友的身体泪流不止，并赶快把自己的衬衣撕下来包扎战友的伤口。晚上，未受伤的士兵一直念叨着母亲的名字，两眼直勾勾地盯着天空。他们都以为熬不过这一关了，尽管饥饿难忍，可谁也没动身边的兔肉。天知道那一夜他们是怎么过来的。第二天，部队发现了他们，他们获救了。

事隔30年，那位曾经受伤的战士说："我知道是谁开的那一枪，其实就是我的战友。因为在他跑过来抱住我时，我碰到了他发热的枪管。当时我怎么也不明白，他为什么对我开枪？但那天晚上我就宽容了他。我知道他是想独吞我身上的兔肉，我也知道他想为了他的母亲而活下来。此后30年，我假装根本不知道此事，也从不提及。战争太残酷了，他母亲还是没有等到他回来，我和他一起祭奠了老人家。那一天，他跪下来，请求我原谅他，我没让他说下去。我们又做了几十年的朋友。可以说是'忘记'挽救了我们两个人。"

学会忘记吧，抖落身上的尘土，做一个"糊涂"一点的人，安享心灵的平静与幸福，就会发现快乐其实那么简单。

"人生不满百，常怀千岁忧"，有何快乐而言？能学会"健忘"的人才活得潇洒自如。当然，这里所说的"健忘"，并不是在生活中真的丢三落四，而是说该忘记时不妨"忘记"一下，该糊涂时不妨"糊涂"一下。此所谓"糊涂"人生的大智慧是矣。

人是"赤条条"来到这个世界的，身无任何外物，心灵也清澈无比。然而随着年龄的增长，附加于身心的东西就越来越多了，世俗的名利、欲望、喜怒哀乐与得失成败纷至沓来，心灵也便失去了儿时的天真无邪。是抛开世俗的一切回归心灵的清澈，还是继续背负着它们艰难前行呢？

第十章

无法改变世界时,改变自己

第一节 改变世界,不如修正自己

修正自己在于管理自己

很早的时候我国古代圣贤就说过"克己",也就是自制的意思。我们的祖先虽然早就提出了"克己",但是我们在"克己"方面做得还远远不够。相比较而言,一些外国人在"自制"方面比我们在"克己"方面更有成就。

南京大学有一个美国留学生叫唐·娜。寒假里,唐·娜随她的女同学张菁到张的老家河南农村过年。大年初一,张家准备了一桌丰盛的酒席招待唐·娜。席上,张父特意以当地名酒款待嘉宾。张父给唐·娜斟了满满一杯酒,可是唐·娜只是礼貌地举杯,却滴酒不沾。

张家问其故。唐·娜说,她的家乡在美国西雅图市,当地的法律规定,公民年满21岁才能饮酒,她今年才19岁,还未到饮酒的年龄。

张家人劝她，这里是中国，不是美国，入乡随俗是可以的。再说，没有一个美国人会知道你在中国饮过酒。唐·娜却说，虽然自己身在国外，也应该遵守美国法律。名酒的味道很香，但自己会克制自己，不到法定年龄，决不饮酒。

唐·娜始终没有饮酒，张家人对这个19岁的美国姑娘十分敬佩。

寒假结束，唐·娜要回南京的时候，当地政府有关部门特意设宴款待唐·娜，唐·娜却婉言谢绝了。问其故，唐·娜说，美国的法律规定，凡属官方的宴请，只能由政府官员出席。她是一个普通的美国人，不是政府官员，因此不能接受官方的宴请。当地政府一再做工作，唐·娜还是没有出席。

还有一个故事讲的是：一个美国商人，他经常到中国做生意。有一次，一笔生意成交以后，中方宴请他。中方听说这个美国商人十分喜欢吃虹鳟鱼，席上，主人特意请著名厨师做了一道名菜：清炖虹鳟鱼。

这道菜上来以后，美国商人眼睛一亮，看得出，商人真的很喜爱这道菜。奇怪的是，商人夹了一块鱼肉以后，还没有送到嘴里就又送了回去，放下筷子不吃了。

主人忙问其故，美国商人说，这是一条有子的虹鳟鱼，美国法律规定，要保护生态环境，不能吃有子的母鱼。主人连忙说，这是在中国，不是美国，中国并没有这样的法律。美国商人说，自己是美国人，走到哪儿，都要遵守美国的法律。

主人很尴尬，再次劝美国商人说，即使是这样，这条虹鳟鱼已经烧熟了，不吃浪费了岂不可惜！美国商人却说，即使浪费了，他也不能吃，美国商人自始至终都没有碰这条虹鳟鱼。

美酒的味道很香，唐·娜却不为之心动；虹鳟鱼的味道很美，美国商人却不为之下箸。他们是在没有任何外界压力下的一种自我限制行为，是在自觉地履行道德上的某种义务。有较强自制能力的人，一定能够战胜自我。如果不幸遇到祸害，他一定能够泰然处之，化祸为福，让自己快乐。可见，自制对快乐的人生是极其重要的。

修正自己才能提高能力

上帝问人，世界上什么事最难。人说挣钱最难，上帝摇头。人说哥德巴赫猜想，上帝又摇头。又说我放弃，你告诉我吧。上帝神秘地说是认识自己并且修正自己的弱点。的确，那些富于思想的哲学家也都这么说。

发现自己的弱点并克服它确实很难。理由繁多，因人而异，但是所有理由都源于两点：害怕发现弱点，害怕修正自己。

就像一个不规则的木桶一样，任何一个区域都有"最短的木板"，它有可能是某个人，或是某个行业，或是某件事情。聪明的人应该把它迅速找出来，并抓紧做长补齐，否则它带给你的损失可能是毁灭性的。很多时候，往往就是因为一个环节出了问题而毁了所有的努力。

对于个人来说，下面的弱点是人们最有可能出现的短板。

1.恶习

毫无疑问，不良的习惯可以说是每个人最大的缺陷之一，因为习惯会透过一再的重复，由细线变成粗线，再变成绳索，再经过强化重复的动作，绳索又变成链子，最后，定型成了不可迁移的不良个性。

人们在分分秒秒中无意识地培养习惯，这是人的天性。因此，让我们仔细回顾一下，我们平时都培养了什么习惯？因为有可能这些习惯使我们臣服，拖我们的后腿。

诸如懒散、看连续剧、嗜酒如命以及其他各式各样的习惯，有时要浪费我们大量的时间，而这些无聊的习惯占用的时间越多，留给我们自己可利用的时间就越少。这时的不良习惯就像寄生在我们身上的病毒，慢慢地吞噬着我们的精力与生命，这时的习惯就成了一个人最大的缺陷，成了阻碍个人成功的主要因素。

所以，习惯有时是很可怕的，习惯对人类的影响，远远超过大多数人的理解，人类的行为95%是透过习惯做出的。事实上，成功者与失败者之间唯一的差别在于他们拥有不一样的习惯。一个人的坏习惯越多，离成功就越远。

2. 犯错

通常人们都不把犯错误看成是一种缺陷，甚至把"失败是成功之母"当成自己的至理名言。

如果一个人在同一个问题上接连不断地犯错误，比如健忘，这是任何一个成功人士都不能容忍的。一个不会在失败中吸取教训的人是不配把"失败是成功之母"挂在嘴边的。不管是否具备吸取教训的意识还是能力，它都是一个人获取成功道路上的致命缺陷。

这有一些人不管是在学习还是在工作中，犯错误的频率总是比一般人高。他们做事情总是马虎大意、毛毛糙糙。对他们而言，把一件事做错比把一件事做对容易得多，而且每当出现错误时，他们通常的反应都只是："真是的，又错了，真是倒霉啊！"

把犯错归结为坏运气是他们一向的态度，或许他们没有责任心，做事不够仔细认真，或许他们没有找到做事的正确方式，但无论出于哪一点，如果他们没有改正错误，这都将给他们的成功带来巨大的障碍。

3. 马虎

一位伟人曾经说过："轻率和疏忽所造成的祸患将超乎人们的想象。"许多人之所以失败，往往因为他们马虎大意、鲁莽轻率。

在宾夕法尼亚州的一个小镇上，曾经因为筑堤工程质量要求不严格，石基建设和设计不符，结果导致许多居民死于非命——堤岸溃决，全镇都被淹没。建筑时小小的误差，可以使整栋建筑物倒塌；不经意抛在地上的烟蒂，可以使整栋房屋甚至整个村庄化为灰烬。

鉴于我们这些可知的和未可知的缺点，我们一定要学会修正自己，这本身就是一种能力。

4. 不谨言慎行

自己的言行对做事成功是必要的，虽然人们不用匕首，但人们的语言有时比匕首还厉害。一则法国谚语说，语言的伤害比刺刀的伤害更可怕。那些溜到嘴边的刺人的反驳，如果说出来，可能会使对方伤心痛肺。

孔子认为，君子欲讷于言而敏于行。即君子做人，总是行动在人之前，语言在人之后。克制自己，懂言会行是做事最基本的功夫。

法国哲学家罗西法古说，如果你要得到仇人，就表现得比你的朋友优越；如果你要得到朋友，就要让你的朋友表现得比你优越。

而在这个世界上，那些谦虚豁达能够克制自己的人总能赢得更多的知己，那些妄自尊大、小看别人、高看自己的人总是令别人反感，最终在交往中使自己到处碰壁。

所以无论在什么情况下我们都要学会克制自己、修正自己。只有这样，我们才能够提高自己的能力，才能修复我们生活中的一切"短板"，才会受到别人的欢迎，才能做好我们要做的事。

愉悦自己，才是真正地爱自己

在遭遇困苦时，乐观的人总会努力想办法让自己快乐起来，让精神的伤痛远离自己。愉悦自己，才是真正地爱自己。

由于破产和从小落下的残疾，人生对基尔来说已索然无味了。

在一个晴朗的日子，基尔找到了牧师。牧师耐心听完了基尔的倾诉，对基尔说："我给你看样东西。"他向窗外指去。那是一排高大的枫树，在枫树间悬吊着一些陈旧的粗绳索。他说："60年以前，这儿的庄园主种下这些树，他在树间牵拉了许多粗绳索。对于嫩弱的幼树，这太残酷了，因为创伤是终生的。有些树面对残忍现实，能与命运抗争，而另一些树消极地诅咒命运，结果就完全不同了。眼前这棵粗壮的枫树看不出什么疤痕，所看到的是绳索穿过树干——几乎像钻了一个洞似的，真是一个奇迹。"

"关于这些树，我想过许多。"他说，"只有体内强大的生命力才可能战胜像绳索带来的那样终生的创伤，而不是自己毁掉这宝贵的生命。对于人，有很多解忧的方法。在痛苦的时候，找个朋友倾诉，找些活干。对待不幸，要有一个清醒而客观的全面认识，尽量抛掉那些怨恨、妒忌等情感负担。有一点也许是最重要的，也是最困难的：你应尽一切努力愉悦自己，真正地爱自己。"

能否越过障碍、突破挫折困苦，乐观的人总有他自己的方法。

（1）转移不良的情绪。碰到不顺心的事情或在家中与亲属发生争吵，不妨暂时离开一下现场，换个环境，或者同别人去侃大山，或者参加一些文体活动，娱乐娱乐。总之，把注意力转移到别的方面去。只有把原来的不良情绪冲淡以至赶走，而重新恢复心情的平静和稳定。

（2）憧憬美好未来。只有经常憧憬美好的未来，才能始终保持奋发进取的精神状态。不管命运把自己抛向何方，都应该泰然处之。不管现实如何残酷，都应该始终相信困难即将克服，曙光就在前头，相信未来会更加美好。

（3）思苦忆甜。在人生的旅途中，有时荆棘丛生，有时铺满鲜花，有时忧心如焚，有时其乐融融，对此应进行精心的筛选，不能让那些悲哀、凄凉、恐惧、忧虑、彷徨的心境困扰着我们。对那些幸福、美好、快乐的往事要常常回忆，以便在心中泛起层层涟漪，激发人们去开拓未来，而对那些不愉快的事情，诸多的烦恼则尽量要从头脑中抹掉，切不可让阴影笼罩心头，而失去前进的动力。

（4）积极的自我暗示。例如对照着镜子对自己说："我是最棒的！""我一定会成功！"看喜剧电影、听欢快的歌，做自己喜欢的事等。

（5）宽待自己。学会宽待自己是一件非常重要的事情。学会宽待自己就要允许自己犯错误，"金无足赤，人无完人"，谁能一辈子不犯错误？在总结教训之余，要安慰自己，即使是由于自身的原因导致的错误不要对自己责备太严，要学会宽待自己，经常对自己说：过去的就让它过去吧，一切从头开始。只有这样才能形成正确的心态，才能够乐观地生活下去。

反击别人不如充实自己

有时候，白眼、冷遇、嘲讽会让弱者低头走开，但对强者而言，这也是另一种幸运和动力。所以美国人常开玩笑说，正是因为刺激，才"造就"出了杜鲁门总统。

在读高中毕业班时，查理·罗斯是最受老师宠爱的学生。他的英文老师布朗小姐，年轻漂亮，富有吸引力，是校园里最受学生欢迎的老师。同学们都知道查理深得布朗小姐的青睐，他们在背后笑他说，查理将来若不成为一个人物，布朗小姐是不会原谅他的。

在毕业典礼上，当查理走上台去领取毕业证书时，受人爱戴的布朗小姐站起身来，当众吻了一下查理，向他来了个出人意料的祝贺。当时，人们本以为会发生哄笑、骚动，结果却是一片静默和沮丧。

许多毕业生，尤其是男孩子们，对布朗小姐这样不怕难为情地公开表示自己的偏爱感到愤恨。不错，查理作为学生代表在毕业典礼上致告别词，也曾担任过学生年刊的主编，还曾是"老师的宝贝"，但这就足以使他获得如此之高的荣耀吗？典礼过后，有几个男生包围了布朗小姐，为首的一个质问她为什么如此明显地冷落别的学生。

"查理是靠自己的努力赢得了我特别的赏识，如果你们有出色的表现，我也会吻你们的。"布朗小姐微笑着说。男孩们得到了些安慰，查理却感到了更大的压力。他已经引起了别人的嫉妒，并成为少数学生攻击的目标。他决心毕业后一定要用自己的行动证明自己值得布朗小姐报之一吻。毕业之后的几年内，他异常勤奋，先进入了报界，后来终于大有作为，被杜鲁门总统亲自任命为白宫负责出版事务的首席秘书。

当然，查理被挑选担任这一职务也并非偶然。原来，在毕业典礼后带领男生包围布朗小姐，并告诉她自己感到受冷落的那个男孩子正是杜鲁门本人。

查理就职后的第一件事，就是接通布朗小姐的电话，向她转述美国总统的问话："您还记得我未曾获得的那个吻吗？我现在所做的能够得到您的奖赏吗？"

生活中，当我们遭到冷遇时，不必沮丧，不必愤恨，唯有尽全力赢得成功，才是最好的答复与反击。当有人刺激了我们的自尊心，伤害到我们的心灵时，强烈批驳别人不如思考自己什么地方还需要完善。

有个喜欢与人争辩的学者，在研究过辩论术，听过无数次的辩论，并关注它们的影响之后，得出了一个结论：世上只有一个方法能从争辩中得到最大的利益——那就是停止争辩。你最好避免争辩，就像避免战争或毒蛇那样。

这个结论告诉我们：反击别人不如自我休战。争辩中的赢不是真赢，它带来的只是暂时的胜利和口头的快感，它会导致他人的不满，影响你与他人之间的关系，更重要的是，在争辩中失利的人不会发自内心地承认自己的失败，所以你的说服和辩论统统徒劳无功，无助于事情的解决。

有一种人，反应快，口才好，心思灵敏，在生活或工作中和别人有利益或意见的冲突时，往往能充分发挥辩才，把对方辩得哑口无言。可是，我们为什么一定要与对方辩论到底，以证明是他错了？这么做除了能得到一时的快意之外还有什么呢？这样能使他喜欢我们或是能让我们签订合同吗？事实并非如此，要想拥有良好的人际关系，要想使自己在事业上游刃有余，在朋友中广受欢迎，在家庭中和睦相处，我们最好永远不要试图通过争辩去赢得口头上的胜利。

反击别人，除了互相伤害以外，我们都不会得到任何好处。这是因为，就算我们将对方驳得体无完肤、一无是处，那又怎样？我们只是使他觉得自惭形秽、低人一等，我们伤了他的自尊，他不会心悦诚服地承认我们的胜利。即使表面上不得不承认我们胜了，但心里会从此埋下怨恨的种子，所以还不如用那些时间来做有意义的事情。

莫因害怕"出丑"而禁锢生活

很多时候，我们都会用这样一句话来鼓励自己：天才是1%的灵感加上99%的汗水。于是，一些人就开始拼命工作，希望能用100%的汗水换来那

1%的天分。其实，如果能用汗水弥补的天分，就不是真正的天分了。这个世界上，毕竟只有少数人才能成为天才。所以，我们的成长总是要伴随着一些无谓的辛苦和无趣的笑话的。

人们都想使自己聪明，都怕在众人面前出丑。这似乎是截然对立的两件事，聪明人绝不会出丑，出丑的人必然是笨蛋。然而，实际生活并非如此。聪明的人有时简直如一个大傻瓜，他们当众出丑，却若无其事，他们被人嗤笑却自得其乐。然而，他们就这样走向了成功。

罗茜读书时网球打得不好，所以老是害怕打输，不敢与人对垒，至今她的网球技术仍然很蹩脚。罗茜有一个同班同学，她的网球比罗茜打得还差，但她不怕被人打下场，越是输越打，后来成了令人羡慕的网球手，成了大学网球代表队队员。

聪明是令人羡慕的，出丑总使人感到难堪。但是，聪明是在无数次出丑中练就的，不敢出丑，就很难聪明起来。

那些勇敢地去干他们想干的事的人是值得赞赏的，即使有时在众人面前出了丑，他们还是洒脱地说："哦，这没什么！"就是这么一类人，他们还没学会反手球和正手球，就勇敢地走上网球场；他们还没学会基本舞步，就走下舞池寻找舞伴；他们甚至没有学会屈膝或控制滑板，就站上了滑道。

艾米只会说几句法语，她却毅然飞往法国去做一次生意旅行。虽然人们曾告诫她：巴黎人是看不起不会讲法语的人，但她坚持在展览馆、在咖啡店、在爱丽舍宫用法语与每个人交谈。难道她不怕结结巴巴，不怕语塞傻笑、出丑吗？一点也不。因为艾米发现，当法国人对她使用的虚拟语气大为震惊之后，许多人都热情地向她伸出手来，为她的"生活之乐"所感染，从她对生活的努力态度中得到极大的乐趣。他们为艾米喝彩，为所有有勇气做一切事情而不怕出丑的人欢呼。

生活中有些人由于不愿成为初学者，就总是拒绝学习新东西。他们因为害怕"出丑",宁愿闭塞自己的机会,限制自己的乐趣,禁锢自己的生活。

若要改变自己的生活位置,总要冒出丑的风险。除非你决心在一个地方、一个水平上"钉死"了。不要担心出丑,否则你就会无所作为,而且更重要的是你同样不会心绪平静、生活舒畅。你会受到囿于静止的生活而又时时渴望变化的愿望的痛苦煎熬。我们也许应该记住这一点,由于我们害怕出丑也许会失去许多生活机会而感到后悔。我们应该记住一句法国谚语:"一个从不出丑的人并不是一个他自己想象的聪明人。"

第二节 改变自己,成就伟大

你比你认为的更伟大

走近一个不了解的环境之中时,我们会习惯性的怀疑自己的能力,陌生会带给我们恐惧。再加上不了解的人对我们的不客观的评价,常常会让我们感受到很多莫名的压力。所以,我们总是在自我否定里畅游,以为自己很糟糕。但是我们可以看到,以前并不被看好的人最终站在成功的舞台上的时候,我们不得不说,是人们看低了他们,是他们自己低估了自己的实力。

由此可见,有时候我们并不了解自己到底有多大实力,当我们还在为自己的糟糕而难过的时候,说不定你已经开始创造奇迹的旅程了。

在《野草只是没被发现用处的植物》一文中曾经写道:

他生于美国一个靠海的小村庄。5岁那年,他们全家搬迁到纽约布鲁克林区,父亲在那儿做木工,承建房座,他在那儿也开始上小学。由于生活穷困,他只读了5年小学,便辍学在印刷厂做学徒了。工作虽然辛苦,却没有阻止他爱上浪漫的诗歌,他像发疯一样,没日没夜地写。

1855年7月4日,他自费出版了第一本诗集,初版印了1000册。薄薄的小书只有95页,包括十二首诗和一篇序。绿色的封面,封底上画了几株嫩草、几朵小花。他兴奋地拿了几本样书回家,弟弟乔治只是翻了一下,认为不值得一读,就弃之一旁。他的母亲也是一样,根本没有读过它。一个星期之后,他的父亲因风瘫病去世,也没有看过儿子的作品。

拿出去卖,很可惜,一本都没卖掉。他只好把这些诗集全都送了人,但也没有得到什么好结果。著名诗人朗费罗、赫姆士、罗成尔等人对此不予理睬,大诗人惠蒂埃把他收到的一本干脆投进火里,林肯看后也险些烧掉。

社会上的批评更是铺天盖地,对他大肆辱骂。伦敦《评论》报认为"作者的诗作违背了传统诗歌的艺术。他不懂艺术,正像畜生不懂数学一样"。波士顿《通讯员》则把这本诗集称为"浮夸、自大、庸俗和无聊的杂凑",甚至写他是个"疯子""除了给他一顿鞭子,我们想不出更好的办法"。连他的服装、相貌都成为嘲笑的对象,"看他那副模样,就能断定他写不出好诗来"。

铺天盖地的嘲笑和谩骂声,像冰冷的河水,浇灭了他所有的激情。他失望了,开始怀疑自己:我是不是根本就不是写诗的料?就在他几近绝望时,远在马萨诸塞州康科德的一位大诗人被他那创新的写法、不押韵的格式、新颖的思想内容打动了。大诗人随即写了一封信,给这些诗以极高的评价:

"亲爱的先生,对于才华横溢的诗集,我认为它是美国至今所能贡献的最了不起的聪明才智的菁华。我在读它的时候,感到十分愉快。它是奇妙的、有着无法形容的魔力、有可怕的眼睛和水牛的精神,我为您的自由和勇敢的思想而高兴……"

这真诚的夸奖和赞誉,一下子点燃了他心中那将要熄灭的火焰。他从此坚定了自己写诗的信念,一发而不可收。

他成为具有世界声誉和世界意义的伟大诗人,他唯一的诗集也成了美国乃至人类诗歌史上的经典。他就是现代美国诗歌之父——瓦尔特·惠特曼，那部诗集的名字叫《草叶集》。而当年那位写信对他予以赞美和鼓励的诗人，叫爱默生。

爱默生说："在我的眼里，没有野草，野草只是还没有被发现用处的植物。"所以，当惠特曼沉浸在对自己的失望的痛苦中时，他根本就没有意识到自己正在创造人类的奇迹，而他自己也已经成为了全世界最伟大的诗人之一。

很多时候，我们并不能完全了解自己。所以，在灾难发生时，我们才会有惊人的爆发力；在处于险境时，我们才能挖掘出以前没有意识到的潜能。

我们总是比自己想象中的更伟大，所以不要低估自己，认为自己很糟糕，而应该多给自己一份信心，多给自己准备一个发展的平台。相信在自信的动力驱使之下，我们一定会有更好的成绩，有更多的机会接近成功。

改变态度，你就可能成为强者

有这样一个故事：

一天，一只老虎躺在树下睡大觉。一只小老鼠从树洞里爬出来时，不小心碰到了老虎的爪子，把它惊醒了。老虎非常生气，张开大嘴就要吃它，小老鼠吓得簌簌发抖，哀求道："求求你，老虎先生，别吃我，请放过我这一次吧！日后我一定会报答你的。"

老虎不屑地说："你一只小小的老鼠怎么可能帮得了我呢？"但它最后还是把老鼠放走了，因为它觉得一只小小的老鼠还不够塞自己的牙缝。

不久，这只老虎出去觅食时被猎人设置的网罩住了。它用力挣扎，使出浑身力气，但网太结实了，越挣扎绑得越紧。于是它大声吼叫，小老鼠听到了它的吼声，就赶紧跑了过去。

"别动，尊敬的老虎，让我来帮你，我会帮你把网咬开的。"

小老鼠用它尖锐的牙齿咬断了网上的绳结，老虎终于从网里逃脱出来。

"上次你还嘲笑我呢，"老鼠说，"你觉得我太弱小了，没法报答你。

你看，现在不正是一只弱小的小老鼠救了大老虎的性命吗？"

读完这个故事，我们不难想到，在这个世界上，从来就没有谁注定就是强者，也没有谁注定就是弱者。强大如老虎，在猎人的陷阱里，它就变成了弱者；弱小如老鼠，在结实的网绳前，拥有锋利牙齿的它就变成了强者。

你或许自以为是弱者：貌不惊艳，技不如人，出身贫寒，资质平平，在人才辈出的社会里就像"多一个不多，少一个不少"的那个人。如果你这么想，你就错了，甚至连上文中那个自信满怀的老鼠都不如。

在这个世界上，每个人都是身怀绝技的强者，这种绝技就像金矿一样埋藏在我们看似平淡无奇的生命中。

法国文豪大仲马在成名前，穷困潦倒。有一次，他跑到巴黎去拜访他父亲的一位朋友，请他帮忙找个工作。

他父亲的朋友问他："你能做什么？"

"没有什么了不得的本事。"

"数学精通吗？"

"不行。"

"你懂得物理吗？或者历史？"

"什么都不知道。"

"会计呢？法律如何？"

大仲马满脸通红，第一次知道自己太差劲了，便说："我真惭愧，现在我一定要努力补救我的这些不足。我相信不久之后，我一定会给您一个满意的答复。"

他父亲的朋友对他说："可是，你要生活啊！把你的地址留在这张纸上吧。"大仲马无可奈何地写下了他的住址。

父亲的朋友看后高兴地说："你的字写得很好呀！"

你看，大仲马在成名前，也曾有过自己认为自己一无是处的时候。然而，他父亲的朋友却发现了他的一个优点——字写得很好。

字写得好，也许你对此不屑一顾：这算什么绝技！然而，不管这个绝技有多么的了不起，但它毕竟是你的本事。你就能以此为基地，扩大你的优点范围：字能写好，文章为什么就不能写好？

我们每一个人，特别是妄自菲薄的人，切不可把强者的标准定得太高，而对自身的长处视而不见。你不要死盯着自己学习不好、没钱、不漂亮等不足的一面，你还应看到自己身体健康、会唱歌、文章写得好等不被外人和自己留意或发现的强项。

事实上，你不是个天生的弱者，每个人都有自己的长处和短处，你为什么只看到自己不足，而没有看到自己的闪光之处呢？

纤细孱弱的小草，自然无法与伟岸挺拔的劲松相提并论。然而，春寒料峭中，是小草那片淡淡的嫩绿，让大地展现出勃勃的生机。

潺潺而流的溪水，当然不能与奔腾浩渺的江河同日而语。然而，深山河谷中，是小溪那份执着的奔流，让大地充满了无限的活力。

小草不因其柔弱而萎缩，小草自有一种信念；小溪不因其涓细而却步，小溪自有一种自信……你，同样不是弱者，只要你认识自己的力量，爆发自己的热能，你就是生活的强者。

只要在认识自己中不断创造自己，不断完善自己，又何必要那么多的惆怅、自卑和叹息。仰起你自信的脸庞，即使你现在还是小草、小溪、小鸟、小舟，甚至阴暗角落里那粒不为人所知的尘埃，总有一天，你可以成为万众瞩目的强者。

人生并非由上帝定局，你也能改写

常常会听到这样的抱怨：我很想做一番事业，可是没有贵人相助；如果我出生在显赫的家庭，我一定不会像现在这样生活了……面对生活的不如意，我们总是抱怨环境，抱怨命运，可是我们忘了，真正决定我们生活的，并不是命运，而是我们自己。

虽然我们无法选择自己的出身、父母和家庭，也就是说无法选择决定我们前半生命运的平台。但是，我们绝对有办法选择自己后半生的路、生活环境或者生活方式。命运不是一成不变的，所以即使我们曾经承受了过多的苦痛，现在也可能正在经受着生活的折磨，但是只要你敢于向命运挑战，敢于寻找命运的突破口，你就一定能改写自己的命运。

在《中国教师报》上曾经登载了这样一篇文章：

他出生在马里兰州。因为家境不好的缘故，父母很早就打算让他弃学，但遭到了两个姐姐的强烈反对。在他的记忆中，那次两个姐姐和父亲吵得很厉害，大姐甚至一度提出让自己来资助弟弟读书，这一方案最终没有得到父亲的首肯。

虽然吃得没有什么大鱼大肉，但是他的身体却在猛速增长，这让他感到很烦恼。细心的姐姐发现了这一变化，认为他将是罕见的游泳天才。于是她想方设法地弄了一些游泳方面的杂志给他看，并利用一切闲暇给他灌输相关的知识。在姐姐的影响下，他对游泳变得近乎痴迷起来。

然而，当他把要做一名游泳队员的想法告诉父亲时，却遭到父亲强烈的反对："你这个傻瓜，你知道白痴是怎么出来的吗？就是像你这样想出来的！游泳？你以为人人都是天才，别做梦了！"

然而他并不甘心做一个碌碌无为的人。在姐姐的指导下，他总能轻松学会别的少年所不能掌握的技巧……经过坚持不懈的努力，他终于将自己的理想一一变成了现实。2001年，他打破了200米蝶泳世界纪录，成为最年轻的世界纪录保持者，并赢得了"神童"的美誉。2003年，他接连5次打破世界纪录，当之无愧地被评为年度世界最佳男子游泳运动员。2007年，在墨尔本世锦赛上，他更是独揽七金，被人称为世界泳坛上的"一哥"。

2008年8月10日，在北京奥运会的首次比赛中，他轻松获得男子400米混合泳的冠军，并再次打破这个比赛的世界纪录。

是的，他就是被人称为游泳运动历史上最伟大的全能运动员，美国游泳队男头号明星的"金童"菲尔普斯。2008年，他带着一家人开始了环球旅行，最后一站就是长城。想起童年的往事，他感慨万千。他站在城墙上对父亲说:"亲爱的爸爸,还记得小时候你经常嘲笑我不要痴人做梦,但你的儿子很争气,不但成为世界冠军,也实现了当时立下环球旅行的誓言。"父亲紧紧地拥抱着他,热泪盈眶。

2008年,菲尔普斯用传奇的8项新纪录告诉了我们:许多时候,上天安排的厄运并非故事的结局,以你的信念作笔,你完全可以改写!

我们无法抹杀菲尔普斯在北京奥运会上呈现在我们面前的精彩,但是我们同样不能忘记,在之后的残奥会上,那些为了梦想而努力拼搏的身影。对于残奥会的健儿来说,他们没有受到命运的宠爱,上帝在书写他们的人生的时候,为他们安排了厄运。但是他们通过自己的努力,通过超乎常人的付出,呈现在我们面前的,同样是一种震撼人心的精彩。

与他们相比,我们所面临的那一点困难又能算什么呢?生活中,我们遇到的无非就是工作压力、求职压力、生活压力。也许我们对生活有美好的构想,但是现实总是粉碎了我们的愿望。这个时候,与其选择悲观失望,莫不如鼓起勇气,向生活挑战,向命运挑战。当我们展露出勇往直前的姿态的时候,那些曾经阻隔我们向美好生活迈进的困难与挫折,就会在我们面前丢盔卸甲,变得不堪一击。

依赖别人,不如期待自己

在我们的生活中,随着孩子的越来越少,爷爷奶奶、爸爸妈妈、姥姥姥爷……一大家子人把一个孩子当成宝贝一样宠着,很容易就形成了孩子的依赖性。于是,在我们身边,很多人都存在极强的依赖心理,习惯依靠"拐杖"走路,在别人的关照之下生活。

这些人经常持有的一个最大谬见,就是以为他们永远会从别人不断的帮助中获益,而且他们相信,不管遇到什么事情,总会有人出来帮助他们,即使是雨天,也一定会有那么一个人会出来替他们打伞遮雨。但并不是所有的事情都是别人能替我们完成的:坐在健身房里让别人替我们练习,是无法增强自己肌肉的力量的。

没有什么比依靠他人更能破坏独立自主的精神了。如果你依靠他人，你将永远坚强不起来，也不会有独创力。生活中最大的危险，就是依赖他人来保障自己。"让你依赖，让你靠"，就如同伊甸园的蛇，总在引诱你。它会对你说："不用了，你根本不需要。看看，这么多的金钱，这么多好玩、好吃的东西，你享受都来不及呢……"这些话，足以抹杀一个人意欲前进的雄心和勇气，阻止一个人利用自身的资本去换取成功的快乐，让你日复一日原地踏步，止水一般停滞不前，以至于你到了垂暮之年，终日为一生碌碌无为悔恨不已。而且，这种错误的心理，还会剥夺一个人本身具有的独立的权利，使其依赖成性，靠拐杖而不想自己一个人走。有依赖，就不会想独立，其结果是给自己的未来挖下失败的陷阱。

美国总统约翰·肯尼迪的父亲从小就注意对儿子独立性格和凡事靠自己的精神的培养。

有一次，他赶着马车带儿子出去游玩。在一个拐弯处，因为马车速度很快，猛地把小肯尼迪甩了出去。当马车停住时，儿子以为父亲会下来把他扶起来，但父亲却坐在车上悠闲地掏出烟。

儿子叫道："爸爸，快来扶我。"

"你摔疼了吗？"

"是的，我感觉站不起来了。"儿子带着哭腔说。

"那也要坚持站起来，重新爬上马车。"

儿子挣扎着自己站了起来，摇摇晃晃地走近马车，艰难地爬了上来。

父亲摇动着鞭子问："你知道我为什么让你这么做吗？"

儿子摇了摇头。

父亲接着说："人生就是这样，跌倒、爬起来、奔跑，再跌倒、再爬起来、再奔跑。在任何时候都要靠自己，没人会永远扶着你的。"

肯尼迪听了父亲的话，若有所思地点点头。从那以后，他不再去依赖别人，即使他当上了总统，也依然保持着凡事靠自己的做事风格。

雨果曾经写道："我宁愿靠自己的力量打开我的前途，也不愿乞求有力者的垂青。"一个人只要活着,他的前途就永远取决于自己,成功与失败,都只系于他自己身上。依赖是对生命的一种束缚,是一种寄生状态。英国历史学家弗劳德说:"一棵树如果要结出果实,必须先在土壤里扎下根。同样,一个人首先需要学会依靠自己、尊重自己,不接受他人的施舍,不等待命运的馈赠。只有在这样的基础上,才可能做出成就。"将希望寄托于他人的帮助,便会形成惰性,失去独立思考和行动的能力。将希望寄托于某种强大的外力上,意志力就会被无情地吞噬掉。

但是在我们的生活中,还有很多人靠在别人的肩膀上,享受着对别人的依赖:很多刚毕业或者即将毕业的大学生,不想自己去找工作,却想依赖父母的关系,想花一点钱走个后门直接进某某单位。可是,我们想过没有,父母能把我们送去一个工作岗位,却不能替我们完成所有的工作。那些工作上的苦痛,还是需要我们自己去承受的。

人生的风风雨雨,只有靠自己去体会、去感受,任何人都不能为你提供永远的荫庇。你应该掌握前进的方向,把握住目标,让目标似灯塔般在高远处闪光。你应该独立思考,有自己的主见,懂得自己解决问题。你不应相信有什么救世主,不该信奉什么神仙或皇帝,你的品格、你的作为,你所有的一切都是你自己行为的产物,并不能依靠其他什么东西来改变。你就是主宰一切的神灵,一个人,即使驾着的是一匹羸弱的老马,但只要马缰握在你的手中,你就不会陷入人生的泥潭。人只有依靠自己,才能经得起风雨。

在压力中寻求动力

许多人视对手为心腹大患,视异己为眼中钉、肉中刺,恨不得除之而后快。其实,能有一个强劲的对手,反而是一种福分、一种造化,因为一个强劲的对手会让你时刻都有危机感,会激发你更加旺盛的精神和斗志。

加拿大有一位享有盛名的长跑教练,由于在很短的时间内培养出好几名长跑冠军,所以很多人都向他探询训练秘密。谁也没有想到,他成功的秘密仅在于一个神奇的陪练，而这个陪练不是一个人，是几匹凶猛的狼。

这位教练一直要求队员们从家里出发时一定不要借助任何交通工具，必须自己一路跑来，以此作为每天训练的第一课。有一个队员每天都是最后一个到，而他的家并不是最远的。教练甚至想告诉他改行去干别的，不要在这里浪费时间了。

但是突然有一天，这个队员竟然比其他人早到了20分钟，教练惊奇地发现，这个队员今天的速度几乎可以打破世界纪录。

原来，在离家不久，他在野地里遇到了一只野狼。那匹野狼在后面拼命地追他，他在前面拼命地跑，最后，那只野狼竟被他甩掉了。

教练明白了，今天这个队员超常发挥是因为一匹野狼，他有了一个可怕的敌人，这个敌人令他把自己所有的潜能都发挥了出来。

从此，教练聘请了一个驯兽师，并找来几匹狼，每当训练的时候，便把狼放开。没过多长时间，队员的成绩都有了大幅度的提高。

日本的游泳运动一直处于世界领先地位，有人说，他们的训练方法也有着很神奇的秘密：日本人在游泳馆里养着很多鳄鱼。

队员每次跳下水之后，教练都会把几只鳄鱼放到游泳池里。几天没有吃东西的鳄鱼见到活生生的人，立即兽性大发，拼命追赶运动员。运动员尽管知道鳄鱼的大嘴已经被紧紧地缠住了，但看到鳄鱼的凶相时，还是会拼命往前游。

无论是加拿大人还是日本人，他们无疑都掌握了这样一个道理，敌人的力量会让一个人发挥出巨大的潜能，创造出惊人的成绩，尤其是当敌人强大到足以威胁你的生命时。敌人就在你的身后，一刻不努力，生命就会有万分的惊险和危难。

就像谁都知道机器设备都会按一定年限折旧，可很少有人想到自己赖以生存的知识、能力，也会随着岁月的流逝而不断折旧。

我们很多人在本科毕业、硕士毕业、博士毕业以后就以为自己的知识储备已经完成，足够去应付新时代的风风雨雨，但是我们往往发现：在现实社会中，只有那些不断更新自己知识，不断改进自身知识结构的人，才能真正在市场上站住脚。

人与机器的区别就在于人有自我更新的能力。如果你不能睁大双眼，以积极的心态去关注、学习新的知识与技能，那么你很快就会发现，你的价值被打了八折、七折、六折甚至一文不值。这一切也许在你茫然不觉的时刻突然来临，因为不可能有一位会计时刻为你做"折旧"财务报表以提醒你，只有靠你自己主动给自己"折旧"，时刻提醒自己。在这个知识与科技发展一日千里的时代，必须不断地学习，不断地充实自己，不断地追求成长，才能使自己在职场上始终立于不败之地。

成功的人有千万，但成功的道路却只有一条——学习，勤奋地学习。如果一个人停止了学习，那么很快就会"没电"，就会被社会所抛弃。养成不忘学习的习惯，你离成功就不远了。

在日新月异的时代，你必须时时刻刻具有危机意识，在压力中寻找动力，天天学习，经常充电，这样才不至于落伍，同时也会充实自己，为自己奠定雄厚的基础，以保证自己在激烈的竞争环境中生存下去。

反方向游的鱼也能成功

人生不会一帆风顺，常常"行至水穷处"。所以，能够一直向前走，是智慧。若看到前方是绝路，主动转身给自己找到更好的出路，便是大智慧。以魔术著称的大卫·科波菲尔，就如同一条反方向游的鱼，在成功的路上走出了一条属于他自己的路。

某杂志里有过这样一篇文章，其中写道：

从小他是个腼腆内向的孩子，和他一样大的孩子都不喜欢和他在一起，因为他什么也不会。每次考试，他都是倒数几名。老师不想让他回答问题，因为他总是羞涩地说不知道。大家认为他是笨蛋，是个白痴。伙伴们嘲笑他，说他永远和失败在一起，是失败的难兄难弟。邻居们说，这个孩子将来注定一事无成。父母听到这样的话，暗暗为他担心。

他努力过，可是收效甚微，自己在学业方面取得的进步近乎为零。但是，他还是在不断加班加点苦读。每天，他醒来后都害怕上学，害怕被嘲笑。周末，他坐在自家的门前，看着草地上喜笑颜开的男孩们，感到自己的未来一片渺茫。

时间在一天天地流逝，学校也在考虑劝其退学。

一次，他看到一个老人为了一张被老鼠咬坏的一美元钞票而痛哭不已。为了不让老人伤心，他悄悄回家将自己平时积攒的硬币换成一张一美元的钞票，交给了老人，说，这是他用魔法变回来的。老人激动不已，说他是个善良聪明的孩子。

父亲知道这件事后，认为自己的孩子还不是个笨到家的人。接下来的这一天，是他永远不会忘记的。

父亲要带他出门，目的地是波士顿。他说，我们分头走，你先走，我们半个小时后会合。他听后，向前走去。途中几次回头却始终没有看到父亲的身影。可是等他到达目的地的时候，父亲已经先在那里了。他十分惊讶父亲是如何到达的。

父亲说："我是从反方向来的。"

父亲又说："只要我们能到达目的地，管它用什么方式呢！孩子，就像你学业不成功，并不代表你在其他方面都不能成功。换一个方向，向相反的路走，也许会成功的！"此时，他猛然醒悟。

随后，他看到很多人为了自己的理想不能实现而痛苦不已，就想假如自己用魔法帮助他们实现，即使是假的，但起码从精神上减轻了他们的痛苦。

从此，他对魔术表现出浓厚的兴趣，并跟随一些魔术师学习魔术。

他克服心中的怯懦，为自己的梦想开始奋斗。他为了实现自己的梦想而进行的努力受到了父母的鼓励。教他魔术的老师发现他在这方面具有很高的悟性，学东西很快，而且每次在原有的基础上都能创新。很快老师的技巧便被他学光了，他不得不换老师。就这样，短短的两年时间里，他换了4

个魔术老师。

他就是大名鼎鼎的魔术师大卫·科波菲尔,一个匪夷所思的成功人士。

有人问他是怎么成功的,大卫·科波菲尔说:"父亲告诉我,相反的方向也能成功。当人们都在向前的道路上拥挤时,我选择了悄悄撤退。"

人生很漫长,前方没有出路的时候,我们可以选择转身,因为在后方,我们同样可以续写更多更好更完美的篇章。但是,说起来容易,做起来却是很困难的。因为在生活中,人们一旦形成了某种认知,就会习惯性地顺着这种思维定式去思考问题,习惯性地按老办法想当然地处理问题,不愿也不会转个方向解决问题,这是很多人都有的一种愚顽的"难治之症"。这种人的共同特点是习惯于守旧、迷信盲从,所思所行都是唯上、唯书、唯经验,不敢越雷池一步。而要使问题真正得以解决,往往要废除这种认知,将大脑"反转"过来。

当今社会,大多数企业都喊出了"换个方向就是第一""做一条反方向游的鱼"的口号,因为人们已经发现了,随着社会竞争越来越激烈,单靠传统的思想与做法是不可能有多少成功的胜算的。所以,调转方向,开辟一条全新的道路,不失为一种求发展的良策。所以,当人们开始为了找不到工作而发愁的时候,完全可以尝试着自己创业。

不要以为机会总在前方等我们,有时候,恰恰是我们最固执的时候,它跑到了我们的身后,轻轻地拍了拍我们的肩膀。